产业园区规划环境影响评价技术研究

——以广东省为例

龙颖贤　邓　熙　李雄飞　周　奔　主编

U0252076

中国环境出版集团·北京

图书在版编目（CIP）数据

产业园区规划环境影响评价技术研究：以广东省为例/
龙颖贤等主编 . —北京：中国环境出版集团，2022.6
（2025.1 重印）
ISBN 978-7-5111-5042-4

Ⅰ . ①产… Ⅱ . ①龙… Ⅲ . ①工业园区—区域规
划—环境影响评价法—广东 Ⅳ . ①X826

中国版本图书馆 CIP 数据核字（2022）第 021106 号

责任编辑　王　琳
封面设计　彭　杉

出版发行　中国环境出版集团
　　　　　（100062　北京市东城区广渠门内大街 16 号）
　　　　　网　　址：http://www.cesp.com.cn
　　　　　电子邮箱：bjgl@cesp.com.cn
　　　　　联系电话：010-67112765（编辑管理部）
　　　　　发行热线：010-67125803，010-67113405（传真）
印　　刷　北京中科印刷有限公司
经　　销　各地新华书店
版　　次　2022 年 6 月第 1 版
印　　次　2025 年 1 月第 2 次印刷
开　　本　787×960　1/16
印　　张　17
字　　数　290 千字
定　　价　45.00 元

编 委 会

目　录

第1章　开展产业园区规划环评的现实需求

1.1　产业园区规划环评的意义

自 20 世纪 80 年代设立首批国家级经济技术开发区以来，我国各类产业园区发展迅速，成为推动我国工业化的重要平台，也成为工业产业集聚的重要载体。广布全国的产业园区作为生产要素集中配置的核心区域，在促进我国产业结构优化调整、推动区域经济增长、提高产业国际竞争力等方面起到了举足轻重的作用。同时，这些以生产为导向的产业园区也是解决区域资源问题、环境问题的突破口。

党的十九届四中全会提出健全源头预防、过程控制、损害赔偿、责任追究的生态环境保护体系。环境影响评价制度是源头预防体系的主体之一，规划环境影响评价（以下简称规划环评）在环境影响评价全链条管理中处于承上启下的位置，开展产业园区规划环评工作具有重要意义。

1.1.1　落实法律法规的必然要求

依据《中华人民共和国环境影响评价法》（2018 年修正）和《规划环境影响评价条例》，国务院有关部门、设区的市级以上地方人民政府及其有关部门，对其组织编制的专项规划，应当在该专项规划草案上报审批前组织进行环境影响评价，并向审批该专项规划的机关提出环境影响报告书。

为了贯彻落实上述要求，产业园区规划环评相关政策文件陆续出台。国家环境保护总局于 2006 年印发了《关于进一步做好规划环境影响评价工作的通知》（环办〔2006〕109 号），明确了应当开展规划环评的产业园区类型和组织审查的部门。针对产业园区在产业布局、结构、规模及环境保护基础设施建设等方面引发的区域性生态环境问题和环境隐患,从源头预防产业园区的环境污染和生态破坏出发,2011 年,环境保护部印发了《关于加强产业园区规划环境影响评价有关工作的通知》(环发〔2011〕14 号),进一步明确和规范了产业园区规划环境影响评价工作的要求。文件规定产业园区在新建、改造、升级时均应依法开展规划环境影响评价工作,编制开发建设规划的环境影响报告书。产业园区定位、范围、布局、结构、规模等发生重大调整或者修订的,应当及时重新开展规划环境影响评价工作。

当前,环境管理由环境污染控制向环境质量改善的目标导向转变,以生态环境分区管控方案为核心的环境影响评价体系正在逐步形成。为适应新形势、新要求,推进规划环评与生态环境分区管控体系衔接、指导入园建设项目环评改革,解决目前部分产业园区管理机构主体责任不落实、规划环评质量参差不齐等问题,进一步加强规划环评监管,切实提升产业园区规划环评效力,生态环境部于 2020 年 11 月印发了《关于进一步加强产业园区规划环境影响评价工作的意见》(环环评〔2020〕65 号)。该文件简化了开展规划环评的产业园区类型,提出国务院及其有关部门、省级人民政府批准设立的经济技术开发区、高新技术产业开发区、旅游度假区等产业园区以及设区的市级人民政府批准设立的各类产业园区,在编制开发建设有关规划时,应依法开展规划环境影响评价工作,编制环境影响报告书。相比《关于加强产业园区规划环境影响评价有关工作的通知》(环发〔2011〕14 号),该文件没有单独对保税区、保税港区、综合保税区、出口加工区等海关特殊监管区等类型的园区提出开展规划环评的要求,主要考虑这类园区功能较单一、面积较小,环境影响也相对较小,经常不单独开展规划,因此,鼓励其依托所在区域其他类型的产业园区统一开展环境影响评价。

随着制度体系的不断完善,开展产业园区规划环评已成为落实法律法规的必然要求,也是产业园区环境管理的重要手段之一。

1.1.2 促进区域环境质量改善的切实需求

规划环评强调预防为主,是环境保护参与综合决策的有效切入点,可实现从源头预防环境污染和生态破坏,并在早期介入规划决策层面,从协调经济发展与生态环境保护之间关系的角度,让规划更好地与国家生态环境保护政策和发展战略相融合。

历经几十年的发展，我国产业园区类型、开发程度、管理模式、园区规划及环境影响的特点发生了显著变化。产业园区规划从早期偏重工程性规划、项目主导空间的建设模式，向兼顾建设规划、发展规划、专项规划的模式转变；产业园区的环境问题也由早期的污染物集中排放逐步转变为更为复杂的累积性污染、布局性环境风险。当前，产业园区，尤其是产城融合型园区，工业、居住用地交错混杂导致的环境纠纷频发，涉石化、冶金等重污染产业的园区环境污染强度、环境风险潜势显著增高，累积性环境影响逐步显现，区域环境质量改善难度加大。显然，产业园区已成为环境污染的集中区和环境风险的凸显区。

根据《中国开发区审核公告目录》（2018 年版），截至 2017 年年底，我国有各类产业园区 2 543 个，其中国家级 552 个，省级 1 991 个。此外，还有未纳入目录的市级、县级、乡级等各种类型的工业园区，其数量更为庞大。据生态环境部的不完全统计，2009 年以来全国开展了各级各类规划环评 10 600 多个，以产业园区规划环评占比最多。产业园区规划环评是目前开展最为广泛、数量最多的规划环评类型，在优化产业布局、推进产业结构升级、强化园区环境管理、解决突出环境问题、推动环境质量改善等方面发挥了重要作用。产业园区规划环评在优化产业布局、控制发展规模、促进结构调整、强化污染减排、推动提升园区环境管理等方面的具体成效体现在：一是通过规划环评优化布局、合理布置污染企业，减轻企业产生的大气污染对居民的影响和企业之间的交叉污染，实现污染集中治理，保障区域生态安全和人居环境质量安全；二是通过规划环评优化园区开发规模，避免大规模开发对周边环境的影响；三是通过规划环评优化产业定位，尤其是推进高耗能和高污染产业的退出。产业园区规划环评大多提出节能降耗、污染治理、风险防控、污染物总量控制与减排、环境管理等对策措施，有效提升了产业园区的环境管理水平。

开展产业园区规划环评，既有利于从宏观上协调区域经济社会发展与生态环境保护的关系，也有利于科学合理地确定产业园区乃至区域的发展定位、产业布局和结构；既有利于有效控制污染物排放，优化资源配置，也有利于解决区域性、流域性、结构性生态环境问题，持续改善区域环境质量，保障区域生态功能。

1.1.3 指导建设项目环评改革的重要抓手

在"放管服"背景下，产业园区规划环评作为区域环评—规划环评—项目环评—排污许可—监督执法—督察问责"六位一体"环境管理体系环节中承上启下的环节，应衔接"三线一单"（生态保护红线、环境质量底线、资源利用上线、生态环境准入清单）生态环境分区管控方案成果要求，落实和细化产业园区空间布局、污染物排放、资源利用、环境风险管控等要求，并应在建设项目环评中予以落实。产业园区规划环评是入园建设项目环评审批和环境管理的重要依据，入园建设项目环评在规划环评高质量完成的前提下可适当简化，从而落实建设项目环评"放管服"改革的要求。

深入推进建设项目环评简化是落实环评"放管服"改革的重大举措。江苏、浙江、上海、广东、海南、厦门等地探索开展了建设项目环评简化审批甚至豁免的管理改革，提出了建设项目环评简化的具体内容、形式、管理程序等。随着规划环评法律法规体系的逐步健全，规划环评对项目环评的指导和约束作用也逐步增强。2015 年，环境保护部发布了《关于加强规划环境影响评价与建设项目环境影响评价联动工作的意见》（环发〔2015〕178 号），从总体要求和主要工作任务等 21 个方面提出强化规划环评宏观指导、简化相关环评微观管理的具体举措，规划环评与项目环评联动的机制得以建立。《关于规划环境影响评价加强空间管制、总量管控和环境准入的指导意见（试行）》（环办环评〔2016〕14 号）和《关于开展产业园区规划环境影响评价清单式管理试点工作的通知》（环办环评〔2016〕61 号），要求产业园区规划环评按照清单的方式，明确产业园区污染物总量、资源利用上线和环境质量底线，并对后期入园的建设项目提出禁止准入的清单，有利于环境管理部门按照清单逐条落实产业园区规划环评的成果要求。2020 年 11 月，生态环境部发布的《关于进一步加强产业园区规划环境影响评价工作的意见》（环环评〔2020〕65 号）进一步落实"放管服"要求，明确了入园建设项目的简化条件、简化原则与内容以及改革试点要求，并明确指出把规划环评结论及审查意见采纳落实情况作为入园建设项目环评简化和审批的重要依据，为建设项目环评简化和审批提供了重要支撑。

强化产业园区规划环评的约束指导作用，加强产业园区规划与建设项目的环评联动，是继续深化建设项目环评"放管服"改革的重要抓手。

1.2　产业园区规划环评的发展历程

1973 年第一次全国环境保护会议召开至今，环境影响评价的发展历程已达 40 多年。产业园区规划环评的研究和实践始于 20 世纪 80 年代的区域环境影响评价，主要针对的是区域开发项目、少数旧城改造项目。1993 年，国家环境保护局下发了《关于进一步做好建设项目环境保护管理工作的几点意见》（环监〔1993〕015 号），对开发区区域环境影响评价提出了具体要求。1998 年，国务院发布的《建设项目环境保护管理条例》进一步明确了开发区建设、城市新区建设和旧区改建等区域性开发项目进行环境影响评价的要求。国家环境保护总局下发的《关于加强开发区区域环境影响评价有关问题的通知》（环发〔2002〕174 号）要求开发区在编制开发建设规划时必须进行环境影响评价，编制环境影响报告书。20 世纪 90 年代初以来，诸如海南洋浦经济开发区、上海化学工业区等区域环评取得了重要成果，区域性开发建设活动的环境管理得到了明显加强，为产业园区规划环评的发展奠定了基础。

2002 年，第九届全国人民代表大会常务委员会第三十次会议通过《中华人民共和国环境影响评价法》，标志着我国规划环境影响评价制度进入新阶段。有建设规划的产业园区开发建设活动逐步纳入规划环评体系中。随后，国家和地方陆续开展规划环评试点，并取得显著成效。例如，广东省于 2003 年率先开展电镀、印染等重污染行业定点基地规划环评；2008 年出台了《关于加强产业转移中环境保护工作的若干意见》（粤环〔2008〕82 号）等文件，提出了产业转移工业园区规划环评的审查要求。国家环境保护总局 2006 年印发的《关于进一步做好规划环境影响评价工作的通知》（环办〔2006〕109 号）明确规定，国务院及各省、自治区、直辖市人民政府批准设立的经济技术开发区、高新技术产业开发区、保税区、旅游度假区、边境经济合作区以及有关地方人民政府批准设立的各类工业园区，其区域开发规划应当进行环境影响评价，编制环境影响报告书。开发区及工业园区开发规划的环境影响报告书由批准设立该开发区及工业园区人民政府所属的环保部门负责组织审查。对于一些没有明确的开发建设规划，客观上却需要对区域内叠加或累积的环境影响进行分析的敏感区域和重点区域，开展区域环评依然是解决这一问题的现实选择。

2009 年正式实施的《规划环境影响评价条例》进一步明确了规划环评的程序、内容、依据和形式，强化了规划编制机关、审批机关的责任，标志着我国规划环境影响评价走上了一个新台阶。2011 年，环境保护部、国家发展和改革委员会联合印发《关于进一步加强规划环境影响评价工作的通知》（环发〔2011〕99 号），再次强调应在区域建设及开发利用规划编制过程中依法开展环境影响评价。随着《规划环境影响评价条例》和相关政策的实施，产业园区规划环评工作日趋完善。据初步统计，纳入《中国开发区审核公告目录》（2018 年版）的 552 个国家级产业园区，已开展规划环评的比例超 65%。其中，广东省国家级产业园区 36 个，完成规划环评审查的比例约为 90%。

1.3　产业园区规划环评的成效与问题

1.3.1　产业园区规划环评成效

广东等省（区、市）国家级产业园区规划环评实施成效评估调研发现，规划环评在严格产业准入要求，推动园区专业化特色化发展，优化产业空间布局，防范化解人居环境风险，完善环境基础设施配套，提升污染排放管控力度，强化环境风险防控能力，以及提升园区环境管理水平等方面充分发挥了制度优势。

（1）加强对入园建设项目的指导和约束

2015 年，环境保护部发布了《关于加强规划环境影响评价与建设项目环境影响评价联动工作的意见》（环发〔2015〕178 号），要求加强规划环境影响评价对建设项目环境影响评价工作的指导和约束，特别是对产业园区等重点领域，应以推进区域环境质量改善以及做好园区环境风险防控为目标，在判别园区现有资源、环境重大问题的基础上，提出优化产业定位、布局、结构、规模以及重大环境基础设施建设方案的建议，提出园区污染物排放总量上限要求、环境准入条件和负面清单，最终实现强化宏观指导、简化微观管理的目标。目前，产业园区规划环评一方面围绕环境质量改善这一核心，对产业园区开发现状带来的环境污染、生态破坏等问题提出了明确的整改意见；另一方面明确了污染物总量控制要求，并对下一步入园项目提出了明确的生态环境准入要求和管控要求，对入园建设项目的指导和约束作用越来越显著。例如，珠三角地区某高新技术产业开发区在规划实施阶段制定了《开发区工业项目准入管理办法（修订）》等文件，成立工业项目准入管理领导小组，负责日常准入管理工作，在预判—跟踪—评估过程中，贯彻落实生态环境主管部门的意见，严格执行规划环评提出的环境准入要求，在工业项目入园前依托各部门的联动、会商机制，有效保障规划环评的成果。

（2）优化产业空间布局

产业园区与周边环境敏感区、重要生态功能区的空间冲突往往是产业园区规划环评的关注重点之一。产业园区规划环评从污染类型、区域环境要素特征、周边环境敏感点分布等角度综合考虑，提出相应的产业布局和功能区设置优化建议，有效化解潜在生态环境隐患。产业园区规划环评往往依据相关法律法规要求和管理规定以及环境影响评价结果，按照"优先保障生态空间，合理安排生活空间，集约利用生产空间"的原则，对规划用地布局进行优化调整。

（3）推动产业转型升级

产业园区的发展定位往往以招商引资为导向，对区域资源环境条件考虑相对不足。目前，产业园区规划中的产业定位以化工、装备制造、汽车制造、电子信息和新材料等产业为主，而传统印染、纺织、电镀、制革等污染较大的产业依然保留。规划环评综合考虑国家和区域发展战略、区域资源环境约束与环境敏感目标等因素，以资源环境承载能力为基础，以生态环境质量改善为目标，科学确定产业发展定位。

（4）推进环保基础设施建设

根据相关技术导则规范的要求，产业园区规划环评需针对水、大气、声、土壤、固体废物等各项环境要素，从规划发展目标、政策限制、环境管控要求等角度展开分析，提出制约区域发展的核心要素，在环境影响预测的基础上，确定区域污水集中处理、集中供热、固体废物集中处置等环保基础设施的建设要求，全面推动环保基础设施建设。生态环境部 2020 年发布的《关于进一步加强产业园区规划环境影响评价工作的意见》（环环评〔2020〕65 号）中明确提出，规划环评要深入论证园区所涉及的集中供水、供热、污水处理、中水回用及配套管网、一般固体废物和危险废物集中贮存和处理处置、交通运输等基础设施建设方案的环境合理性和可行性。以污水处理为例，产业园区规划环评往往对园区管网覆盖率、污水集中处理率、污水处理标准、排放去向等提出明确要求。对于部分水资源受限的区域，还提出明确的废水回用率指标。经初步统计，广东省省级以上产业园区配套集中污水处理厂或依托污水处理厂的比例达 98%以上，90%以上产业园区按照规划建设了配套污水管网。如广东某电镀基地针对电镀园区废水存在的水质复杂性和水量波动性的特点，根据废水类别分别配置了相应的处理单元，组合应用多种废水处理工艺和技术，并采用基于集散控制技术的工况自动控制系统，使得园区工业水处理中心能够实现稳定达标排放。

（5）强化环境管理能力建设

产业园区往往根据规划环评和审查意见要求，统筹考虑园区内污染物排放、生态恢复与建设、环境风险防范、环境管理等事宜，健全环境风险防范体系，加强监测体系和能力建设，逐步建立和完善事前预防、事中事后监管的环境管理体系。2019 年 3 月，广东省生态环境厅印发实施了《关于进一步加强工业园区环境保护工作的意见》（粤环发〔2019〕1 号），对工业园区环境保护提出了六大类 16 条意见，包括将园区环境保护管理情况纳入环境保护责任考核，对严重污染环境、破坏环境的园区，生态环境主管部门可向有关部门提出予以撤销、摘牌的建议。该举措既有利于产业园区进一步落实规划环评要求，也有助于提升产业园区环境管理能力。

1.3.2 产业园区规划环评存在的问题

产业园区数量多、种类繁杂、发展水平参差不齐，环境影响程度、范围各异，部分园区管理现状总体比较混乱，规划编制批复实施随意性大，产业主导定位跟着项目走影响规划环评时效性、部分产业园区管理机构主体责任落实不到位、规划环评文件编制质量参差不齐、规划环评效力发挥不够等问题依然存在。

（1）规划环评对象和审查主体不明确

《国务院办公厅关于促进开发区改革和创新发展的若干意见》（国办发〔2017〕7 号）要求，各省（区、市）人民政府要组织编制开发区总体发展规划。然而，各地对产业园区规划形式、编制部门、批复部门等要求不统一。目前，产业园区规划体系既有总体规划，也有控制性详细规划、产业发展规划、专项规划等多种规划；规划审批机关既有省级、市级人民政府，也有规划主管部门（表1-1）。部分省份尚未将产业园区规划编制及审批要求入法，如天津、河北、吉林、江苏、重庆、四川、贵州、陕西等省（直辖市）未明确产业园区规划的审批机关。实际工作中，一些产业园区尽管开展了规划环评，但园区规划未审批。此外，部分园区尚无专门的产业园区规划，或依托城市总体规划、分区规划或控制性详细规划指导产业园区发展。产业园区缺少规划导致规划环评缺少评价对象。目前，我国正在建立国土空间规划体系。2019年5月，《中共中央　国务院关于建立国土空间规划体系并监督实施的若干意见》（中发〔2019〕18号）明确提出要建立国土空间规划体系并监督实施，将主体功能区规划、土地利用规划、城乡规划等空间规划融合为统一的国土空间规划。随着规划体系的调整，产业园区规划属于国土空间规划体系中的哪一类规划、由哪一级部门审批尚未确定，亟待结合国土空间规划体系的建设进一步明确产业园区规划的法律地位。规划类型不统一导致评价对象不统一，规划审批主体不清导致规划环评审查权限不清，进而影响了产业园区规划环评的开展，规划环评成效自然大打折扣。

表1-1　各省（区、市）产业园区规划类型及审批机关

地区	产业园区规划类型	规划审批机关	依据
北京	总体规划、详细规划、专业规划	总体规划由市人民政府审批,详细规划和专业规划由开发区管委会审定后报市规划管理部门备案(其中控制性详细规划方案报市规划管理部门审批)	《北京经济技术开发区条例》
天津	总体规划、专项规划	—	《天津经济技术开发区条例》
河北	建设总体规划	—	《河北省经济技术开发区条例》
山西	总体规划、控制性详细规划	总体规划由设区的市人民政府审批，跨设区的市的总体规划由省人民政府审批。开发区的控制性详细规划由设区的市人民政府审批	《山西省开发区条例》
内蒙古	中长期发展规划、专项规划	由相应级别人民政府审批	《内蒙古自治区工业园区管理办法》

地区	产业园区规划类型	规划审批机关	依据
辽宁	发展规划、控制性详细规划	由所在地市、县人民政府审批	《辽宁省开发区条例》
吉林	总体规划	—	《吉林省省级开发区管理条例》
上海	发展规划	由市人民政府审批	《上海市经济技术开发区条例》
江苏	产业发展规划	—	《江苏省开发区条例》
浙江	总体规划、详细规划	总体规划由省人民政府委托省城乡建设厅审批，详细规划由主办产业园区的人民政府审批	《浙江省关于加强省级开发区建设和管理的暂行规定》
安徽	总体规划、详细规划	总体规划由省人民政府审批，详细规划由所在地人民政府审批	《安徽省开发区条例》
江西	发展规划	由派出产业园区管理机构的人民政府审批	《江西省开发区条例》
山东	经济开发区规划	由县级以上人民政府审批	《山东省经济开发区条例》
河南	总体规划、详细规划	总体规划由省人民政府审批，详细规划由设立产业园区的人民政府审批	《河南省开发区条例》
湖北	综合发展规划	由产业园区所在地人民政府审批	《湖北省开发区条例》
湖南	总体规划、详细规划	总体规划由省人民政府审批，详细规划由行政公署、州、市人民政府或者其委托的城市规划行政主管部门审批，并报省城市规划行政主管部门备案	《湖南省开发区管理办法》
广西	总体规划	由自治区、设区的市人民政府审批	《广西壮族自治区开发区条例》
重庆	总体规划、控制性详细规划	—	《重庆市经济技术开发区管理条例》
四川	开发区建设规划、控制性详细规划	—	《四川省开发区管理条例》
贵州	总体规划、控制性详细规划	—	《贵州省开发区条例》
西藏	总体规划、详细规划	总体规划由自治区人民政府审批，详细规划由所在市（地）人民政府审批	《西藏自治区经济开发区管理暂行办法（试行）》
陕西	建设总体规划	—	《陕西经济技术开发区条例》

注："—"表示未有明确规定。

（2）规划环评时效性不足

部分产业园区的实际发展早已突破认定范围，早期的规划及规划环评指导意义不大。据调研，广东某国家级高新技术产业开发区经多年开发建设，主园区实际管辖面积已由原规划环评时的不足 1 km² 扩大至目前的 130 km² 以上，主导产业方向也随之发生较大改变。按照实际管理范围还是认定范围开展产业园区规划修编及规划环评已成为困扰规划编制单位的常见问题。产业园区若按照认定范围开展规划环评，往往因认定范围小且基本已开发导致规划环评作用有限；若按照实际管理范围开展规划环评，又因缺乏政策依据削弱了规划环评的指导性。由于缺乏对产业园区规划的统筹管理，部分园区为了推进项目环评，随意编制或调整规划，甚至出现不修改规划（即重新编制、修改、调整规划环境影响报告书）并上报审查的情况。规划调整内容未经最终审批，导致规划环评及审查意见中的各项要求无从落实，规划环评"评而不用"，严重制约了规划环评成果的落地。

另外，部分产业园区规划环评动态管理不及时。产业园区范围、定位等发生重大变化的应重新开展规划环评，有重大环境影响的产业园区，规划实施后应开展跟踪评价。调研发现，产业园区主动对规划环评开展动态管理的积极性不高。多数园区仅开展了一次规划环评，距离上一次规划环评审查超过 10 年，10 年间，园区的范围、产业定位等已发生较大变化，原规划环评审查意见难以继续指导园区内的项目建设。经梳理，广东省已开展规划环评的国家级产业园区中规划环评审查超过 10 年的园区占比超 80%。省级以上产业园区中在园区规划环评 5 年后及时开展环境影响跟踪评价工作的不足 25%。

（3）部分产业园区管理机构主体责任落实不到位

目前，产业园区管理实施主体一般为园区管理机构（管委会），或者由所属同级地方人民政府委托临时机构进行管理。大多数产业园区管理机构的主要职责是招商引资，仅有少数园区管理机构单独设立了环境管理部门。产业园区管理机构大多不清楚自身在生态环境保护方面的主体责任，即使设置了环境管理部门，其主要职责大多是办理环评手续、协助开展上级部门的督查检查工作。产业园区管理机构往往简单地将规划环评看作建设项目环评受理审批的"敲门砖"。经调查，广东省省级以上产业园区均设置了园区管理机构，大部分为副处级管理机构，少数为市级管理机构，但除少数大型园区管理机构单独设立了环境管理部门外，其余的均未单独设立，园区的环境管理职能一般设在建设、安监或规划等部门，日常环境管理工作依靠市级或县级生态环境主管部门开展。此外，部分产业园区规划为一园多区，但各片区隶属不同的行政区，各自独立，难以形成统一的环境管理体制。由于部分产业园区多次调整管理体制，产业园区管理机构多次变动，部分产业园区规划环评实施监管主体分散在多个部门或按属地管理，导致园区规划环评主体责任难以落实。调研发现，珠海某国家级产业园区现为一园四区，除主园区由开发区管委会管辖外，其余片区由属地人民政府或片区管委会管辖，且主园区环境保护工作大多依托当地生态环境部门开展。

根据广东省产业园区的调研结果，大部分产业园区未有效建立"一企一档"环境管理机制和环境信息公开制度，环境管理数据不足，园区不能准确掌握企业的生产和排污情况，难以满足环境监管需求。由于各地对园区环境管理问题重视不足，重经济轻环保的现象较为普遍，园区生态环境长效管理机制尚未形成，导致产业园区规划环评难以落地，规划布局、产业准入、基础设施建设等要求难以执行，规划环评实施成效不显著，环境管理能力弱化。

（4）规划环评效力发挥不足

规划环评属于规划体系的附属流程，未纳入规划相关法律法规体系和决策流程，使规划的编制和审批缺少开展规划环评的强制性和约束性要求，限制了规划环评的科学决策作用。《规划环境影响评价条例》第二十二条明确指出，规划审批机关在审批专项规划草案时，应当将环境影响报告书结论以及审查意见作为决策的重要依据。规划审批机关对环境影响报告书结论以及审查意见不予采纳的，应当逐项就不予采纳的理由作出书面说明，并存档备查。规划环评的审查意见未形成刚性约束，相关意见不受重视或被"选择性"采纳，导致规划环评对产业园区的环境管理支撑不足。此外，由于部分园区规划和环评报告书编制较早，科学性不足，约束力不强，已不能适应新要求，常出现随意调整产业园区定位、超出规划范围引进工业项目的现象。

规划实施过程中，由于产业园区规划缺乏法律效力，约束力不强，实际的土地开发、基础设施建设等往往受制于城市总体规划、土地利用规划等上位规划，出现土地利用性质与规划不符的情况。部分产业园区未把规划环评及其审查意见作为产业园区环境管理的重要依据，规划环评效力发挥不足，导致产业准入混乱、布局矛盾突出、污染防治和风险防范能力不足、环境监管不及时等问题。产业园区在开发建设和环境管理上对规划环评及其审查意见落实不到位的情况主要包括实际入驻企业与产业准入要求存在偏差，布局建议未落实带来工居混杂的环境隐患和"邻避"问题，污水集中处理、集中供热、清洁能源改造、固体废物处理处置等环境基础设施建设滞后，区域环境整治措施未及时落实，环境影响跟踪评价工作大多未开展等。

此外，产业园区规划未上报或未批复情况较为普遍。部分产业园区为实现项目落地需求，为履行规划环评的法定程序而"量身定制"园区规划，取得规划环评审查意见后，规划不上报审批机关进行批复。由于经济发展形势、招商引资工作的不确定性，产业园区规划往往无法跟上区域发展的节奏，为了加快项目落地，园区管理机构只能频繁修编产业规划，但规划是否批复事实上不影响区域发展的进程，因此园区管理机构往往在取得规划环评审查意见后，再无动力进一步完成规划上报及批复工作。

（5）规划环评与"三线一单"和项目环评联动不深

一方面，规划环评与"三线一单"的衔接方法仍处于探索阶段。虽然相关法律法规和技术规范均明确了规划环评与"三线一单"工作衔接的要求，全国也已基本完成省级"三线一单"编制和成果入库工作，但产业园区规划环评与区域"三线一单"的关系还不够明确。"三线一单"的生态环境准入与规划环评的准入之间如何衔接并指导规划环评的编制、已开展"三线一单"的区域如何简化产业园区规划环评等具体问题尚需探讨。

另一方面，规划环评与项目环评的联动大多局限在内容简化上。规划环评和项目环评均为源头预防体系的重要环节，前者重在划"框子"、定规则，后者侧重对规则的细化落实，规划环评是项目环评审批的重要依据。尽管园区规划环评相关法律法规和技术规范均对规划内项目环评提出了简化要求，一些地方也探索性地开展了项目环评简化审批甚至豁免的管理改革，但规划环评和项目环评的有机联系关系尚未真正建立。例如，产业园区规划环评基于区域环境质量改善目标，明确了污染物总量管控要求，但项目环评往往根据区域总量控制目标分配污染物排放量，与园区规划环评核算的允许排放量衔接较少。此外，规划环评与排污许可之间的衔接关系尚属空白，规划环评如何在以排污许可为核心的固定污染源监管制度体系中发挥成效，构建"六位一体"的环评与排污许可制度亟须研究。

（6）规划环评监管机制不完善

按照《中华人民共和国环境影响评价法》（2018 年修正）及《规划环境影响评价条例》，规划编制机关是规划环评报告编制的责任主体，也是规划优化调整和规划环评审查意见的落实主体，有责任监督规划实施单位执行规划环评提出的相关要求。实际工作中，规划编制机关在规划实施过程中大多未能督促、指导规划实施单位切实落实相关环保要求，对于规划实施产生的环境影响关注度不高。部分规划环评提出的意见往往由生态环境部门代为落实，由于缺乏规划编制单位及其他相关单位的配合，用地布局调整、企业搬迁等意见的推进较为困难。

规划环评结论和审查意见的落实情况缺乏相应的反馈、监督、问责机制，导致规划环评实施过程监管不足，规划环评全链条管理机制不闭合，不能有效发挥规划环评减缓环境影响的作用。由于缺乏客观制度的约束和监管考核的长效机制，一些地区对规划环评结论和审查意见落实工作不重视，将规划环评成果"束之高阁"。产业园区在取得规划环评审查意见后，园区跟踪监管缺失，未按照规划环评要求建立有效环境监测体系的现象普遍存在，重点企业缺乏相应的监管措施，园区在线监控设施建设不完善，运维工作不到位，管理部门对园区层面的环境质量变化缺少整体掌控，问题不清、原因不明。凡此种种，使很多环境问题往往积小成大，导致区域环境问题持续存在并引发大量公众投诉。

第2章 产业园区规划环评管理要求

2.1 产业园区规划环评管理文件

2.1.1 国家层面管理文件

2003 年《中华人民共和国环境影响评价法》的实施，确立了国家层面对规划环境影响评价的法律效力。2009 年施行的《规划环境影响评价条例》进一步强化了规划环境影响评价工作的地位，发挥了从源头预防环境污染和生态破坏的作用。

"十三五"期间，随着环境管理战略目标由环境污染控制向环境质量改善转变，生态环境部相继出台了《"十三五"生态环境保护规划》《"十三五"环境影响评价改革实施方案》等文件，明确提出以改善环境质量为核心，以全面提高环评有效性为主线等要求。《关于规划环境影响评价加强空间管制、总量管控和环境准入的指导意见（试行）》（环办环评〔2016〕14 号）、《关于开展产业园区规划环境影响评价清单式管理试点工作的通知》（环办环评〔2016〕61 号）、《关于进一步加强产业园区规划环境影响评价工作的意见》（环环评〔2020〕65 号）等与产业园区规划环评相关文件的发布，进一步明确了产业园区规划环评的适用范围、审查程序与要求，与"三线一单"生态环境分区管控体系衔接，与项目环评联动以及各方责任分工等。为增强产业园区规划环评的科学性和规范性，2021 年，生态环境部发布了《规划环境影响评价技术导则 产业园区》（HJ 131—2021）。

"十四五"之初，部分地区高耗能、高排放（以下简称"两高"）项目有所抬头，为推动绿色转型实施高质量发展，生态环境部发布了《关于加强高耗能、高排放建设项目生态环境源头防控的指导意见》（环环评〔2021〕45 号），进一步强化规划环评的效力。文件要求涉"两高"行业的产业园区规划，特别是为上马"两高"项目而修编的规划，在环评审查中应严格控制"两高"行业发展规模，优化规划布局、产业结构与实施时序。

2.1.2　省级层面管理文件

自《中华人民共和国环境影响评价法》《规划环境影响评价条例》实施以来，广东省为依法全面推进规划环境影响评价工作，出台了《广东省人民政府关于进一步做好我省规划环境影响评价工作的通知》（粤府函〔2010〕140 号），对规划环境影响评价的实施单位、具体范围、工作机制、审查程序、组织领导和监督检查等提出要求。为深化环境影响评价制度改革，2020 年 3 月，广东省人民政府办公厅发布了《关于深化我省环境影响评价制度改革的指导意见》（粤办函〔2020〕44 号），提出了优化区域规划环境影响评价机制的要求。为贯彻落实生态环境部《关于进一步加强产业园区规划环境影响评价工作的意见》（环环评〔2020〕65 号）要求，推动产业园区绿色发展，持续改善生态环境质量，广东省生态环境厅出台了《关于进一步做好产业园区规划环境影响评价工作的通知》（粤环函〔2021〕64 号）。

2.2　产业园区规划环评报告编制、审查及监管

2.2.1　规划环评报告编制主体

《关于进一步加强产业园区规划环境影响评价工作的意见》（环环评〔2020〕65 号）明确提出，国务院及其有关部门、省级人民政府批准设立的经济技术开发区、高新技术产业开发区、旅游度假区等产业园区以及设区的市级人民政府批准设立的各类产业园区，在编制开发建设有关规划时，应依法开展规划环评工作，编制环境影响报告书。省级生态环境主管部门可根据本省人民政府有关规定，研究确定本行政区域开展规划环评的产业园区范围。相比《关于加强产业园区规划环境影响评价有关工作的通知》（环发〔2011〕14 号），考虑到保税区、保税港区、综合保税区、出口加工区等海关特殊监管区的园区功能较单一、面积较小，环境影响也相对较小，该意见没有单独对这类园区提出开展规划环评的要求。实际工

作中，该类园区可依托所在区域其他类型的产业园区统一开展环境影响评价。

《关于进一步做好产业园区规划环境影响评价工作的通知》（粤环函〔2021〕64 号）结合广东省产业园区的发展特征，进一步细化了开展规划环评的产业园区范围。国家、广东省产业园区规划环评管理要求对比见表 2-1。相比生态环境部的有关规定，广东省考虑了自由贸易试验区、产业转移工业园等类型的园区。

表 2-1　国家、广东省产业园区规划环评管理要求对比

类别	国家	广东省
开展范围	国务院及其有关部门、省级人民政府批准设立的经济技术开发区、高新技术产业开发区、旅游度假区等产业园区以及设区的市级人民政府批准设立的各类产业园区	国务院及其有关部门、省政府批准设立的经济技术开发区、高新技术产业开发区、旅游度假区、自由贸易试验区、产业转移工业园等产业园区以及各地级以上市政府批准设立的其他各类产业园区
审查主体	1. 原则上由批准设立该产业园区的人民政府所属生态环境主管部门召集审查。 2. 已经发布"三线一单"生态环境分区管控方案并组织实施的省份，其行政区域内国家级产业园区规划环境影响报告书可由生态环境部委托其所在省级生态环境主管部门召集审查，审查意见抄报生态环境部；具体委托工作由各省（区、市）结合实际需求向生态环境部提出申请	1. 原则上由批准该产业园区设立、同意扩区或者区位调整的人民政府所属生态环境主管部门召集审查。产业集聚地以及县级政府批准设立的工业集中区等区域的规划环评报告①由各地级以上市生态环境局召集审查。电镀、印染、鞣革、化学制浆等专业园区规划环评报告由省生态环境厅召集审查。 2. 按规定应由省生态环境厅召集审查广州市、深圳市、珠海市横琴新区、东莞市以及佛山市等行政区域内的产业园区规划环评报告
审查程序	1. 未规定审查时限； 2. 未规定召集审查前开展技术评估	1. 收到报送的规划环评报告后 30 个工作日内（技术评估时间除外）； 2. 有条件的地区可在召集审查前委托技术单位开展技术评估

---

① 规划环评报告指规划环境影响报告书，相关文件将规划环境影响报告书简称为规划环评报告。

2.2.2 规划环评审查要求

《中华人民共和国环境影响评价法》（2018 年修正）第十二条至第十五条、第三十条对规划环评的效力、审查机制、审查程序、跟踪评价、法律责任等作出了规定。《规划环境影响评价条例》第三章对规划环评的审查程序、审查原则、审查效力等作出了具体规定，其中第十六条在《中华人民共和国环境影响评价法》（2018 年修正）的基础上，增加了"未附送环境影响报告书的，规划审批机关应当要求其补充；未补充的，规划审批机关不予审批"。

（1）审查主体

按照《中华人民共和国环境影响评价法》（2018 年修正）、《规划环境影响评价条例》有关"同级审查"的原则，产业园区规划环境影响报告书原则上由批准设立该产业园区的人民政府所属生态环境主管部门召集审查。各省（区、市）对于省级以下产业园区规划环境影响报告书审查另有规定的，按照地方有关法规执行。《关于进一步加强产业园区规划环境影响评价工作的意见》（环环评〔2020〕65 号）进一步明确，已经发布"三线一单"生态环境分区管控方案并组织实施的省份，其行政区域内国家级产业园区规划环境影响报告书可由生态环境部委托其所在省级生态环境主管部门召集审查，审查意见抄报生态环境部；具体委托工作由各省（区、市）结合实际需求向生态环境部提出申请。目前，广东省未向生态环境部提出申请，国家级产业园区仍由生态环境部组织审查。

《关于进一步做好产业园区规划环境影响评价工作的通知》（粤环函〔2021〕64 号）按"同级审查"的原则，细化了产业园、产业集聚地、工业集中区、专业园区等各类产业园区规划环评的召集审查权限，并将广州市、深圳市、珠海市横琴新区、东莞市以及佛山市南海区、顺德区等行政区域内的产业园区规划环评报告的审查权限下放至上述地区生态环境部门。

（2）审查程序

根据《中华人民共和国环境影响评价法》（2018 年修正）、《规划环境影响评价条例》的规定，产业园区规划环境影响报告书应当先由人民政府指定的生态环境主管部门或者其他部门召集有关部门代表和专家组成审查小组，对环境影响报告书进行审查。审查小组应当提出书面审查意见。审查意见应当经审查小组 3/4

以上成员签字同意。审查小组成员有不同意见的，应当如实记录和反映。

审查小组的专家应当从依法设立的专家库内相关专业的专家名单中随机抽取。但是，参与环境影响报告书编制的专家，不得作为该环境影响报告书审查小组的成员。审查小组中专家人数不得少于审查小组总人数的 1/2；少于 1/2 的，审查小组的审查意见无效。

广东省生态环境厅规定，全省各级生态环境主管部门应在收到报送的规划环评报告后 30 个工作日内（技术评估时间除外）进行审查。各地可结合实际，细化制订规划环评报告的审查程序，明确报审材料、审查时限等要求，有条件的地区可在召集审查前委托技术单位开展技术评估，不断提高规划环评审查能力。

（3）审查内容

产业园区规划环评应重点关注产业园区存在的主要生态环境问题，审查以下内容，并形成客观、公正、独立的审查意见：

①基础资料和数据的真实性；

②评价方法的适当性；

③环境影响分析、预测和评估的可靠性；

④衔接落实区域生态环境分区管控要求的情况，规划方案及优化调整建议的可行性；

⑤预防或者减轻不良环境影响的对策和措施的合理性和有效性；

⑥公众意见采纳与不采纳情况及其理由说明的合理性；

⑦环境影响评价结论的科学性。

有下列情形之一的，审查小组应当提出不予通过环境影响报告书的意见：

①依据现有知识水平和技术条件，对规划实施可能产生的不良环境影响的程度或者范围不能作出科学判断的；

②规划实施可能造成重大不良环境影响，并且无法提出切实可行的预防或者减轻对策和措施的。

《关于进一步做好产业园区规划环境影响评价工作的通知》（粤环函〔2021〕64 号）明确规定，审查规划环评报告应充分衔接省级、地市级"三线一单"生态环境分区管控方案及相关生态环境准入清单。对新设立的产业园区，审查时应重点关注规划方案以及优化调整建议的可行性、预防或者减轻不良环境影响的对策和措施的合理性等；对规划已实施的产业园区，重点关注回顾性评价内容、存在的生态环境问题以及优化调整建议的可行性等。对存在《规划环境影响评价条例》第二十条或第二十一条规定情形的规划环评报告，应提出修改后重新审查或不予通过的意见。

2.2.3 规划环评主体责任

产业园区管理机构、规划环评技术机构、生态环境主管部门等相关方在产业园区规划环评工作中的职责见表2-2。

表2-2 产业园区规划环评相关方职责

职责分类	规划编制机关	规划审批机关	生态环境主管部门	规划环评技术机构
规划环评报告编制	组织开展规划环评，对规划环评的质量和结论负责，并接受所属人民政府的监督	—	对规划环评进行质量监管，建立健全规划环评跟踪监管长效机制，定期调度产业园区规划环评及跟踪评价开展、落实情况	加强规划环评质量管理，按照相关技术导则和规范开展工作
规划环评审查	—	—	依法召集有关部门代表和专家组成审查小组对报告书进行审查；规范规划环评审查专家库管理	—
规划审批	应当将环境影响报告书作为规划草案的组成部分一并报送规划审批机关	将规划环评结论及审查意见作为决策的重要依据，在审批中未采纳环境影响报告书结论及审查意见的，应当作出说明并存档备查	—	—
跟踪评价	及时开展环境影响跟踪评价工作，将评价结果报告规划审批机关，并通报生态环境主管部门	在接到规划编制机关的报告后，应当及时组织论证，并根据论证结果采取改进措施或者对规划进行修订	结合情况对评价结果作出反馈	按照导则、标准和技术规范要求开展跟踪评价
规划实施	认真落实规划环评及相关环保要求	—	依法对已发生重大不良影响的规划及时组织核查，根据核查情况向规划审批机关和产业园区管理机构提出修订规划或者采取改进措施的建议。对产业园区环境质量变化情况及污染物排放情况开展监管	—

（1）规划编制机关

对于产业园区来说，规划编制机关通常为产业园区管理机构，应肩负起规划环评的主体责任。《规划环境影响评价条例》明确规定规划编制机关应当在规划编制过程中对规划组织环境影响评价。环境影响评价文件由规划编制机关编制或者组织规划环境影响评价技术机构编制，并对文件质量负责。规划编制机关对可能造成不良环境影响并直接涉及公众环境权益的专项规划，应当在规划草案报送审批前，采取调查问卷、座谈会、论证会、听证会等形式，公开征求有关单位、专家和公众对环境影响报告书的意见，并在报送审查的环境影响报告书中附具对公众意见采纳与不采纳情况及其理由的说明。对已经批准的规划在实施范围、适用期限、规模、结构和布局等方面进行重大调整或者修订的，规划编制机关应当依照《规划环境影响评价条例》的规定重新或者补充进行环境影响评价。规划编制机关在报送审批综合性规划草案和专项规划中的指导性规划草案时，应当将环境影响篇章或者说明作为规划草案的组成部分一并报送规划审批机关审查。对环境有重大影响的规划实施后，规划编制机关应当及时组织规划环境影响的跟踪评价，将评价结果报告规划审批机关，并通报环境保护等有关部门。规划实施过程中产生重大不良环境影响的，规划编制机关应当及时提出改进措施，向规划审批机关报告，并通报环境保护等有关部门。

可见，规划编制机关，一方面，要负责组织开展规划环评报告编制、公众参与和跟踪评价，并对规划环评质量和结论负责；另一方面，要落实规划环评及相关环保要求，既要将规划环评结论及审查意见落实到规划中，又要负责统筹区域生态环境基础设施建设、严格入园建设项目准入，切实做好环境风险防范工作。

（2）规划审批机关

《规划环境影响评价条例》明确规定规划审批机关在审批专项规划草案时，应当将环境影响报告书结论以及审查意见作为决策的重要依据。规划审批机关对环境影响报告书结论以及审查意见不予采纳的，应当逐项就不予采纳的理由作出书面说明，并存档备查。规划审批机关在接到规划编制机关的报告或者环境保护主管部门的建议后，应当及时组织论证，并根据论证结果采取改进措施或者对规划进行修订。

可见，产业园区规划审批机关应当将环境影响报告书结论以及审查意见作为决策的重要依据，未编制规划环评报告的不予审批。

（3）生态环境主管部门

《规划环境影响评价条例》规定，设区的市级以上人民政府审批的专项规划，在审批前由其环境保护主管部门召集有关部门代表和专家组成审查小组，对环境影响报告书进行审查。审查小组应当提交书面审查意见。省级以上人民政府有关部门审批的专项规划，其环境影响报告书的审查办法，由国务院环境保护主管部门会同国务院有关部门制定。环境保护主管部门发现规划实施过程中产生重大不良环境影响的，应当及时进行核查。经核查属实的，向规划审批机关提出采取改进措施或者修订规划的建议。可见，环境保护主管部门的职责是组织规划环评审查并出具审查意见，发现规划实施过程中产生重大不良环境影响的，应及时进行核查。

当前，生态环境主管部门进一步强化了产业园区规划环评质量的监管职责。《关于进一步加强产业园区规划环境影响评价工作的意见》（环环评〔2020〕65 号）明确规定，生态环境部将建立健全规划环评跟踪监管长效机制，定期调度产业园区规划环评及跟踪评价开展、落实情况，采取"定期检查+不定期抽查"相结合的方式加大规划环境影响报告书质量监管。重点检查编制质量及规划环评落实情况，对编制质量差、规划环评落实不力的相关责任主体公开曝光并依法依规处理。《环评与排污许可监管行动计划（2021—2023 年）》将重点领域规划环评落实情况抽查纳入行动方案，并明确要求对由各级生态环境部门组织审查的产业园区、流域、交通、煤炭矿区等领域规划环评落实情况进行抽查。《关于进一步做好产业园区规划环境影响评价工作的通知》（粤环函〔2021〕64 号）明确要求，全省各级生态环境主管部门应制订规划环评监管方案（2021—2023 年）和年度实施工作方案，结合生态环境日常监管执法，3 年内完成对本级生态环境主管部门 2013 年 7 月以来召集审查的产业园区规划环评报告及审查意见的相关要求落实情况的全覆盖核查。核查重点包括规划环评报告结论及审查意见提出的准入要求、避让敏感区等优化调整建议、污染物总量控制要求以及环保基础设施、环境风险防控体系、环境监测体系等环保对策措施的落实情况。

根据广东省各类产业园区的特点和管理要求，相关责任部门如表 2-3 所示。

表 2-3　广东省产业园区规划环评相关责任部门

园区类型		规划编制机关	规划审批机关	规划实施主体	规划环评文件审查部门
经济技术开发区	国家级	开发区管委会	商务部	开发区管委会	生态环境部
	省级	开发区管委会	省商务厅	开发区管委会	省生态环境厅
高新技术产业开发区	国家级	高新区管委会	科技部	高新区管委会	生态环境部
	省级	高新区管委会	省科技厅	高新区管委会	省生态环境厅
海关特殊监管区（保税区、出口加工区、保税物流园区、跨境工业区、保税港区、综合保税区）		监管区管委会	国务院	监管区管委会	生态环境部/依托所在区域产业园区规划环评审查部门
旅游度假区	国家级	度假区管委会	文化和旅游部	度假区管委会	生态环境部
	省级	度假区管委会	省文化和旅游厅	度假区管委会	省生态环境厅
产业转移工业园		工业园管委会	省工业和信息化厅	工业园管委会	省生态环境厅（广州市、深圳市、珠海市横琴新区、东莞市以及佛山市等地由市生态环境部门审查）
专业园区（电镀、印染、鞣革、化学制浆）		园区管委会	市工业和信息化部门	园区管委会	省生态环境厅（广州市、深圳市、珠海市横琴新区、东莞市以及佛山市南海区、顺德区由市生态环境部门审查）
产业集聚区		集聚区管委会/市级政府部门	市人民政府/市规划部门	集聚区管委会/市级政府部门	市生态环境局
县级政府批准设立的工业集中区		集中区管委会/县级政府部门	县级政府	集中区管委会/县级政府部门	市生态环境局

（4）规划环评技术机构

规划环评技术机构的职责主要是接受规划编制单位委托，按照有关标准、导则和技术规范开展规划环境影响评价工作。目前，尚无法律法规对从事规划环境影响评价的机构资质进行限制。2003—2006 年，国家环境保护总局出于提高环评科学性和总体质量的考虑，曾发布过四批规划环境影响评价推荐单位名单。环评技术机构应依照有关的法律法规和技术规范开展规划环评工作，并对评价结果的真实性负有法律责任。

2.2.4 规划环评工作要求

为进一步强化规划环评对项目环评的指导和约束作用，并在建设项目环境保护管理中落实规划环评的成果，切实发挥规划环评和项目环评预防环境污染和生态破坏的作用，《关于加强规划环境影响评价与建设项目环境影响评价联动工作的意见》（环发〔2015〕178 号）明确了产业园区规划环评的主要工作任务，包括园区现有资源、环境重大问题判别，园区产业定位、布局、结构、规模以及重大基础设施建设方案的建议，园区污染物排放总量上限要求和环境准入条件等。

《关于进一步加强产业园区规划环境影响评价工作的意见》（环环评〔2020〕65 号）从聚焦产业园区生态环境质量改善、优化产业园区基础设施建设、推动建立健全环境风险防控体系等角度明确了产业园区规划环评的工作重点。产业园区规划环评要坚持以生态环境质量改善、防范环境风险为核心，以问题为导向，重点对规划的产业定位、布局、结构、发展规模、建设时序、运输方式及产业园区循环化和生态化建设等方面提出优化调整建议；深入论证园区基础设施建设方案的环境合理性和可行性，并从选址、规模、工艺、建设时序或区域基础设施共建共享等方面提出优化调整建议；重点关注产业园区对周边生态环境敏感目标的影响，从产业园区风险防控体系建设、突发环境事件响应与管理等方面提出对策建议。

《关于加强高耗能、高排放建设项目生态环境源头防控的指导意见》（环环评〔2021〕45 号）要求以"两高"行业为主导产业的园区规划环评应增加碳排放情况与减排潜力分析，推动园区绿色低碳发展。推动煤电能源基地、现代煤化工示范区、石化产业基地等开展规划环境影响跟踪评价，完善生态环境保护措施并适时优化调整规划。其中"两高"项目暂按煤电、石化、化工、钢铁、有色金属冶炼、建材六个行业类别统计，后续对"两高"范围如有明确规定的，从其规定。

《关于进一步加强工业园区环境保护工作的意见》（粤环发〔2019〕1 号）对广东省产业园区的环境保护工作提出了明确要求，具体见表 2-4。

表 2-4　广东省产业园区环境保护工作要求

类别	具体要求
规划与规划环评	1. 科学制定发展规划，合理优化布局。 2. 依法开展规划环境影响评价。 3. 落实"三线一单"管控要求
园区准入	1. 严格建设项目环境准入。凡列入环境准入负面清单的项目，禁止规划建设。对于所有区域环境质量超标的园区，针对超标因子涉及的行业、工艺、产品等，实施更加严格的环境准入要求。 2. 加强规划环评与项目环评联动。对于符合规划环评结论及审查意见要求的建设项目，其环评文件可采用引用规划环评结论、减少环评文件内容或章节等方式进行简化；已开展区域空间生态环境影响评价或规划环境影响评价的园区，有审批权的生态环境主管部门可以试行环境影响报告书、环境影响报告表审批告知承诺制
基础设施建设	1. 实施园区污水集中处理。建设污水集中处理设施并安装自动在线监控装置。企业废水应分类收集、分质处理、达标排放。应规范设置园区集中污水处理设施排污口，原则上一个园区设置一个排污口。 2. 规范固体废物处理处置。按照分类收集和综合利用的原则，落实固体废物综合利用和处理处置措施。 3. 加强区域环境综合整治。园区应编制环境保护方案，存在环境问题的园区应编制整治方案。园区应积极配合地方政府加快周边区域环保基础设施建设。水、大气污染物排放超过总量控制要求或区域环境质量明显下降的园区，应加强排查并落实整改；鼓励园区推行集中供热
环境管理	1. 优化水、大气、土壤环境质量监测体系，强化对园区纳污水体、园区及周边大气环境、土壤环境的监控。 2. 建立园区环境管理监督机制。将园区环境保护措施落实情况及周边环境质量状况纳入环境保护督察。建立园区环境信息公开制度。 3. 严格企业治污设施运行监管。企业应严格执行环保法律法规、规章，确保治污设施正常运行，污染物稳定达标排放。含有色、化工、制革、制药等重点行业的园区，应加强重点污染物排放监管
风险防控	1. 建设环境风险防控设施。构建企业、园区和生态环境部门三级环境风险防控联动体系；产生恶臭污染物的行业应当科学选址，设置合理的防护距离，并安装净化装置或者采取其他措施；企业事故应急池应逐步实现互联互通，并合理建设隔离带和绿化防护带。 2. 加强企业和园区管理机构的应急保障能力建设

第3章 广东省产业园区发展及环境管理状况

3.1 广东省产业园区发展现状

3.1.1 产业园区概况

（1）产业园区数量与分布

在广东省经济社会的发展历程中，产业园区始终扮演着重要角色，经济体量和规模不断壮大。根据《中国开发区审核公告目录》（2018年版），广东省共有32家国家级开发区和100家省级开发区纳入目录，总面积达935 km²。相比《中国开发区审核公告目录》（2006年版），新增国家级开发区17个，省级开发区31个，所辖开发区面积增加35.7%。此外，还有一批经省政府同意但未纳入国家名录的开发区，如产业转移工业园、专业园区等。广东省产业园区分类体系如图3-1所示。

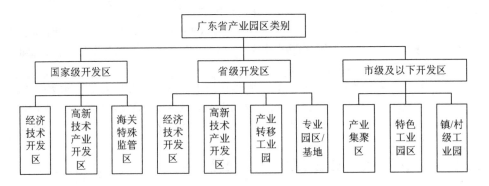

图3-1 广东省产业园区分类体系

为全面统计广东省省级以上产业园区的建设现状，根据《中国开发区审核公告目录》（2018 年版）、《广东省经济和信息化委关于纳入〈中国开发区审核公告目录〉（2018 年版）的产业集聚地确认为省产业转移工业园的函》（粤经信园区函〔2018〕35 号）、《国务院关于同意湛江高新技术产业开发区升级为国家高新技术产业开发区的批复》（国函〔2018〕43 号）、《国务院关于同意茂名高新技术产业开发区升级为国家高新技术产业开发区的批复》（国函〔2018〕44 号）、《国务院办公厅关于河北张家口经济开发区等 13 个省级开发区升级为国家级经济技术开发区的复函》（国办函〔2021〕64 号）等文件，我们将经济技术开发区、高新技术产业开发区、省产业转移工业园、海关特殊监管区等各类产业园区全部纳入统计分析。截至 2021 年 6 月，广东省有省级及以上产业园区 211 个，包括经济技术开发区、高新技术产业开发区、海关特殊监管区、产业转移工业园、专业园区等，其中国家级产业园区 36 个（占 17.1%），省级产业园区 175 个（占 82.9%）。按产业园区类型统计，全省以经济技术开发区数量最多，共 64 个（占 30.3%），其次是产业转移工业园 56 个（占 26.5%）。此外，全省还有电镀、印染、制革等专业园区 30 个。广东省省级及以上产业园区类型如图 3-2 所示。

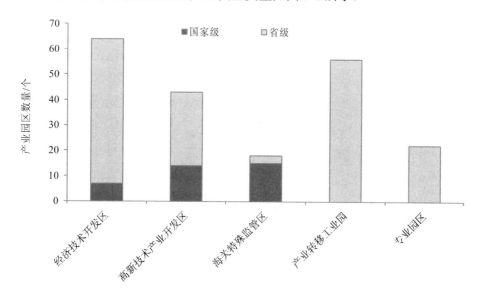

图 3-2 广东省省级及以上产业园区类型

　　按照广东省构建"一核一带一区"区域发展新格局的战略部署，全省着力推动形成布局合理、良性互动、错位发展、功能协调的产业园区发展格局。从产业园区的地区分布来看（图3-3），珠三角地区、粤东地区、粤西地区和粤北地区省级及以上产业园区数量分别为81个、34个、39个和57个，占比分别为38.4%、16.1%、18.5%和27.0%。其中，经济技术开发、高新技术产业开发区、海关特殊监管区、专业园区等产业园区的数量占比均以珠三角地区最多，粤北地区的产业转移工业园数量占全省40%以上（图3-4）。从单个地级市省级及以上产业园区的分布来看，广州市最多，共18个（占全省的8.5%），其次是江门市，为14个（占全省的6.6%），最少的是中山和潮州等市，各有4个（分别占全省的1.9%）（图3-5）。

　　目前，国家级产业园区主要集中在珠三角地区，占全省的75%。其中又以广州、深圳、珠海国家级产业园区居多，三个地级市共有国家级产业园区19个，超全省总数的52%。潮州、汕尾、韶关、云浮、阳江等5市尚无国家级产业园区。国家级、省级产业园区地区分布如图3-5所示。

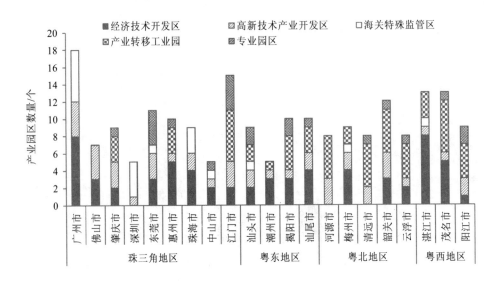

图3-3　广东省省级及以上产业园区地区分布

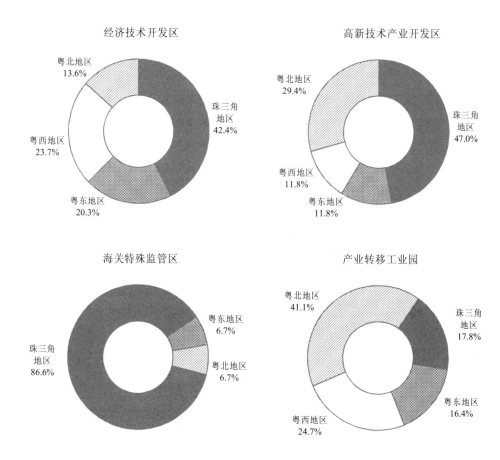

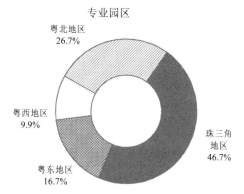

图 3-4　各类省级及以上产业园区地区分布

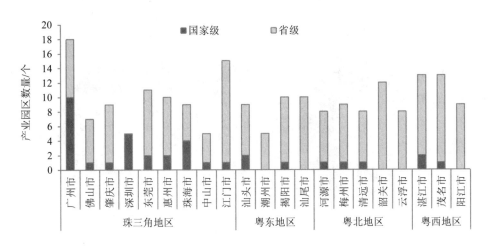

图 3-5 国家级、省级产业园区地区分布

广东省除已有的国家级、省级各类产业园区、专业基地外，市级、镇级、村级传统产业园区数量众多，尤其是珠三角地区几乎每一个村镇都有数量不一的产业园区，且布局分散。调研发现，中山市现已形成的产业园区（产业集聚区）近100 个，每个镇（街）平均有 4 个产业集聚区，黄圃镇产业集聚区多达 9 个。据佛山市 2018 年统计，全市村级工业园共有 1 025 个，村级工业园用地为19 577.35 hm²，零散用地为 1 149.69 hm²，村级工业园和零散用地总面积约20 727 hm²，约占全市工业用地面积的 80%，但其产值却仅占全市总量的 20%。其中，佛山市顺德区现有 382 个村级工业园，总面积约 13.5 万亩①，工业企业超过 1.9 万家，广泛分布在 10 个镇（街）和 206 个村（社区），呈现"村村点火、户户冒烟"的分散布局，3 个镇（街）园区个数在 50 个以上。全区村级工业园占工业用地近 70%，平均容积率仅 0.78，仅贡献 27%的工业产值和 4.3%的税收。2018 年广州市共有产业园区 1 821 个，总占地面积约 192 km²，其中村级工业园 1 688 个，总面积约 132 km²，约占全市旧改土地总量的 22.5%，150 亩以上的有 303 个，占村级工业园用地总面积的六成以上。据初步摸查，珠三角地区村镇产业集聚区总用地面积占珠三角地区工业用地总面积的 31%，而 2019 年珠三角地区村镇产业集聚区工业增加值仅占珠三角地区工业增加值总额的 2%。这些村镇产业集聚区产业

---

① 1 亩≈666.67 m²。

低端，用地、环保等问题突出，缺乏统筹、规划和监管，制约产业绿色转型和区域高质量发展。

（2）主导产业情况

《中国开发区审核公告目录》（2018 年版）对纳入目录的省级及以上产业园区均核定了主导产业。经统计，广东省省级及以上产业园区主导产业涉及类别最多的是机械装备、电子信息、食品、装备制造等行业，分别占园区总数的 23.2%、22.7%、16.6%和 14.9%。其中，主导产业涉及化工、建材等"两高"行业的产业园区有 41 个，占 22.7%，其中珠三角地区有 14 个，占珠三角地区省级及以上产业园区总数的 15.7%。

从地域分布来看，37.2%的机械制造产业集中在粤北地区，68.3%的电子信息产业集中在珠三角地区（图 3-6）。总体上看，广东省产业园区主导产业具有一定同质化特征。产业同质化不利于错位互补和资源科学合理配置，因此，统筹协调发展机制亟待完善。

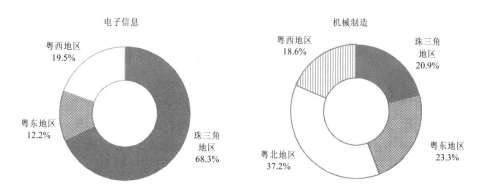

图 3-6　产业园区主导产业地区分布

3.1.2　产业园区发展状况

（1）经济发展状况

经过 30 多年的发展，产业园区已成为广东省产业发展的重要载体、科技创新的重要平台、对外开放的重要门户，也是探索中国特色社会主义道路与制度的重要试验区。据统计，2018 年纳入《中国开发区审核公告目录》（2018 年版）的 132

个产业园区的地区生产总值和规模以上工业增加值分别达 2.85 万亿元和 1.75 万亿元（图 3-7），培育形成了一批年产值超千亿元的产业集群。产业园区的经济体量和规模不断壮大，经济发展的龙头作用不断提升，自主创新能力稳步增强。据统计，产业园区单位面积总产值为 366.92 万元/hm^2，规模以上企业 17 928 家，其中高新技术企业 9 062 家，R&D 经费投入占 GDP 的 4%。

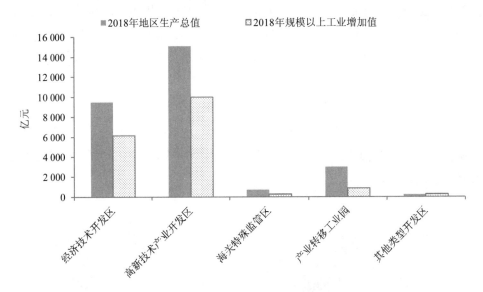

图 3-7　广东省产业园区分类产值

（2）绿色发展状况

广东省积极探索绿色园区建设新模式和新路径，早于 2011 年就在全国率先提出创建绿色升级示范工业园区，促进重污染工业园绿色升级。2012 年，广东省环境保护厅出台了《关于绿色升级示范工业园区创建的管理办法（试行）》（粤环〔2012〕38 号），并于 2014 年年底进行了修订。据了解，申报绿色升级示范工业园区须完成规划环评，并通过环境保护主管部门审查，园区内所有企业排放的各类污染物都要稳定达到国家或地方规定的排放标准，主要污染物排放总量不超过总量控制目标，近 3 年内园区内的企业未发生重大污染事故和重大生态破坏事件，环保信用评价中未出现红牌记录。目前，广东省先后发布了两批共 6 个绿色升级示范工业园区名单，包括广东西樵纺织产业示范基地、广东银洲湖纸业基地、广东惠州大亚湾石化产业园区、佛山市三水工业区大塘园（纺织印染集聚区）、珠海市富山工业园、江门市新会崖门定点电镀工业基地。以佛山市三水工业区大塘园（纺织印染集聚区）为例，该园区位于广州市、佛山市两地水系敏感位置，毗邻广州市、佛山市两地多个重要饮用水水源。自 2012 年起，该园区创新污染治理模式，对入园企业实施集中供热、集中供水、集中处理污水的"三集中"管理模式，园区内纺织印染企业清洁生产审核率超过 80%，园区中水回用率超过 50%。

广东省积极构建绿色制造体系，加快园区循环化改造升级。截至 2018 年年底，全省累计拥有国家级园区循环化改造试点 6 个、省级园区循环化改造试点 110 个，省级园区开展循环化改造的比例超过 50%。自 2011 年以来先后认定三批广东省循环经济工业园。根据《广东省经济和信息化委关于公布广东省循环经济工业园名单的通知》（粤经信节能函〔2018〕147 号），19 个园区于 2018 年通过广东省循环经济工业园的验收。

此外，广东省有国家低碳工业园区 1 个、国家生态工业示范园区 4 个，数量仅占国家级产业园区总数的 18.5%，与长三角地区（29.5%）和京津冀地区（20.0%）相比仍有差距，绿色低碳水平仍有待提高。

3.2　广东省产业园区环境管理状况

3.2.1　规划环评制度执行情况

广东省省级及以上产业园区总体依法依规开展了规划环评。根据广东省生态环境厅公示的数据，全省已开展环评的省级及以上产业园区共 184 个，环评执行率约为 90%。各类园区中，首先，专业基地规划环评执行率达 100%，与广东省将环评作为基地实施方案上报审批的前置条件有关。其次，产业转移工业园规划环评执行率近 93%，主要原因是广东省于 2014 年将产业转移工业园环境保护水平作为否决性指标纳入园区考核评价体系，有效促进了产业园区规划环评的开展。最后，海关特殊监管区规划环评执行率相对较低，约为 72%，主要原因是海关特殊监管区大多面积小、污染轻，难以单独开展规划环评。总体上看，广东省省级及以上产业园区规划环评执行率较高。

从产业园区规划环评开展的地区分布来看，深圳、佛山、江门、汕头、潮州、揭阳、清远、韶关、云浮、茂名等 10 个地级市产业园区规划环评执行率达 100%。粤东地区产业园区规划环评执行率最高，超过 97%，珠三角地区最低，不足 88%，主要原因是规划环评执行率偏低的海关特殊监管区大部分集中在珠三角地区，具体如图 3-8 所示。

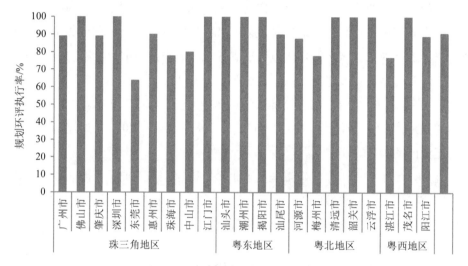

图 3-8　广东省各地省级及以上产业园区规划环评执行情况

根据《规划环境影响评价条例》的规定，对已经批准的规划在实施范围、适用期限、规模、结构和布局等方面进行重大调整或者修订的，规划编制机关应当依照该条例的规定重新或者补充进行环境影响评价。在此基础上，2011 年，环境保护部《关于加强产业园区规划环境影响评价有关工作的通知》(环发〔2011〕14号)对工业园区开展规划环境影响跟踪评价的时限和审核要求进行了规定，"实施五年以上的产业园区规划，规划编制部门应组织开展环境影响的跟踪评价，编制规划的跟踪环境影响报告书，由相应的环境保护行政主管部门组织审核。对规划实施过程中产生重大不良环境影响的，环境保护行政主管部门应当及时进行核查，并向规划审批机关提出采取改进措施或者修订规划的建议"。调研发现，产业园区主动对规划环评开展动态管理的积极性不高，未及时开展规划调整、修编或跟踪评价，多数园区仅开展了一次规划环评或区域环评。经统计，广东省规划环评审查时间超过五年的省级及以上园区超过 80%，超过十年的省级及以上园区达 55% 以上，规划环评审查五年后及时开展跟踪评价的比例不足 30%。

根据《规划环境影响评价条例》的规定，规划审批机关在审批专项规划草案时，应当将环境影响报告书结论以及审查意见作为决策的重要依据。规划审批机关对环境影响报告书结论以及审查意见不予采纳的，应当逐项就不予采纳的理由作出书面说明，并存档备查。规划环评所提出的环境保护目标、要求及措施，通过规划的落地来实现。调研发现，部分园区存在规划和规划环评要求未得到足够的重视和贯彻实施、园区规划环评与入园项目环评衔接度不高的现象。

3.2.2　园区环境保护设施建设情况

（1）污水处理设施建设情况

截至 2018 年，广东省产业园区工业废水集中处理率达 90%，集中处理设施数量近 200 个。通过广东省生态环境厅公众网产业园区的公示信息，对 74 个开展了环境状况评估的产业园区进行分析，截至 2020 年年底，全部建成集中污水处理设施或依托市政污水处理设施的园区占比为 95.9%。总体上，广东省省级及以上产业园区污水集中处理设施建设情况较好，但也存在配套管网建设滞后的问题，主要受地方财政资金不足、园区开发程度低、入园企业少、施工条件不佳、征地拆迁难度大以及规划不足等因素影响。另外，依托市政污水处理设施的弊端（例如产业园区生产废水对市政污水处理厂工艺的冲击、产业园区中水回用要求难以落实等）也逐渐显现。

（2）集中供热设施建设情况

《大气污染防治行动计划》提出，在化工、造纸、印染、制革、制药等产业集聚区，通过集中建设热电联产机组逐步淘汰分散燃煤锅炉。广东省发展改革委于 2013 年 12 月印发的《关于印发推进我省工业园区和产业集聚区集中供热意见的通知》（粤发改能电〔2013〕661 号）提出，到 2015 年年底，珠三角地区具有一定规模用热需求的工业园区基本实现集中供热，集中供热范围内的分散供热锅炉全部淘汰或者部分改造为应急调峰备用热源，不再新建分散供热锅炉，力争全省集中供热量占供热总规模达到 30% 左右；到 2017 年，全省具有一定规模用热需求的工业园区和珠三角产业集聚区实现集中供热，集中供热范围内的分散供热锅炉全部淘汰或者部分改造为应急调峰备用热源，不再新建分散供热锅炉，力争全省集中供热量占供热总规模达到70%以上。基于74个开展了环境状况评估的产业园区的分析结果，只有少数以石化、化工、印染、钢铁、造纸为主导产业的园区配套建设了集中供热设施或依托园区附近集中供热设施。根据调研，部分园区未能落实集中供热的原因主要为实际入驻的企业多数用热量小，集中供热方案不具备经济技术可行性。

3.2.3 园区日常环境管理情况

（1）园区环保管理机构设置情况

产业园区管理机构对产业园区环境保护工作负有主体责任。经调研发现，广东省省级及以上产业园区均设置了产业园区管理机构，但除少数大型园区管理机构单独设立环保管理机构外，其余的均没有设置专门的环保管理机构，环保管理职能设在建设、安监、规划部门或依托属地生态环境主管部门，且各地对园区环境问题重视不够，重经济轻环保的现象较为普遍。

根据《广东省开发区总体发展规划（2020—2035年）》，纳入《中国开发区审核公告目录》（2018年版）的132个省级及以上产业园区，近80%的实际管辖面积较批准面积有所增加（图3-9）。调研发现，部分产业园区由于管理体制多次调整，管理机构多次变动，规划环评实施监管主体分散在多个部门或按属地管理，导致园区规划环评的主体责任难以落实（表3-1）。

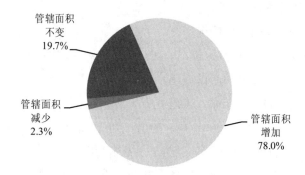

管辖面积
不变
19.7%

管辖面积
减少
2.3%

管辖面积
增加
78.0%

图3-9 广东省产业园区批准面积与实际管辖面积对比

表 3-1　广东省部分产业园区管辖面积、管理机构对比

开发区名称	设立时间	核准面积/hm²	管辖总面积/hm²	园区管理机构	
				核准时	现状
珠海经济技术开发区	2006.8	1 588	29 629	珠海高栏岛经济技术开发区管委会	珠海市金湾区人民政府
珠海国家高新技术产业开发区	1992.11	980（科技创新海岸 20 hm²；南屏工业园 420 hm²；三灶工业园 240 hm²；新青工业园 300 hm²）	15 128（含唐家湾主园区 13 900 hm²；南屏工业园 688 hm²；三灶工业园 240 hm²；新青工业园 300 hm²）	珠海高新技术产业开发区管委会	珠海高新技术产业开发区管委会；唐家湾主园区南屏科技工业园管委会；南屏工业园珠海市金湾区人民政府；三灶工业园新青科技工业园管委会；新青工业园管委会
佛山高新技术产业开发区	1992.11	1 000	59 500（其中佛山高新区南海核心园区面积 40 300 hm²）		
中山火炬高技术产业开发区	1991.3	1 710	8 550	火炬开发区管委会	火炬开发区管委会；集中建设区管委会、政策一区翠亨新区管委会；政策二区管委会
广东茂名高新技术产业开发区	2003.1（2018 年 3 月升级为国家级高新区）	800	981	茂名高新技术产业开发区管委会	茂名高新技术产业开发区管委会、广东茂名滨海新区管委会
惠州大亚湾经济技术开发区	1993.5	2 360	29 300	惠州大亚湾经济技术开发区管委会	惠州大亚湾经济技术开发区管委会

（2）园区环境管理状况评估情况

按照《广东省人民政府办公厅印发关于深化我省环境影响评价制度改革指导意见的通知》（粤办函〔2020〕44 号）和《广东省生态环境厅关于进一步做好产业园区规划环境影响评价工作的通知》（粤环函〔2021〕64 号）要求，2019 年起，

园区管理机构每年定期发布年度环境状况报告，公布园区污染物排放状况、企业达标排放情况、环境基础设施建设和运行情况、环境风险防控措施落实情况等，接受社会监督。广东省生态环境厅定期调度并及时公开评估工作开展情况，充分运用信息化手段和公众参与不断提升园区监督管理水平。通过广东省生态环境厅公众网和产业园区公示信息统计，2020 年共有 68 个省级及以上产业园区完成年度环境管理状况评估工作并对外公示，完成率约为 40%（表 3-2）。

表 3-2　广东省省级及以上产业园区 2020 年度环境管理状况评估情况

园区类型			园区个数/个	已开展评估的园区个数/个	占比/%
产业园区	省级及以上		181	68	37.6
	其中	国家级	36	11	30.6
		省级	145	57	39.3
专业园区			30	8	26.7

第4章 产业园区规划环评技术要点

4.1 工作流程

4.1.1 产业园区规划环评工作流程

（1）启动节点

《中华人民共和国环境影响评价法》（2018年修正）第十二条明确规定，专项规划的编制机关在报批规划草案时，应当将环境影响报告书一并附送审批机关审查；未附送环境影响报告书的，审批机关不予审批。《规划环境影响评价条例》第七条、第十四条明确了规划环评启动的节点。其中，规划编制机关应当在规划编制过程中对规划组织进行环境影响评价。对已经批准的规划在实施范围、适用期限、规模、结构和布局等方面进行重大调整或者修订的，规划编制机关应当依照该条例的规定重新或者补充进行环境影响评价。

《关于进一步加强产业园区规划环境影响评价工作的意见》（环环评〔2020〕65号）进一步细化了产业园区规划环评的启动节点。文件规定，国务院及其有关部门、省级人民政府批准设立的经济技术开发区、高新技术产业开发区、旅游度假区等产业园区以及设区的市级人民政府批准设立的各类产业园区，在编制开发建设相关规划时，应依法开展规划环评工作，编制环境影响报告书。在规划审批前，报送相应生态环境主管部门召集审查。产业园区开发建设规划应符合国家政策和相关法律法规要求，规划发生重大调整或修订的，应当依法重新或补充开展规划环评工作。可见，产业园区规划环评应在规划编制期间开展。

已经批准的规划发生重大调整或修订时，应当重新或者补充进行环境影响评价。重大调整或修订的情形见表 4-1。

表 4-1 产业园区规划重大调整或修订情形

类别	重大调整或修订的情形
实施范围	规划范围发生变化（包括规划选址、面积、范围调整）
适用期限	规划期限发生变化
规模	产业规模、人口规模、用地规模等发生较大变化
结构	主导产业类型、能源结构发生变化，导致污染物类型、排放量发生较大调整，导致不良环境影响或潜在环境风险明显增加
布局	规划用地布局、产业布局或重大建设项目选址发生调整，导致不良环境影响或潜在环境风险明显增加
基础设施	污水处理、集中供热、固体废物处理处置等基础设施规模、服务范围、排污去向、建设时序等发生调整，导致不良环境影响或潜在环境风险明显增加

《规划环境影响评价技术导则 总纲》（HJ 130—2019）将早期介入、过程互动作为规划环评的原则之一。该导则规定评价应在规划编制的早期阶段介入，在规划前期研究和方案编制、论证、审定等关键环节和过程中充分互动，不断优化规划方案，提高环境合理性。从规划环评的成效角度来说，早期介入、全过程互动是产业园区规划环评发挥源头预防和规划方案优化调整作用的重要前提。然而，实际工作中有的产业园区规划环评介入过晚，或是在规划已批复的情况下补办规划环评，导致规划环评流于形式，无法有效指导规划方案的优化调整。

（2）工作流程

《中华人民共和国环境影响评价法》（2018 年修正）第十条规定，专项规划的环境影响报告书应当包括下列内容：（一）实施该规划对环境可能造成影响的分析、预测和评估；（二）预防或者减轻不良环境影响的对策和措施；（三）环境影响评价的结论。

结合《规划环境影响评价技术导则 总纲》（HJ 130—2019），产业园区规划环评的工作流程可分为调研阶段→编制阶段→审查阶段，各阶段工作内容分述如下。

①调研阶段。

规划前期同步开展规划环评工作。通过对规划方案的初步分析，收集相关法律法规、环境政策、规划背景及区域经济社会环境等资料，收集上位规划和规划所在区域战略环评及"三线一单"成果，开展现场踏勘，初步调查环境敏感区情况，识别规划实施后的主要环境影响，分析区域主要环境问题和资源生态环境的制约因素，并反馈给规划编制机关。

②编制阶段。

规划方案编制阶段，对规划的阶段性成果进行环境影响评价，完成规划分析、现状调查与评价、评价指标体系构建、环境影响预测与评价、规划方案综合论证等内容，进一步论证拟推荐规划方案的环境合理性，形成必要的优化调整建议。将规划优化调整建议等成果及时反馈给规划编制单位，充分互动衔接，促进规划方案的完善。针对推荐的规划方案提出不良环境影响减缓措施和环境影响跟踪评价计划，编制环境影响报告书。

③审查阶段。

规划环评文件编制完成后，须由人民政府指定的生态环境主管部门或者其他部门召集有关部门代表和专家组成审查小组，对环境影响报告书进行审查，形成书面审查意见。规划环境影响报告书审查后，应根据审查小组提出的修改意见和审查意见对报告书进行修改完善。在规划报送审批前，应将经审查后的规划环境影响报告书及其审查意见正式提交给规划编制机关，方可办理规划报批手续。

4.1.2 产业园区跟踪评价工作流程

（1）启动节点

《中华人民共和国环境影响评价法》（2018 年修正）第十五条提出，对环境有重大影响的规划实施后，编制机关应当及时组织环境影响的跟踪评价，并将评价结果报告审批机关；发现有明显不良环境影响的，应当及时提出改进措施。《规划环境影响评价条例》第二十四条也明确提出，对环境有重大影响的规划实施后，规划编制机关应当及时组织规划环境影响的跟踪评价，将评价结果报告规划审批机关，并通报环境保护等有关部门。

《关于进一步加强产业园区规划环境影响评价工作的意见》（环环评〔2020〕65 号）进一步明确了产业园区环境影响跟踪评价启动的节点，即对可能导致区域环境质量下降、生态功能退化，实施五年以上且未发生重大调整的规划，产业园区管理机构应及时开展环境影响跟踪评价工作，编制规划环境影响跟踪评价报告。

实际工作中部分单位混淆了跟踪评价与规划环评的关系。部分园区跟踪评价范围与规划环评范围不一致，部分园区发生重大调整后没有重新开展规划环评，而以跟踪评价替代规划环评。跟踪评价与规划环评的关系如图 4-1 所示。

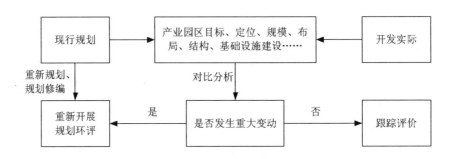

图 4-1　规划环评与跟踪评价关系

（2）工作流程

《规划环境影响评价条例》第二十五条规定，规划环境影响的跟踪评价应当包括下列内容：（一）规划实施后实际产生的环境影响与环境影响评价文件预测可能产生的环境影响之间的比较分析和评估；（二）规划实施中所采取的预防或者减轻不良环境影响的对策和措施有效性的分析和评估；（三）公众对规划实施所产生的环境影响的意见；（四）跟踪评价的结论。为此，《规划环境影响跟踪评价技术指南（试行）》在工作程序中提出在开展规划实施的实际情况和区域生态环境演变趋势调查分析的基础上，分析规划已实施部分产生的环境影响，并与环境影响评价文件预测的规划可能产生的环境影响进行比较分析和评估。对照最新的环境管理要求，评估规划实施中所采取的预防或者减轻不良环境影响的对策和措施的有效性。跟踪评价开展的时机可以是规划已经实施完成，也可以是规划还在实施过程中。对于产业园区环境影响跟踪评价，其工作程序可分为准备阶段→编制阶段→

反馈阶段，各阶段工作内容分述如下。

①准备阶段。

通过调查规划实施情况、产业园区及周边区域的生态环境演变趋势，分析规划实施产生的实际生态环境影响，并与环境影响评价文件预测的环境影响状况进行比较和评估。

②编制阶段。

对规划已实施部分，如规划实施中采取的预防或者减轻不良环境影响的对策和措施有效，且符合国家和地方最新的环境管理要求，可提出继续实施原规划方案的建议。如对策和措施不能满足国家和地方最新的环境管理要求，结合公众意见，对规划已实施部分造成的不良环境影响提出整改措施。

对规划未实施部分，基于国家和地方最新的环境管理要求或必要的影响预测分析，提出规划未实施部分的环境影响减缓对策和措施。如规划未实施内容与原规划相比在资源能源消耗、主要污染物排放、环境影响等方面发生了较大的变化，或规划未实施内容不能满足国家和地方最新的环境管理要求，应提出规划优化调整或修订的建议。

跟踪评价工作成果应与规划编制机关进行充分衔接和互动。

③反馈阶段。

规划环境影响跟踪评价文件编制完成后的流程各地要求不统一。有的地方由人民政府指定的生态环境主管部门召集有关部门代表和专家组成审查小组，对环境影响跟踪评价报告书进行审查，形成书面审查意见。审查会后，应根据审查小组提出的修改意见和审查意见对报告书进行修改完善，并正式提交规划编制机关。有的地方，如广东省仅要求规划编制机关将环境影响跟踪评价结果报告规划审批机关，并通报生态环境主管部门，生态环境主管部门可结合实际情况对评价结果作出反馈。

4.2 工作内容

4.2.1 产业园区规划环评工作内容

参照《规划环境影响评价技术导则 总纲》(HJ 130—2019)、《规划环境影响评价技术导则 产业园区》(HJ 131—2021),结合产业园区规划环评实际情况,提出产业园区规划环评文件的主要内容,见表 4-2,技术流程如图 4-2 所示。其中,产业园区规划环境影响报告书主要编制内容包括:总则、规划分析、现状调查与评价、环境影响识别与评价指标体系构建、环境影响预测与评价、资源环境承载力分析、规划方案综合论证和优化调整建议、环境影响减缓对策和措施、环境影响跟踪评价与环境管理、生态环境准入清单制定、公众参与、评价结论。

表 4-2 产业园区规划环境影响报告书的编制要求

章节	报告书主要内容
总则	概述任务由来、规划背景、产业园区及主要环境问题,说明规划编制全过程互动的有关情况及其所起作用,明确规划的基本信息(如规划区域地理位置、四至范围、面积等)及批复情况;明确评价目的、评价原则、评价依据、评价范围、评价重点等,说明评价区域环境功能区划及执行评价标准;识别评价范围内的主要环境保护目标和环境敏感点的分布情况及其保护要求等
规划分析	概述规划沿革及编制背景,梳理并说明规划方案(目标、范围、时限、规模、时序)和定位、产业发展方案、基础设施建设方案、环境和生态保护方案等。 明确规划的层级和属性,分析园区规划与生态环境保护法律法规、政策及相关规划的符合性和协调性,明确在空间布局、资源保护与利用、生态环境保护、污染防治、风险防范要求等方面的冲突和矛盾,重点关注与区域生态环境分区管控方案的符合性
现状调查与评价	充分收集、利用近期已有的有效资料,调查园区开发与保护概况(开发规模、产业结构、污染源和治污水平现状、基础设施建设及运行情况、园区环境管理现状等)、资源开发利用现状、生态现状、环境质量现状、环境风险现状等,评价区域环境质量变化趋势,辨析制约规划实施的主要资源、环境要素

章节	报告书主要内容
环境影响识别与评价指标体系构建	识别产业园区规划实施全过程的影响，分析不同规划时段规划开发活动对资源和环境要素、人群健康等的影响途径与方式，以及影响效应、影响性质、影响范围、影响程度等。以区域环境质量改善为核心，从生态保护、环境质量、风险防控、资源利用、污染集中治理等方面建立环境目标和评价指标体系，确定不同规划时段环境目标值及评价指标限值
环境影响预测与评价	结合主要污染物排放强度及污染控制水平、园区污染集中处理水平、资源能源集约利用水平，设置不同情景方案，估算产业园区水资源、土地资源、能源等需求量、污染物排放量。分析不同规划情景和开发强度下资源、能源消耗量和污染物排放量，分析、预测和评价规划实施对资源、生态环境造成的影响和潜在的环境风险，明确不同规划时段区域生态环境的变化趋势，说明规划实施能否满足环境目标要求，明确规划实施对主要环境保护目标和环境敏感区的影响程度
资源环境承载力分析	根据规划的资源、环境利用特点，分析产业园区资源（水资源、土地资源、能源等）利用及污染物（水污染物、大气污染物等）排放对区域资源、能源利用上线及污染物允许排放总量的占用情况，评估区域资源、能源及环境对规划实施的承载状态，明确产业园区污染物允许排放量和资源利用总量控制要求
规划方案综合论证和优化调整建议	综合规划协调性分析、各种资源与环境要素的影响评价结果，论证规划的目标、定位、规模、布局、结构等规划要素的环境合理性以及环境目标的可达性；根据规划方案的环境合理性分析，对规划提出优化调整建议
环境影响减缓对策和措施	针对产业园区既有环境问题及规划方案实施后可能产生的不良环境影响，从园区循环化发展、环境风险防范、环境污染防治、生态建设与保护等方面提出环境影响减缓对策和措施
环境影响跟踪评价与环境管理	拟订跟踪评价计划，对产业园区规划实施全过程已产生的资源、环境、生态影响进行跟踪监测，对规划实施提出管理要求，并为后续园区环境影响跟踪评价提供依据
生态环境准入清单制定	通过列表等方式，提出规划范围内的差别化生态环境准入条件，明确应禁止及限制准入的行业清单、工艺清单、产品清单等，说明制定的主要依据、标准和参考指标。对于符合各项结论清单的园区建设项目，还应提出项目环评可以简化的具体区域、具体行业范围、类别、准入要求等建议
公众参与	收集整理公众意见和会商意见，对于已采纳的，应在环境影响评价文件中明确说明修改的具体内容；对于未采纳的，应说明理由
评价结论	对规划环境影响评价工作成果进行简洁、准确的总结，提出明确的结论

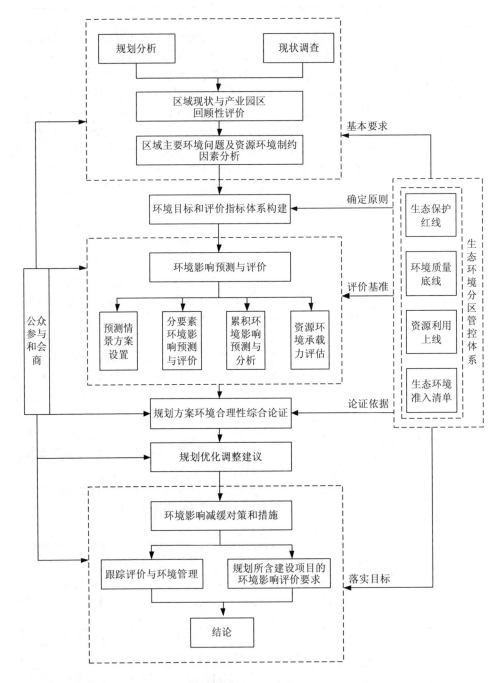

图 4-2 产业园区规划环境影响评价技术流程

4.2.2　产业园区跟踪评价工作内容

参照《规划环境影响跟踪评价技术指南（试行）》，结合产业园区规划环评实际情况，提出产业园区规划环境影响跟踪评价文件的主要内容，见表4-3，技术流程如图4-3所示。其中，产业园区规划环境影响跟踪评价报告书主要编制内容包括总则、规划实施及开发强度对比、区域生态环境演变趋势、公众意见调查、环境影响对比评估及对策措施有效性分析、环境管理优化建议、评价结论。

表 4-3　产业园区规划环境影响跟踪评价报告书的编制要求

章节	报告书主要内容
总则	概述任务由来，明确评价目的、评价原则、评价依据、评价范围、评价重点等，说明评价区域环境功能区划及执行评价标准。识别评价范围内的主要环境保护目标和环境敏感点的分布情况及其保护要求等
规划实施及开发强度对比	说明规划实施背景及规划已实施的主要内容，说明其变化情况、变化原因。对比规划和规划环评确定的发展目标，分析规划已实施部分的资源能源利用效率、主要污染物排放及其变化情况，回顾规划实施以来突发环境事件及其产生的原因、采取的应急措施及效果等。逐项分析说明开展规划环评时的各项生态环境保护要求（包括规划、规划环评及审查意见的要求）的落实情况，以及规划与国家、地方最新环境管理要求的符合性
区域生态环境演变趋势	结合国家和地方最新环境管理要求，评价区域环境质量现状和变化趋势、生态系统结构与功能变化趋势、资源环境承载力变化等，分析区域资源、生态环境存在的问题及其与规划实施的关联性
公众意见调查	征求相关部门和专家的意见，全面了解区域主要环境问题和制约因素。收集规划实施以来公众对规划产生的环境影响的投诉意见，并分析原因
环境影响对比评估及对策措施有效性分析	以规划实施进度、区域资源生态环境变化趋势为基础，对比评估规划实施产生的环境影响和规划环评预测结论的差异，并深入分析原因，重点分析规划、规划环评及审查意见提出的各项生态环境保护对策和措施的有效性，并提出整改建议
环境管理优化建议	梳理规划后续实施内容，预测规划后续实施开展强度，在叠加规划已实施部分的环境影响的基础上，分析规划后续实施的环境影响和可能存在的环境风险。根据规划已实施情况、区域资源环境演变趋势、环境影响对比评估、环境影响减缓对策和措施有效性分析等内容，结合国家和地方最新环境管理要求，提出规划优化调整或修订的建议
评价结论	对跟踪评价工作成果进行归纳和总结，提出明确、简洁、清晰的结论

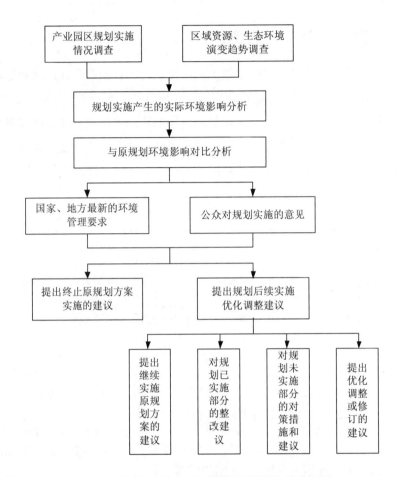

图 4-3　产业园区规划环境影响跟踪评价技术流程

4.3　技术要点

4.3.1　产业园区规划环评技术要点

（1）规划分析

①规划概述。

概述规划沿革及编制背景，包括产业园区开发历程（历次规划编制、修编、批复情况，规划范围、目标、规模、布局、主导产业、基础设施等沿革演变）、规划任务由来、规划编制过程及进展情况。

梳理并详细说明规划方案和定位、产业发展方案、基础设施建设方案、环境和生态保护方案等。其中：

规划方案和定位应说明产业园区规划范围、年限、产业定位、发展规模、发展时序、用地（用海）布局、功能分区、能源和资源利用结构等。若分近期、中期或远期规划，应分别说明各规划水平年及相应规划方案。用地布局应附相应的表格，并附地理位置图、规划开发现状图、用地规划等必要图件。

产业发展方案应说明园区产业结构，重点介绍规划主导产业及其规模、布局、建设时序等，以及规划所包含具体建设项目的性质、内容、规模、选址、项目组成和产能等。

基础设施建设方案重点介绍规划建设或依托的相关配套设施的建设规模和空间布局，包括运输系统（公路、铁路、港口、码头、车站、管线等）、给排水、固体废物（含危险废物）集中处置、中水回用、能源供应（供电、供热、供气）等。重点说明对环境可能产生较大影响的配套设施的建设内容，如污水集中处理、集中供热、固体废物集中处置等设施。附重要配套设施布局图、排水规划图、交通关系图。

环境和生态保护方案重点介绍园区环境保护目标、指标体系、环境污染治理对策和措施、园区生态保护与建设方案、环境保护管理及环境风险防控、应急保障机制等。

对于修编类规划，应说明修编原因、修编过程以及规划定位、目标、范围、规模和其他规划内容的变化情况。

②规划协调性分析。

明确规划在所属规划体系中的位置，给出产业园区的层级（如国家级、省级、市级或县级）、规划的时间属性（如首轮规划、修编规划等）。

以图表结合的方式，从空间布局、资源保护与利用、生态环境保护、污染防治、风险防范要求等方面分析规划方案与生态环境保护法律法规、政策及区域生态环境分区管控方案、国土空间规划、产业发展规划等相关规划的符合性和协调性，并附规划方案与相关区划、规划、方案的叠图及分析内容。规划的协调性分析可能涉及的主要政策、法规和规划见表4-4。

表 4-4   规划协调性分析所涉及的主要政策、法规和规划

分类	相关政策、法规和规划	规划层级
社会经济发展规划	国民经济和社会发展规划纲要	
	……	
产业政策与行业规划	国家、省、市相关产业政策和其他技术经济政策	
	重点产业发展规划	
	重点产业环境准入条件	
区域生态环境保护规划	区域生态环境分区管控方案	
	生态功能区划	
	环境功能区划	
	能源、热力、给排水等基础设施建设专项规划	
	生态环境保护规划（行动计划、方案）	
	资源利用规划	
区域发展规划	国土空间规划	
其他	其他规划	

规划协调性分析应重点关注与区域生态保护红线、环境质量底线、资源利用上线和生态环境准入清单要求的符合性。对于存在潜在冲突的规划，应重点归纳整理存在冲突或矛盾的部分，并提出解决冲突的初步建议。解决原则为：规划方案应符合法律法规、政策和上位规划，与同位规划协调解决矛盾和冲突。规划方案协调性分析具体见表 4-5。

表 4-5   规划方案协调性分析

类别	规划方案	相关政策、规划	相关要求	协调性	存在的冲突及调整建议
规划目标	人口目标；产业目标；环境保护目标				
规划布局	功能布局；用地布局				
产业定位	规划产业定位				
基础设施	污水处理；集中供热；生活垃圾处理；工业固体废物及危险废物处置				
其他	……				

（2）现状调查与评价

现状调查与评价的目的是通过对现有区域的环境调查，掌握评价范围内主要资源的利用状况，评价生态环境质量，辨析制约规划实施的主要资源和环境要素。对已经开发的工业园区，应进行园区环境现状的详细调查；对于开发程度较低的产业园区可简化园区开发与保护概况调查；对于不涉及高污染、高风险产业的产业园区可简化环境风险现状调查等内容。

现状调查应充分收集有效资料，可优先收集、利用近期已有的有效资料，如常规监测资料、区域空间生态环境评价成果等，简化相关调查与评价工作。当已有资料不能满足评价要求时，应进行补充调查和现场监测。

现状调查包括评价范围内的自然环境概况、社会经济概况、园区开发与保护概况、资源开发利用现状调查、生态现状调查、环境质量状况调查、环境风险现状调查等，具体调查与评价内容见表 4-6，实际工作中根据规划环境影响特点和区域环境保护要求，从表中选择相应内容开展调查和资料收集。

表 4-6　现状调查与评价内容

调查要素		主要调查内容
自然环境概况		地理位置、地形地貌、地质构造、气象气候、水文特征、地下水水文地质特征、土壤、自然资源状况（如水资源、土壤资源、动植物资源等），附规划所在区域的地理位置图、地形图
社会经济概况		园区所在行政区及评价范围内的人口规模、分布、结构等，产业结构与布局，经济结构与经济增长方式，交通运输结构与空间布局等，重点关注评价范围内的产业结构、主导产业及布局、重大基础设施布局及建设情况等
园区开发与保护概况	产业发展现状	产业结构、工业结构、产业规模、人口规划，以及入园企业的主要产品、规模、行业类别
	环境管理状况	1. 园区规划环评和跟踪评价执行及落实情况，入园企业污染防治、碳排放及环保手续执行情况； 2. 园区环境监管、监测能力及环境管理能力现状，生态环境保护督察（或环境投诉）及整改情况
	环保基础设施建设及运行情况	1. 现有生态保护工程建设及实施效果； 2. 已建或依托环保基础设施的规模、分布、处理能力和处理工艺，以及服务范围、服务年限和达标排放情况等。其中污水处理设施还应调查配套管网建设、排污口设置、污染雨水收集与处理情况；集中供热设施还应调查清洁能源利用及大气污染综合治理情况； 3. 大气、水、土壤综合治理情况，区域噪声污染控制情况； 4. 固体废物处理处置方式及危险废物安全处置情况，包括规模、分布、处理能力、处理工艺、服务范围和服务年限等

调查要素		主要调查内容
资源开发利用现状调查	土地资源	园区内的主要用地类型、面积及其分布、利用状况、土地节约集约利用水平、区域土地资源利用上线、土地资源重点管控区，附土地利用现状图
	水资源	区域水资源总量、时空分布及开发利用强度（包括地表水和地下水等）、水资源利用效率，水资源开发利用上线、水资源重点管控区，海水与再生水利用状况，附水系图及水文地质图
	能源	区域能源消费总量、结构，能源利用效率和综合利用现状，能源利用上线。大气污染防治重点区域还需调查涉煤项目煤炭消费减量替代方案落实情况
	岸线资源	岸线资源及其利用状况，区域岸线资源利用上线
	矿产资源	矿产资源类型与储量、生产和消费总量、资源利用效率等，附矿产资源分布图
生态现状调查		1．区域生态保护红线、生态空间及各类环境敏感区的分布、范围及其管控要求，明确与园区的空间位置关系； 2．土地利用现状变化，产业用地、居住用地及生态用地的冲突； 3．生态系统的类型及其结构、功能； 4．植物区系、主要植被类型及分布，珍稀、濒危、特有、狭域野生动植物的种类、分布和生境状况； 5．主要生态问题的类型、成因、空间分布、发生特点等； 6．附生态保护红线图、生态空间图、重点生态功能区划图及野生动植物分布图等。 区域无重要生态敏感目标的，生态现状调查内容可适当简化
环境质量状况调查	地表水环境	1．水功能区划、海洋功能区划、近岸海域环境功能区划及保护目标，区域水环境质量底线、水环境质量改善要求； 2．主要水污染源及水污染物排放现状，主要水污染源分布和污染贡献率； 3．地表水环境质量现状及变化趋势、时空特征及达标情况，主要水污染因子和特征污染因子，说明水环境质量超标或突破水环境质量底线的位置、时段、因子及成因； 4．附水环境功能区划图、控制断面位置图、海洋功能区划图、近岸海域环境功能区划图、主要水污染源排放口分布图和水环境管控分区图
	地下水环境	1．环境水文地质条件，包括含（隔）水层结构及分布特征、地下水补径排条件，地下水流场等； 2．地下水利用现状，地下水水质达标情况，主要污染因子和特征污染因子； 3．附环境水文地质相关图件，现状监测点位图
	大气环境	1．大气环境功能区划及保护目标，区域大气环境质量底线、大气环境改善要求； 2．主要大气污染物排放现状、主要大气污染源分布和污染贡献率； 3．大气环境质量现状及变化趋势、时空特征及达标情况，主要大气污染因子和特征污染因子，说明大气环境质量超标或突破大气环境质量底线的位置、时段、因子及成因； 4．附大气环境功能区划图、重点污染源分布图、现状监测点位图和大气环境管控分区图
	声环境	1．声环境功能区划及保护目标； 2．各功能区声环境质量达标情况； 3．附声环境功能区划图和现状监测点位图

调查要素		主要调查内容
环境质量状况调查	土壤环境	1. 土壤污染风险防控区及防控目标，区域土壤风险管控底线； 2. 土壤主要理化特征，主要土壤污染因子和特征污染因子，土壤中污染物含量，土壤环境质量超标或突破土壤环境质量底线的位置、时段、因子及成因； 3. 附土壤现状监测点位图
环境风险现状调查		1. 园区涉及的有毒有害物质及危险化学品现状、重点环境风险源清单，重点关注的环境风险物质、环境风险受体及其分布； 2. 园区环境风险防控联动状况； 3. 已发生的环境风险事故情况，环境风险防范和应急体系建设情况

通过现状调查，从园区开发与保护、资源开发利用、生态保护、环境质量、环境风险等方面进行剖析，分析园区现状问题及成因，明确主要环境问题与上轮规划布局、产业结构、产业规模及开发方式等的关系，识别园区发展及规划实施需重点关注的生态、环境、资源等方面的制约因素，提出园区现有环境问题的解决方案（表 4-7）。

表 4-7　园区现有环境问题及解决方案

类别		存在环境问题及原因	解决方案
产业结构与布局	产业结构		
	产业规模		
	空间布局		
资源利用与环境保护	资源利用		
	环境质量		
	污染防治		
	基础设施建设		
环境管理	环境管理		
	风险防范		
	应急体系		
......	......		

（3）环境影响识别与评价指标体系构建

①环境影响识别。

根据规划要素与资源、环境要素之间的关系，识别土地开发、功能布局、产业发展、资源和能源利用、大宗物质运输及基础设施运行等规划实施全过程对生态、环境、资源要素及人体健康等的影响，包括直接影响、间接影响，短期影响、长期影响，各种可能发生的区域性、综合性、累积性环境影响或环境风险。筛选出受规划实施影响显著的生态、环境、资源要素或潜在重大环境风险因子，结合制约区域环境质量改善的污染因子，确定环境影响预测与评价的重点。其中，应考虑的资源要素包括土地资源、水资源、矿产资源、能源、生物资源等，应考虑的环境要素包括水环境（地表水和地下水）、大气环境、土壤环境、声环境和生态环境。

通过环境影响识别，以图、表的形式，建立规划要素与资源、环境要素之间的动态响应关系，从中筛选出受规划影响大、范围广的资源、环境要素，作为分析、预测与评价的重点内容。

②环境目标与评价指标体系构建。

根据区域确定的可持续发展战略、生态环境保护政策和规划、资源利用政策和规划等确定的目标，以区域环境质量改善为核心，衔接区域生态环境分区管控方案，从生态保护、环境质量、风险防控、资源利用、污染集中治理等方面建立环境目标和评价指标体系，确定分规划期的环境目标及评价指标值。

评价指标应充分体现规划产业特征及园区环境基础设施共享、资源和能源节约集约利用及绿色低碳的特点。评价指标应优先选取能体现国家和地方生态环境保护战略、政策和要求，突出规划的行业特点及其主要环境影响特征，同时符合评价区域环境特征且易于统计、比较、量化的指标；对于现状调查与评价中确定的制约规划实施的生态、环境、资源要素，也应作为筛选的重点。

评价标准值的确定应符合相关生态环境保护和资源利用法规、政策和标准中规定的限值要求，如国内政策、法规和标准中没有的指标值也可参照国际指标确定；对于不易量化的指标可经过专家论证，给出半定量的指标值或定性说明。评价指标体系见表4-8。其中：

生态保护目标应体现生态安全保障的总体要求，评价指标包括生态空间占用面积、环境敏感区占用面积、绿化覆盖率等。

环境质量目标应体现区域环境质量改善的总体要求，评价指标包括各环境要素的优良率、达标率，污染场地安全利用率等。

表 4-8　环境目标与评价指标体系

主题层	环境目标	评价指标	单位	现状值	目标值
生态保护					
环境质量					
污染控制					
资源利用					
风险防控					

污染控制目标应体现污染集中处理和有效控制的总体要求，评价指标包括废水、废气收集处理率，固体废物综合利用及无害化处置率、重点污染源稳定排放达标情况等。

资源利用目标应体现节能降耗、绿色低碳发展的总体要求，评价指标包括单位产值资源能源消耗率、单位产值二氧化碳排放量、工业用水重复利用率、再生水（中水）回用率等。

风险防控目标应体现人居安全保障的总体要求，评价指标包括工业用地与居住用地防护距离落实情况、环境风险防控及应急体系建设情况等。

（4）环境影响预测与评价

衔接《规划环境影响评价技术导则　总纲》（HJ 130—2019）和《规划环境影响评价技术导则　产业园区》（HJ 131—2021），环境影响预测与评价的主要目的是明确不同规划时段区域生态环境、环境质量变化趋势及资源、环境承载力状态，说明规划实施能否满足环境目标要求。其内容包括规划实施生态环境压力分析、环境要素影响预测与评价、累积环境影响分析。

①规划实施生态环境压力分析。

结合主要污染物排放强度及污染控制水平、园区污染集中处理、资源能源集约利用水平，预测不同情景下园区水资源、土地资源、能源等需求量、污染物排放量。重点关注有潜在重大环境影响或风险的特征污染物、优先控制污染物和重金属类污染物等排放的压力。

②环境要素影响预测与评价。

评价规划实施对水环境（地表水、地下水）、大气环境、土壤环境、声环境质量和生态环境造成的影响和潜在的环境风险，开展固体废物处理处置及影响分析，评价影响的程度与范围，重点分析规划实施后区域生态环境质量能否满足环境质量改善目标的要求。对不能满足环境质量改善目标要求的，进一步提出环境影响减缓措施或规划优化调整建议。环境要素影响预测与评价见表4-9。

表4-9　环境要素影响预测与评价

环境要素	环境影响预测与评价内容
大气环境	1. 产业发展方案、综合交通规划及集中供热、固体废物焚烧、废气集中处理中心等设施建设方案对环境空气质量的影响； 2. 分析园区不同发展情景大气污染物排放对区域大气环境质量和环境保护目标的影响，以及区外污染源对区内环境空气质量的影响
地表水	分析园区污水处理、尾水回用等设施建设对受纳水体（地表水、近岸海域）环境质量的影响，对纳入区域污水处理系统的园区，应论证园区污水纳管的环境可行性。具体分为以下三种情形： 1. 完全依托区域污水处理厂的园区，从污水集中处理设施设计规模（包括规划规模）、接纳能力、处理工艺、纳管水质要求、配套污水管网建设、达标排放、建设时序等方面论证园区废水纳管的可行性； 2. 依托区域污水处理厂但需要污水处理厂扩建方可支撑排水需求的园区，应预测规划实施后污水处理厂扩建对受纳水体及敏感目标的影响； 3. 自建污水处理厂的园区，应预测不同规划情景下产生的水污染物对受纳水体及敏感目标的影响，并重点论证污水处理厂处理工艺、处理规模、建设时序，以及排污口、混合区设置的环境合理性
地下水	化工石化园区或涉及重金属及有毒有害物质排放或位于地下水环境敏感区的园区，分析规划工业用地及重大风险源、固体废物堆场（填埋场）等布局区域污水排放、有毒有害物质泄漏或污水（渗滤液）渗漏等对地下水环境的影响
声环境	噪声对集中居住区等敏感点的影响
固体废物	1. 分析可能产生的固体废物（尤其是危险废物）种类、数量； 2. 论证处理处置方式和综合利用途径的合理性和可行性，分析固体废物处理对周边环境的影响； 3. 对于纳入区域固体废物管理处置体系的园区，从接纳能力、处理类型、处理工艺、服务年限、污染物达标排放等方面，分析依托设施的环境可行性

环境要素	环境影响预测与评价内容
土壤环境	涉及重金属及有毒有害物质排放的园区因规划实施可能造成累积性影响的污染物以及行业及地块的土壤环境质量影响
生态环境	1. 土地利用类型改变等对区域生态保护红线、生态空间及生态环境敏感区的影响； 2. 污染物排放等对区域重要生态系统及重要物种的影响； 3. 涉海的产业园区还应分析围填海的生态环境影响； 4. 区域无生态特别敏感目标的，生态环境影响分析内容可适当简化
环境风险	1. 对化工石化园区，涉及易燃易爆、有毒有害危险物质生产、使用、储存，或存在重大危险源的产业园区，结合近期重点项目及规划产业布局，辨析环境风险类型，识别规划实施可能产生的危险物质、风险源，辨识环境风险类型及最大可信事故，预测评价各类突发性环境事件对人群聚集区等重要环境敏感目标的影响，评价环境风险可接受程度。涉及大规模危险化学品输送和运输的产业园区，分析交通运输环境风险影响； 2. 可能产生易生物蓄积、长期接触对人群和生物产生危害作用的无机污染物和有机污染物、放射性污染物等的园区，根据园区特征污染物环境影响预测结果，分析人体可能接触的途径、方式及可能产生的人群健康风险； 3. 对涉及生态脆弱区或重点生态功能区的产业园区，分析规划实施可能导致的生态风险类型（如区域生态系统等级下降、生态系统服务功能丧失、珍稀濒危动植物及其重要生境消失等），并给出规划实施造成的生态风险途径和影响程度

③累积环境影响预测与分析。

分析规划实施可能产生累积性影响的污染因子、累积方式、累积途径、累积影响范围和程度，重点关注大气—土壤—地下水环境等跨介质污染物的输送及累积效应，从时间或空间角度分析累积性环境影响。

（5）资源与环境承载力分析

充分利用区域生态环境分区管控方案等已有研究成果，根据规划的资源、环境利用特点，对规划实施的主要资源（水资源、能源等）和环境容量（大气、水等）的需求进行预测，给出可供规划实施利用的剩余资源承载力、环境容量，评估区域资源、能源及环境对规划实施的承载状态，提出建议总量控制指标。资源与环境承载力分析内容见表 4-10。

表 4-10　资源与环境承载力分析内容

要素	资源与环境承载力分析内容
土地资源	1. 依据区域生态环境分区管控方案中的生态空间划分结果和土地资源利用上线，分析产业园区开发的土地资源规模及空间分布； 2. 分析规划实施对土地资源的需求，明确区域土地资源对规划实施的支撑能力
水资源	1. 依据区域水资源管控要求，估算产业园区需水量和区域供水量，论证供水水源的可靠性、可行性，分析区域水资源供需平衡，明确区域水资源对园区规划发展的支撑能力； 2. 评估产业园区水资源利用效率，分析规划实施是否促进水资源节约和高效利用
能源	1. 对产业园区能源结构及来源进行说明，分析不同发展规划阶段能源的供需平衡； 2. 结合园区能源结构和能源消费总量，分析碳排放水平，分析规划实施是否落实应对气候变化的要求
大气环境	1. 结合园区所在区域的地形、气象条件和大气污染物排放特征，采用符合国家技术导则和规范的方法估算大气环境容量，分析大气环境对园区发展的支撑能力； 2. 结合区域大气环境质量现状、大气环境容量、主要大气污染物排放管控要求及大气污染治理水平等因素，在预留一定安全余量的基础上，制订园区主要大气污染物总量控制方案； 3. 对于已无大气环境容量或区域大气环境质量超标的产业园区，应在优先减排的基础上提出区域大气污染物削减或区域替代方案
水环境	1. 完全依托区域污水处理厂的园区，可以依托区域污水处理厂环评的相关结论分析水环境承载力； 2. 依托区域污水处理厂但需要污水处理厂扩建方可支撑排水需求的园区或需自建污水处理厂的园区，应结合污水处理厂受纳水体的水文特征和水环境改善目标，采用符合国家技术导则和规范的方法估算水环境容量，分析水环境容量对产业园区发展的支撑能力； 3. 结合区域水环境质量现状、水环境容量、主要水污染物排放管控要求及水污染减排潜力等因素，在预留一定安全余量的基础上，制订园区主要水污染物总量控制方案； 4. 对于已无水环境容量或区域水环境质量超标的产业园区，应提出区域水污染物削减或区域替代方案

　　对于环境质量超标的园区，以满足环境质量改善目标为前提，提出园区削减存量源污染物和控制规划新增源污染物允许排放量的方案；资源超载的园区，以不突破资源利用上线为原则，提出资源集约和综合利用途径及方案，明确园区资源利用总量控制要求。

（6）规划方案综合论证和优化调整建议

①产业园区环境准入。

产业园区环境准入是最重要的评价成果之一，也是区域生态环境分区管控成果在园区层面的落地和精细化，具有"划框子"、定规则的作用。产业园区环境准入作为新增内容纳入《规划环境影响评价技术导则　产业园区》（HJ 131—2021）。该部分衔接区域生态环境管控分区方案，落实园区功能定位、产业发展方向、污染物允许排放量、规模、效率（强度）等生态环境准入约束管控要求，在系统综合、总结、提炼环境现状调查、环境影响预测与评价等成果的基础上，细化园区空间管制分区及管控要求，形成园区环境准入清单，作为园区开发必须遵循的基本规则，以及规划的环境合理性论证、规划方案优化调整的重要依据和建设项目准入门槛。产业园区空间管制分区及管控要求制定原则见表 4-11。

表 4-11　产业园区空间管制分区及管控要求制定原则

管制分区	空间范围		准入要求
保护区域	园区与区域优先保护单元重叠地块，园区内其他具有重要生态功能的河流水系、湿地、潮间带、山体、绿地等	空间布局约束	1. 禁止或限制布局的规划用地类型、规划行业类型等； 2. 对不符管控要求的现有开发建设活动提出整改或退出要求
重点管控区域	保护区域外各园区功能分区	空间布局约束	1. 对既有环境问题突出、土壤重金属超标、污染企业退出的遗留污染棕地、弱包气带防护性能区等地块，提出禁止和限制准入的产业类型及严格的开发利用环保准入条件； 2. 针对环境风险防范区、环境污染显著且短时间内治理困难的地块等，提出限制、禁止布局的用地类型或布局的建议
		污染物排放管控	1. 园区主要污染行业的主要常规污染物、特征污染物允许排放量及存量源削减量和新增源控制量、主要污染物（包括常规污染物和特征污染物）及温室气体排放强度准入要求； 2. 现有源提标升级改造、倍量削减（等量替代）等污染物的减排要求； 3. 主要污染行业预处理、污染深度治理等要求

管制分区	空间范围	准入要求	
重点管控区域	保护区域外各园区功能分区	环境风险防控	1. 涉及易燃易爆、有毒有害危险物质，特别是优先控制化学品生产、使用、储存的产业园区，应提出重点环境风险源监管，禁止或限制的危险物质类型及危险物质在线量，危险废物全过程环境监管，高风险产业发展控制规模等要求； 2. 建设用地土壤污染风险防控或污染土壤修复等管控要求
		资源开发利用管控	1. 水资源超载园区应提出中水回用要求，禁止、限制准入的高耗水行业类型、工序类型； 2. 地下水超采园区应提出地下水压采总量及地下水禁止、限制开采要求等； 3. 大气污染防治重点区域提出园区涉煤项目煤炭减量替代要求，涉及高污染燃料禁燃区的园区应提出禁止、限制准入的燃料及高污染燃料设施类型、规模等要求

②规划方案综合论证。

规划方案综合论证的目的是结合规划方案环境合理性论证、环境目标的可达性分析、规划方案的环境效益分析结论，明确给出园区规划总体环境是否可行的结论。其中：

规划方案环境合理性论证的本质是论证规划方案是否与所在地区的资源—环境—生态相协调。论证应以规划协调性分析、环境现状调查与评价、环境影响预测与评价等成果为依据，论证规划目标与发展定位、规划规模（产业规模、用地规模等）、规划结构（产业结构、能源结构等）、规划布局及基础设施建设方案（选址、规模、建设时序、排放口设置等）的环境合理性。规划方案环境合理性论证要点如图4-4所示。

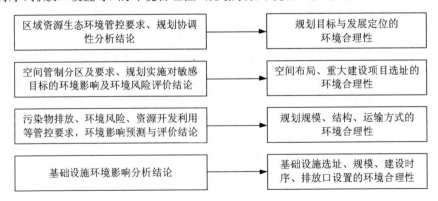

图4-4 规划方案环境合理性论证要点

需要注意的是，对于化工石化园区应重点从环境风险防控要求、规划实施可能产生的环境风险和环境影响等方面，论证园区产业定位、高风险产业规模、园区内部功能分区及用地布局、环境风险防控及应急体系建设等的环境合理性。对于涉及重金属污染物、无机污染物、有机污染物、放射性污染物等特殊污染物排放的产业园区，应重点从园区污染物排放管控、建设用地污染风险管控约束、规划实施可能产生的累积性影响、人群健康风险等方面，论证园区产业定位和产业结构、主要污染行业规模和布局、污染集中处理设施建设方案的环境合理性。

环境目标的可达性分析是基于规划实施的环境影响评价结论，结合生态环境保护措施的经济技术可行性和有效性，与规划环评构建的评价指标体系逐项对比分析，评价各评价指标和环境目标的可达性。

规划方案的环境效益论证可以从维护生态安全、改善环境质量、促进绿色低碳发展、保障生态安全、优化区域产业结构等方面，论证产业园区规划实施的环境效益。

③规划方案的优化调整建议。

根据规划方案综合论证结果，从规划拟定的发展目标、功能定位、空间布局、发展规模和结构、配套设施和基础设施建设以及重大项目选址、选线等方面，提出全面、具体、可操作的规划优化调整建议，出现以下情景时必须提出规划修订与优化调整的建议：a）规划实施后无法达到环境目标，或与法律法规、区域发展战略、上位规划及相关政策等冲突；b）规划布局与区域生态保护红线、园区空间布局约束管控要求不符，或对生态保护红线及园区内外环境敏感区等产生重大不良影响，或产业布局及重大建设项目选址等产生的环境风险不可接受；c）采取规划方案中配套的生态环境保护措施后，区域的资源、环境承载力仍无法支撑规划的实施，仍可能造成重大生态破坏、环境污染、环境风险或人群健康影响，或超标园区考虑区域污染防治和园区污染物削减后仍无法满足环境质量改善目标要求；d）规划方案中有依据现有知识水平和技术条件无法对其产生的不良环境影响的程度或范围作出科学判断的内容。

明确调整后的规划方案，可以作为评价推荐的规划方案。此外，还应说明规划环境影响评价与规划编制互动情况，包括互动过程、互动内容，各时段向规划编制机关反馈的建议及采纳情况等。产业园区规划优化调整建议见表 4-12。

表 4-12　产业园区规划优化调整建议

类型		规划内容	优化调整建议	调整依据	预期环境效益
发展目标					
产业定位					
发展规模	人口规模				
	用地规模				
	产业规模				
空间布局	功能分区				
	用地布局				
	产业布局				
	重大建设项目选址				
规划结构	产业结构				
	能源结构				
建设时序					
环保基础设施规划	污水处理				
	集中供热				
	固体废物处理处置				
	……				

（7）环境影响减缓对策和措施

针对园区既有环境问题及规划方案实施后可能产生的不良环境影响，提出环境影响减缓对策和措施。所提对策及措施要具有针对性、可操作性，与规划同步，能解决规划所在区域已经存在的主要环境问题，能预防或减轻因规划实施带来的环境影响，并使造成的环境影响与现状叠加后，仍能满足区域生态环境保护的要求，促进环境目标在相应的规划期限内可以实现。环境影响减缓对策和措施可根据产业园区特征，从表 4-13 中选取相关内容展开。

表 4-13　环境影响减缓对策和措施清单

类别		具体内容	预期环境效益
园区循环化发展对策	能源梯级利用		
	中水回用和工业水循环利用		
	固体废物综合利用		
	土地节约集约利用		
环境污染防治对策和措施	大气环境质量改善措施（如集中供热、现有热源替代或改进等）		
	水环境质量提升措施（如污水集中处理、纳管要求、地下水分区防治）		
	土壤环境污染防治对策		
	固体废物处理处置措施（如固体废物集中收集、减量化、资源化和无害化处理处置）		
	温室气体和大气污染物协同控制减排措施（如能源结构、能源转换等）		
	区域环境污染联防联控对策和机制		
环境风险防范对策	环境风险预警体系建设		
	重大风险源在线监控		
	突发性环境风险事故应急响应		
	环境应急保障体系建设		
生态建设与保护方案	生态修复		
	生态廊道构建		
	生态敏感区保护		
	绿化隔离带或防护林等缓冲带建设		

（8）环境影响跟踪评价与环境管理

①环境影响跟踪评价计划。

拟订跟踪评价计划，对园区规划实施全过程已产生的资源影响、环境影响、生态影响进行跟踪监测，对规划实施提出管理要求，并为后续园区跟踪环境影响评价、规划调整或下一轮规划编制提供依据，同时也为园区内建设项目的管理提供依据。跟踪评价计划一般包括评价时段、评价内容、资金来源、管理机构设置及其职责定位等，具体见表 4-14。

表 4-14　跟踪评价计划

评价内容	评价指标	时段	执行方式	资金预算	资金来源	实施单位
废水及污染物排放总量是否超过规划预期						
大气污染物排放量是否超过规划预期						
固体废物产生量及需外运处理量是否超过规划预期						
环境质量是否超过环境质量改善目标要求						
周边环境质量是否超标，如超标，与产业园区的关系						
环境质量演变过程						
环境保护目标状况						
公众对规划实施产生的环境影响的意见						

园区跟踪监测方案是跟踪评价计划的重要内容，包括跟踪监测的环境要素、生态指标、监测因子、监测点位（断面）、监测频次、监测采样与分析方法、执行标准等。

②环境管理。

环境管理的作用是为应对园区规划实施的不确定性，通过对规划实施过程的环境影响跟踪监测，不断优化调整园区环境监管，以保障环境质量持续改善。该部分包括园区环境管理目标，园区环境管理重点、对象和指标，加强园区环境监控、监管及提高环境管理能力的措施和建议。其中，园区环境监控、监管可从污染源及风险源监管、优先保护区域管护、污染物在线监测、环保及节能设施建设、环境风险防控及应急体系建设、环境监管能力建设、数字化和信息化管理等方面提出措施和建议。

（9）生态环境准入条件清单制定

根据上述评价成果，并结合当地"三线一单"生态环境分区管控方案，制定生态环境准入条件清单。通过列表的方式，提出规划范围内的差别化环境准入条件，明确应禁止及限制准入的行业清单、工艺清单、产品清单等，说明制定的主要依据、标准和参考指标。对于符合各项结论清单的园区建设项目，还应提出项目环评可以简化的具体区域、具体行业范围、类别、准入要求等建议。生态环境准入条件清单具体可参考《规划环境影响评价技术导则 总纲》（HJ 130—2019）"附录 E（规范性附录）环境管控要求和生态环境准入清单包含内容"。

（10）公众参与

公众参与应贯穿规划环评工作的全过程，并根据产业园区规划环境影响的特点，确定参与调查的对象，一般包括相关行业主管部门、环境敏感区管理机构、行业专家以及受园区规划影响的公众代表等。按照《环境影响评价公众参与办法》，公众参与调查的方式包括论证会、听证会或者其他形式。对公众普遍关注的环境问题，应作详细说明，并对公众意见采纳与否及其理由进行说明。

（11）评价结论

评价结论是规划环评工作成果的归纳总结，应力求文字简洁、论点明确、结论清晰准确。评价结论应包括以下内容：①园区污染治理、风险防控、环境管理状况，区域资源开发利用及环境质量现状、变化趋势，规划实施的资源、生态、环境制约因素；②规划实施可能造成的主要环境影响预测结果和环境风险评价结论，规划实施环境目标可达性分析；③规划方案的综合论证结论，主要包括规划的协调性分析结论、产业园区环境准入要求、规划方案的环境合理性结论和环境目标可达性分析结论，规划优化调整建议等；④园区环境影响减缓对策和措施的主要内容和要求；⑤规划所包含建设项目环境影响评价要求；⑥环境影响跟踪评价计划与环境管理的主要内容和要求；⑦公众意见采纳与否的情况说明；⑧总体评价结论。

4.3.2 产业园区跟踪评价技术要点

参照《规划环境影响跟踪评价技术指南（试行）》，结合产业园区特征，提出产业园区跟踪评价要点。需要说明的是，跟踪评价的范围应与规划环评范围总体一致。

（1）规划实施及开发强度对比

①规划实施情况。

规划实施情况应说明规划背景，对比规划、结合图表说明规划已实施的主要内容，包括产业发展、入园企业情况、基础设施建设等，说明规划及规划环评落地情况、变化情况及变化原因，并明确规划是否实施完毕。规划实施情况对比见表 4-15。

表 4-15 规划实施情况对比

对比内容		规划及规划环评情况	实施情况	变化情况
开发建设情况	园区范围			
	产业定位			
	用地布局			
	产业结构			
	能源结构			
	发展规模			
	……			
入园企业情况	行业类别			
	主要污染物排放量			
	"三废"处理处置去向			
	环境管理			
	……			
基础设施建设情况	雨污水收集处理设施			
	再生水回用处理设施			
	供水设施			
	危险废物和一般工业固体废物处理处置设施			
	集中供热设施			
	……			

②开发强度对比。

开发强度对比重点说明规划实施过程中支撑性资源（如水资源、土地资源）和能源的消耗或利用情况，评估规划已实施部分的资源能源利用效率及其变化情况；分析主要污染物排放情况，包括污染源分布、污染源种类、排放强度及其变化情况，识别与规划、规划环评及园区环境准入要求不符的企业或项目等，评估污染防治措施的有效性及达标排放情况；说明环境风险物质、重点环境风险源、环境风险敏感受体、环境风险防控与管理，分析规划已实施部分环境风险防范效果及主要问题。

③环境管理要求落实情况。

对比开展产业园区规划环评时的各项生态环境保护要求（包括规划、规划环评及审查意见的要求），逐项说明规划环评及审查意见提出的规划优化调整建议的采纳和执行情况、规划实施区域内具体建设项目落实生态环境准入要求的情况。对比开展跟踪评价时国家和地方最新环境管理要求，特别是区域生态环境分区管控方案提出的管控要求，说明规划的执行情况。对于入园企业的环保手续履行情况、区域环境管理及监测体系（特别是规划环评提出的跟踪监测计划）的落实情况、运行效果及存在的问题也应一一说明。

（2）区域生态环境演变趋势

区域生态环境演变趋势包括环境质量变化趋势分析、生态系统结构与功能变化趋势分析和资源环境承载情况变化分析等内容。其中：

①环境质量变化趋势分析。

环境质量变化趋势分析主要结合国家和地方最新的环境质量改善要求，综合考虑园区开发建设和产业引进情况，评价园区开发建设以来园区内及周边地区大气、水（包括地表水、地下水及海洋）、土壤、声等环境要素的质量现状和变化趋势。

环境质量调查以收集园区及周边区域环境质量例行监测数据和园区环境管理定期监测资料为主，也可以利用入园建设项目环评监测数据及评价范围内其他历史监测资料。若已有资料不能满足评价需要，可适当开展补充调查和监测。监测因子及点位的选择遵循以下原则：a）监测布点和监测因子尽可能与规划环评相对应；b）考虑入园企业的污染排放特征及国家、地方最新环境管理要求，补充特征污染物的监测；c）结合园区开发建设状况、污染源位置及其排放量变化情况及园区周边生态环境敏感区变化情况适当增减点位。

②生态系统结构与功能变化趋势分析。

结合园区规划环评阶段的本底调查、园区开发期间的跟踪调查及入园建设项目环境影响评价的现状调查等，分析园区开发建设过程中周边区域环境敏感区变化情况，评价园区周边区域生态系统的变化趋势和关键驱动因素。结合区域生态环境分区管控方案提出的空间管控要求，分析评价范围内环境敏感区的环境质量、保护现状和存在的问题。若园区不涉及环境敏感区、重要生态功能区，则生态系统结构与功能变化趋势分析内容可适当简化。

③资源环境承载情况变化分析。

调查为保障园区开发建设提供的主要资源（包括水资源、土地资源、能源等）的配置情况，对比园区实际开发建设中的资源利用情况，结合区域资源利用上线，分析园区及周边区域资源承载能力存在的问题及其与园区开发规划实施的关联性。

结合区域环境质量底线，对比园区规划实施前后污染物排放和环境质量变化情况，分析园区及周边区域环境承载能力变化及其与规划实施的关联性。

（3）公众意见调查

公众意见是判断规划实施是否产生环境影响的重要依据，公众参与应贯穿跟踪评价全过程。公众意见的调查应全面了解区域主要环境问题和制约因素，调查范围包括可能受影响的公众、相关部门及专家等。公众参与的方式可采用听证会、论证会、专家咨询、问卷调查或其他形式。公众意见调查是对园区开发建设中造成的环境影响的重要反映，应充分收集和调查园区开发建设至开展跟踪评价期间公众针对园区开发和建设项目引进造成的不良环境影响的投诉情况，并分析原因，说明造成的投诉与规划实施是否存在关联。

（4）环境影响对比评估及对策措施有效性分析

该部分主要结合规划实施程度与实际产生的环境影响对比、公众意见调查等，重点分析规划实施带来的实际环境影响及原规划环评所提出的对策措施的有效性，为规划后续实施提供决策依据。

①规划实施的环境影响对比评估。

规划实施的环境影响对比评估主要基于规划实施进度的对比分析结果，以及区域生态环境质量变化情况。其中，规划实施的对比主要以规划实施进度、区域生态环境质量变化趋势分析以及特征污染因子变化、重点项目及园区和区域污染物排放情况为基础，对照国家和地方最新环境管理要求，对比分析规划实施实际产生的环境影响与原规划环境影响预测结论的一致性。若规划实施产生的环境影响与预测存在较大差异，须深入分析变化产生的主要原因。此外，公众意见调查及环保投诉情况摸底也是评价规划实施对环境影响程度的重要手段。通过监测评估、定量分析和公众意见调查相结合的方式，全面分析区域的环境影响情况并进行对比评估。

②规划实施的环境保护措施有效性评估。

规划实施的环境保护措施有效性评估可综合规划、规划环评及审查意见提出的各项环境保护对策和措施的落实情况，规划实施后园区及所在区域生态环境质量状况等。

规划实施的环境保护措施有效性未能达到预期效果主要有两种情形：主观层面是环境保护措施本身没有按照规划环评及审查意见的要求实施，或实施效果不好没有达到预期效果，甚至产生二次环境影响；客观层面是环境保护措施发挥的效果与规划环评相符但与最新的环境管理要求存在矛盾。上述两种情形都属于有效性不足，即环境影响不可接受，需要提出整改或进一步改进的要求。规划实施的环境保护措施有效性评估的技术流程如图4-5所示。

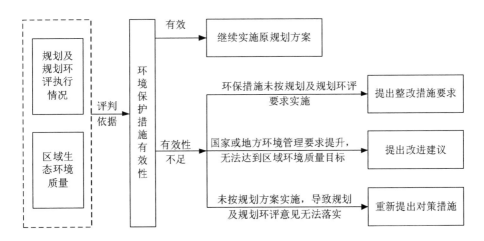

图4-5 规划实施的环境保护措施有效性评估的技术流程

（5）环境管理优化建议

针对规划已实施部分产生的不良环境影响或环境风险，跟踪评价分析规划后续实施带来的环境影响趋势。根据规划后续实施的环境影响分析预测结果，结合区域环境管理要求，提出环境影响减缓对策措施和规划优化调整建议，从而减缓规划后续实施对环境产生的不良影响，降低或规避规划实施带来的环境风险。环境管理优化建议技术流程如图4-6所示。

图 4-6   环境管理优化建议技术流程

①规划后续实施内容的开发强度预测与评价。

结合规划后续实施内容，在叠加规划实施区域在建项目的基础上，估算规划后续实施对支撑性资源及能源的需求量、主要污染物产排情况，预测、分析规划实施的环境影响范围、程度和环境风险，明确规划实施后是否满足区域生态环境管控要求。其中，规划后续实施内容应关注空间范围和布局、发展规模、结构、主导产业、建设时序、基础设施、近期建设项目、生态环境保护及环境风险防控、应急体系建设等规划内容。涉及具体建设项目的，应明确入园项目性质、行业类别、内容、规模、位置、用地需求、主要原料、主要产品及产能、主要污染物排放量、"三废"处理处置去向等内容。

②环境影响减缓对策措施和规划优化调整建议。

对于后续继续实施的规划，根据规划已实施情况、区域资源环境演变趋势、资源环境承载力、环境影响对比评估、环境影响减缓对策措施有效性分析等内容，结合国家和地方最新环境管理要求，综合判定园区规划后续实施内容的环境合理性，提出环境影响减缓措施、规划优化调整或修订的建议。

根据《规划环境影响跟踪评价技术指南（试行）》的要求，跟踪评价优化调整建议分为完善环境管理方案、提出优化调整或建议终止实施修编规划。若规划实施方案和结果与规划环评预测结论一致，则以完善环境管理方案、提出进一步减缓措施为主要评价成果；若规划实施方案经预测分析已不具有环境合理性，则以提出优化调整方案或建议终止实施修编规划为评价结果。

若规划已实施部分采取的环境影响减缓对策和措施有效，经对规划后续实施内容开发强度预测分析后，园区及所在区域、流域资源环境状况基本可接受，则提出环境管控要求和环境影响减缓对策措施，具体见表4-16。

表 4-16　规划后续实施环境影响减缓对策和措施内容

类别	环境影响减缓对策和措施
规划已实施部分	空间布局优化、产业结构调整和转型升级、清洁生产与循环化改造、环境风险防范和应急体系完善、环境污染治理、生态修复与建设、环境管理水平提升、现有问题企业整改
规划后续实施内容	1. 从空间布局约束、污染物排放管控、环境风险防范、资源开发利用效率等方面，提出园区的分区管控要求和生态环境准入清单； 2. 园区所在区域空间管控、生态保护与建设、污染治理、总量替代、区域整体性污染治理设施能力建设等环境保护方案，环境监测、监控体系完善和周边区域联防联控等建议； 3. 规划包含的重点建设项目选址或选线、规模、资源利用效率、常规污染物和特征污染因子排放管控、环境风险防控等方面的准入要求以及污染防治措施

经过综合论证，如规划后续实施内容缺乏环境合理性，特别是存在以下情形的，应提出规划优化调整或修订的建议。

1）规划后续实施内容的发展定位、发展目标、发展规模与国家、地方、区域、流域最新环境管理要求不符。

2）规划后续实施内容发生调整，与规划原方案相比在规模、结构、布局、时序等方面发生了较大的变化，采取最严格的生态保护和污染防治措施后，园区或所在区域、流域的资源环境仍无法支撑规划实施，可能造成重大的生态破坏或环境污染，导致区域环境管理要求无法实现。

（6）评价结论

评价结论是对跟踪评价工作成果的归纳和总结，应明确、简洁、清晰。评价结论中应明确以下内容：

①园区规划在实施过程中的变化情况、变化原因，实施中采取的环境影响减缓对策和措施的合理性和有效性。

②园区及周边区域的生态环境质量现状及变化趋势、资源环境承载力的变化情况。结合国家、地方最新环境管理要求和公众意见，对园区规划已实施部分造成的生态环境问题提出解决方案。

③对未实施完毕的园区规划，说明规划后续实施内容的环境合理性，对规划后续实施内容提出优化调整建议或减轻不良环境影响的对策和措施。

4.4 主要技术方法

4.4.1 规划环评主要技术方法

《规划环境影响评价技术导则　总纲》（HJ 130—2019）总结了规划环评的常用方法，具体见表 4-17。

表 4-17　规划环评的常用方法

评价环节	可采用的评价方式、方法
规划分析	核查表、叠图分析、矩阵分析、专家咨询（如智暴法、德尔菲法等）、情景分析、类比分析、系统分析
环境现状调查与评价	现状调查：资料收集、现场踏勘、环境监测、生态调查、问卷调查、访谈、座谈会。 现状分析与评价：专家咨询、指数法（单指数、综合指数）、类别分析、叠图分析、生态学分析法（生态系统健康评价法、生物多样性评价法、生态机理分析法、生态系统服务功能评价方法、生态环境敏感性评价方法、景观生态学法等）、灰色系统分析法
环境影响识别与评价指标确定	核查表、矩阵分析、网络分析、系统流程图、叠图分析、灰色系统分析、层次分析、情景分析、专家咨询、类别分析、压力—状态—响应分析
规划实施后的生态环境压力分析	专家咨询、情景分析、负荷分析（估算单位国内生产总值物耗、能耗和污染物排放量等）、趋势分析、弹性系数法、类比分析、对比分析、供需平衡分析
环境影响预测与评价	类比分析、对比分析、负荷分析（估算单位国内生产总值物耗、能耗和污染物排放量等）、弹性系数法、趋势分析、系统动力学法、投入产出分析、供需平衡分析、数值模拟、环境经济学分析（影子价格、支付意愿、费用效益分析等）、综合指数法、生态学分析法、灰色系统分析法、叠图分析、情景分析、相关性分析、剂量—反应关系评价
环境风险评价	灰色系统分析法、模糊数学法、数值模拟、风险概率统计、事件树分析、生态学分析

4.4.2　部分常用评价方法介绍

根据产业园区规划环评的特点，下面筛选并介绍一些常用的评价方法。

（1）核查表

核查表是将可能受规划行为影响的环境因子和可能产生的影响列在一个清单中，然后对核查的环境影响给出定性或半定量的评价。该方法是将相关信息以较为合理的模式统计在一个表中，适用于环境影响识别，为使每张核查表简单明了且整体不漏项，应将规划可能产生的各类影响进行清晰分类。

核查表的优点是能够对规划可能产生的环境影响进行较为周全的考虑，可有效避免在评价早期出现漏项。然而，要建立一个科学、可靠且全面的核查表，不仅烦琐，而且核查表无法将"受影响对象"与"影响源"相结合，无法清晰呈现规划实施产生的环境影响过程、影响范围、影响程度等内容。

（2）矩阵分析

矩阵分析是一种十分常用的定量或半定量环境影响评价方法。该方法是将规划目标、指标以及规划方案等与环境因素作为矩阵的行与列，并设置一定的规则，在对应位置填写用以表示行为与环境因素之间的因果关系的符号、数字或文字，以识别环境影响的范围、性质、程度、时段及正负效应等。矩阵分析适用于产业园区规划环评的规划分析、规划环境影响识别、累积环境影响评价等多个环节。

矩阵分析的优点在于简单实用、易于理解，可以直观地表示交叉或因果关系，并且能够将开发活动产生的累积效应很好地用矩阵的模式表现出来，缺点是对影响产生的机理解释较少，难以处理间接影响和反映规划在复杂时空关系上不同层次的影响，也不能表示影响的时效（如长期影响、短期影响、即时影响、延后影响等）。

矩阵分析的方法步骤：①找出规划涉及的人类行为，并作为矩阵的行；②识别主要的受影响因子，并作为矩阵的列；③确定每种人类活动与受影响因子之间的直接关系。简单的矩阵分析是一张二维图表，示例见表 4-18。

表 4-18　简单矩阵法示例

环境要素	开发活动					
	土地占用	产业发展	基础设施建设	居民搬迁	道路建设	……
生态系统结构和功能						
生物多样性						
水环境质量						
大气环境质量						
土壤环境风险						
就业						
交通						
……						

（3）情景分析

情景分析是通过对系统内外相关问题的分析，设计出多种可能的未来情景，然后对系统发展态势的情景进行描述。情景分析可反映出不同规划方案、不同规划实施情景下的开发强度及其相应的环境影响等一系列主要变化过程，以便于研究、比较和决策。情景分析可以用于规划方案的不确定分析、规划环境影响识别、环境影响评价等环节。情景分析还可以提醒评价人员注意开发活动中的某些活动或某一政策性外部因素可能引起重大的后果和环境风险。

情景分析通常并不是某一个特定的方法，而是构造情景和分析情景的多个方法，是一个有特定步骤和方法工具箱的方法集。情景设计可采用归纳法、演绎法、渐进法等方法，具体分析每一情景下的环境影响时还要借助诸如系统动力学模型、环境数学模型、矩阵法或地理信息系统技术等具体的技术方法。情景分析的流程如图 4-7 所示。

情景分析的优点是适用于研究规划的不确定性及其可能的影响，但缺点是需要大量的时间和资源。

情景分析按以下步骤构建情景：①确定主题和时间范围；②识别影响因素；③识别驱动因子；④识别关键不确定因素；⑤发展和设置合理的情景；⑥描绘情景；⑦情景的一致性分析；⑧分析情景；⑨引入突发事件；⑩情景的使用和学习。

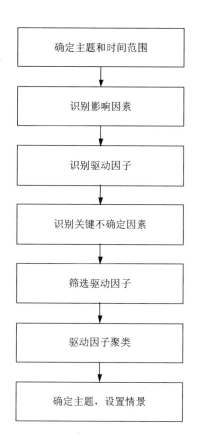

图 4-7　情景分析的流程

（4）叠图分析

叠图分析是将一系列能反映区域特征的地图叠放在一起，并将拟议规划实施及影响的范围、强度等在地图上表示出来，形成一张能综合反映规划环境影响空间特征的地图。叠图分析一般借助地理信息系统进行分析，适用于评价区域现状的综合分析、环境影响识别以及环境影响评价。

叠图分析的优点是能够直观、形象、简明地表示各种单一影响和复合影响的空间分布，适用范围广；缺点是只能用于那些可以在地图上表示的影响，无法表达源与受体的因果关系，无法综合评价环境影响的强度或环境因子的重要性。

（5）类比分析

类比分析根据一定的标准对分析对象进行比较研究，找出其中的本质规律，得出符合客观实际的结论。类比分析可应用于环境影响识别、环境影响预测与评价、环境影响减缓对策措施等。

类比分析的优点是整体思路简单易行、结果表现形式简单易懂；缺点是需要注意可比性，即必须找具有可比性的产业园区作比较分析。

（6）压力—状态—响应分析

压力—状态—响应分析按照压力、状态、响应三个类别进行规划环境影响评价指标体系构建。其中压力指标是指能反映规划实施可能产生的环境影响或环境风险的指标，状态指标是指体现区域生态安全、环境质量、资源利用等状态和变化的指标；响应指标是指为促进区域生态安全保障、环境质量改善、资源高效利用而采取的相应对策的指标。压力—状态—响应概念框架如图4-8所示。

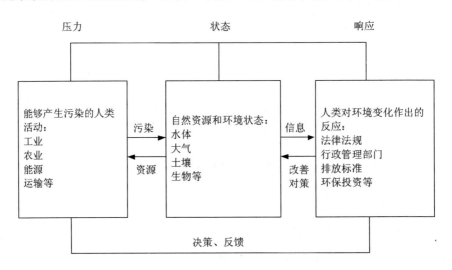

图4-8　压力—状态—响应概念框架

（7）数值模拟

数值模拟是运用计算机计算，将所选用的数学模型通过程序计算及图像处理，最终呈现出某种环境问题的变化过程和规律的方法。数值模拟适用于环境影响预测环节。

数值模拟的优点是可以量化分析规划实施的环境影响，用于选择最佳的规划方案；缺点是该方法建立在一些假设的基础上，而且假设条件是否成立在规划环评中难以核实与检测，且计算方法复杂，耗时长、费用较高。

第 5 章 广东省 DYW 石化产业园区规划环评案例实证

5.1 规划概述

5.1.1 规划范围与年限

DYW 石化产业园区（以下简称石化园区）位于广东省南部沿海地区，属于国家重点发展的七大石化基地之一。石化园区规划面积 31.0 km²，北面通过快速干道和支线铁路与外部分隔，南临南海，东西两侧与现有城镇相接。

石化园区按照"统一规划，分期实施，远近结合，灵活调整"的原则，规划年限为 2018—2028 年，分为近期（2018—2023 年）、中远期（2023—2028 年）两个阶段实施。

5.1.2 规划目标与发展定位

（1）规划目标

①空间规模目标。

石化园区近期总面积 21.58 km²，中远期新增面积 9.42 km²，至规划期末石化园区总面积达 31.0 km²。

②产业规模目标。

近期：建成并完善已有的炼化一期项目和二期项目，发展下游深加工项目 14 个。近期规划新建 120 万 t/a 乙烯项目，至规划近期结束时园区达到 2 200 万 t/a 炼油、335 万 t/a 乙烯、235 万 t/a 芳烃的加工能力。

中远期：建设炼化三期项目（1 000 万 t/a 炼油项目、150 万 t/a 乙烯项目）和扩建 120 万 t/a 乙烯项目，同时在园区北部新型材料产业区进一步发展精细化工和化工新材料项目。至规划末期，全园区将拥有 3 200 万 t/a 炼油、605 万 t/a 乙烯、295 万 t/a 芳烃的加工能力，同时发展炼化下游项目近 100 个（含已有炼化下游企业），下游产品逐步丰富。

（2）产业定位

以发展成为国家级石化产业园区为总定位，在园区已有的炼化一体化项目基础上，扩建大型炼化项目，并结合烯烃原料多元化的发展态势，扩建原油制乙烯项目。园区重点生产芳烃产品、烯烃产品和化工原料，适当生产清洁燃料。利用临港优势发展大型石化下游深加工产业，完善产业链结构，重点对碳二（C_2）、碳三（C_3）下游产业链和碳四（C_4）、碳五（C_5）下游及炼化副产物综合利用产业进行产品链的延伸，提高资源综合利用率和产品附加价值。

5.1.3　总体布局规划

石化园区按照产业规划及功能分为现有项目区、炼化发展区、烯烃项目区及新型材料产业区，园区规划总用地面积 31.0 km²。园区总体规划布局如图 5-1 所示。

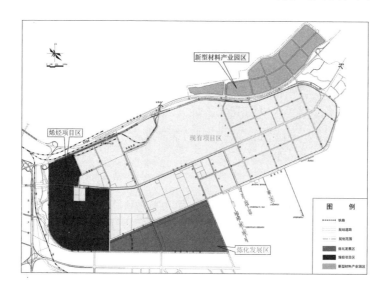

图 5-1　石化园区总体布局

①现有项目区：主要为已建和在建的项目区域。该区域北抵北环路，南至滨海大道，西部与规划的滨海三路相接壤，东侧毗邻霞涌镇。该区域被其他产业区域围绕，西侧是烯烃项目区，东北侧为新型材料产业区，西南侧为炼化发展区。总面积为 1 969.2 hm²。

②炼化发展区：该区域位于现有项目区西南侧，它是滨海大道以南形成的一块三角区域。该区域通过填海造地成陆。总面积约 350.6 hm²。

③烯烃项目区：该区域位于现有项目区的西侧，南临滨海大道，东部与规划的滨海三路相接壤，西靠中心区，该区域西侧和南侧有 99.8 hm² 的绿化隔离区。区域总面积约 433.06 hm²。

④新型材料产业区：该区域位于本工业园区的东北侧，北环路以北。南接现有项目区，北靠红茂山。规划面积约 347.5 hm²。

5.1.4 产业规划

石化园区以大炼油、大乙烯为龙头，以石化深加工和精细化工高端石化产品为主线，重点发展石化深加工系列产品、芳烃下游系列产品、化工新材料和专用精细化学品。经过十多年的发展，现已形成中海油一期 1 200 万 t 炼油项目和 95 万 t 乙烯项目、一期炼油乙烯隔墙供应配套深加工项目、中海油二期 1 000 万 t/a 炼油项目和 120 万 t/a 乙烯项目的大型炼化一体化格局，成为国内具有 2 200 万 t 级炼油能力的石化生产园区。

（1）现有项目区产业构成

①已建中海油一期（含中海壳牌乙烯）项目。

中海油炼化一期 1 200 万 t/a 炼油项目各装置及能力见表 5-1，中海壳牌 95 万 t/a 乙烯项目各装置及能力见表 5-2。

表 5-1　中海油炼化一期 1 200 万 t/a 炼油项目各装置及能力

序号	装置名称	能力/（万 t/a）
1	常减压蒸馏	1 200
2	催化裂化	120
3	气体分馏	30
4	MTBE	6

序号	装置名称	能力/（万 t/a）
5	烷基化	16
6	高压加氢裂化	400
7	中压加氢裂化	360
8	汽柴油加氢	200
9	制氢	15
10	催化重整	200
11	芳烃联合	84
12	延迟焦化	420
13	脱硫联合	—
14	硫黄回收	6
15	酸性水汽提联合	150
16	废酸再生	1

表 5-2　中海壳牌 95 万 t/a 乙烯项目各装置及能力

序号	原料名称	数量/（万 t/a）
1	乙烯裂解	95.0
2	丁二烯抽提	15.5
3	裂解汽油加氢	—
4	苯抽提	—
5	环氧乙烷/乙二醇	33.0
6	高密度聚乙烯	24.0
7	高压聚乙烯	25.0
8	聚丙烯	26.0
9	苯乙烯/环氧丙烷	56.0/25.0
10	丙二醇	6.0
11	聚醚多元醇	13.5

②已建石化下游项目。

随着一期炼油、乙烯龙头项目的建成、投产，一期炼油项目、乙烯项目的部分产品可作为隔墙供应的基础化工原料进行深加工，现有隔墙供应深加工项目见表 5-3。

表 5-3 现有隔墙供应深加工项目

序号	项目名称
1	惠菱化成甲基丙烯酸甲酯（MMA）
2	普利司通合成橡胶
3	忠信苯酚丙酮
4	忠信苯酚丙酮扩能
5	长荣丁苯橡胶
6	惠石化裂解汽油
7	惠石化煅后焦
8	惠石化加氢尾油
9	惠石化丙烯酸及酯
10	惠石化丙烯酸树脂一期
11	兴达发泡聚苯乙烯
12	海能发油技服化工助剂
13	百利宏晟安脱硫综合利用
14	凯美特食品级二氧化碳
15	鑫双利不饱和聚酯树脂
16	智盛表面活性剂
17	科莱恩表面活性剂一期
18	科莱恩表面活性剂二期
19	宇新乙酸仲丁酯
20	宇新异辛烷
21	宙邦电子化学品一期
22	晟荣越橘提取物
23	巴斯夫丁苯胶乳
24	乐金化工 ABS
25	可隆电子新材料
26	盛和化工
27	东方雨虹防水材料
28	景江地坪涂料
29	彩田高档油漆

序号	项目名称
30	长润发高档涂料
31	仁信聚苯乙烯
32	东邦歧化松香钾皂
33	安品有机硅
34	东进世美肯电子化学品
35	达志聚碳酸亚酯
36	容大感光材料
37	长荣氢化溶液丁苯橡胶
38	宙邦电子化学品二期
39	华达通食品级二氧化碳
40	伊科思橡胶新材料
41	离子液体
42	水性全自动化调色系统
43	有机催化剂和医药 API
44	中大研究院化工产业化
45	宏瑞炼油废气综合利用
46	苯乙烯和环氧丙烷/聚醚多元醇
47	宙邦三期碳酸酯

③已建中海油二期项目。

中海油二期项目建设内容包括炼油和乙烯两部分，其中炼油能力为 1 000 万 t/a，乙烯能力为 120 万 t/a。炼油项目各装置及能力见表 5-4，乙烯项目各装置及能力见表 5-5。

表 5-4　中海油二期 1 000 万 t/a 炼油项目各装置及能力

序号	装置名称	能力/（万 t/a）
1	常减压	1 000
2	渣油加氢脱硫	370
3	蜡油加氢处理	300

序号	装置名称	能力/（万 t/a）
4	催化裂化	480
5	催化重整	180
6	催化汽油加氢	240
7	柴油加氢精制	340
8	航煤加氢精制	80
9	轻烃回收	200
10	气体分馏	70
11	硫黄回收	30
12	甲基叔丁基醚（MTBE）	14
13	芳烃抽提联合装置（含乙烯芳烃）	75
14	煤气化制氢联合装置（含丁辛醇合成气原料供应和氢气提纯）	—
15	干气/液化气脱硫联合装置	—
16	溶剂再生	880
17	酸性水汽提	180

表 5-5　中海油二期 120 万 t/a 乙烯项目各装置及能力

序号	原料名称	能力/（万 t/a）
1	乙烯	120
2	裂解汽油加氢	65
3	烯烃转化	25
4	丁二烯抽提	16
5	环氧乙烷/乙二醇	8/38
6	高密度聚乙烯	40
7	线性低密度聚乙烯	50
8	聚丙烯	30
9	聚丙烯	40
10	丁辛醇	25
11	苯酚丙酮	35
12	MTBE/1-丁烯	10/3

④规划下游深加工项目。

除已建石化下游项目外，现有项目区规划重点发展以下深加工项目：

1）乙烯下游产品链。

中海油二期项目可以获得 10 万 t/a 环氧乙烷（EO），由于量少，不适合生产乙二醇，可建设 8 万 t/a 乙醇胺/乙撑胺和一套 4 万 t/a 聚乙二醇。乙醇胺主要用作表面活性剂、合成洗涤剂、石油添加剂、合成树脂和橡胶增塑剂、促进剂、硫化剂和发泡剂等。聚乙二醇在化妆品和医药工业用途较广。乙烯下游产品链如图 5-2 所示。

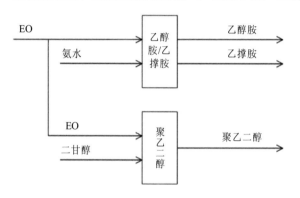

图 5-2　乙烯下游产品链

2）苯酚丙酮深加工产品链。

中海油二期项目可提供的苯酚原料为 22 万 t/a，丙酮原料为 14 万 t/a。这两种原料向下游深加工可发展环氧树脂项目和聚碳酸酯（PC）项目。

生产 20 万 t/a PC 及 20 万 t/a 环氧树脂，需要消耗双酚 A 33 万 t/a。此外，还需外购 5.7 万 t/a 苯酚以满足双酚 A 的原料需求。另外，约有 4 万 t/a 的丙酮可用于生产高级涂料甲基异丁基酮（MIBK）。苯酚丙酮深加工产品链如图 5-3 所示。

3）C_4 深加工产品链。

C_4 加工的主要原料为丁二烯，可用量为 20 万 t/a。下游配套装置 6 万 t/a 氢化苯乙烯-丁二烯嵌段共聚物（SEBS）及 25 万 t/a 丁苯胶乳。丁二烯产品链如图 5-4 所示。

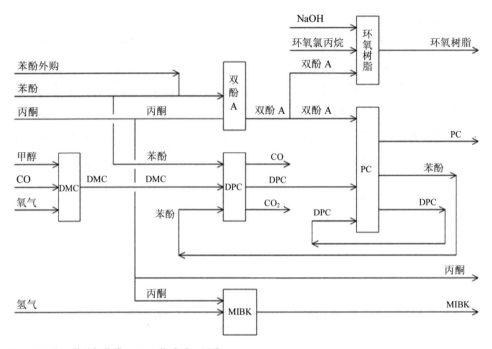

注：DPC 指二苯基氯化膦，DMC 指碳酸二甲酯。

图 5-3 苯酚丙酮深加工产品链

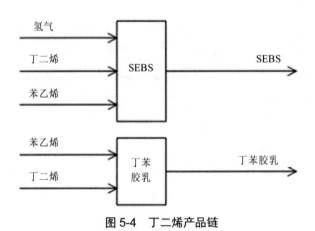

图 5-4 丁二烯产品链

4）C_5 深加工产品链。

C_5 主要成分是二烯烃、异戊二烯、环戊二烯、间戊二烯。

建议建设 C_5 分离装置，分离出的异戊二烯用于生产轮胎的高性能异戊橡胶，间戊二烯用于生产胶黏剂的重要组分 C_5 石油树脂。C_5 深加工产品链如图 5-5 所示。

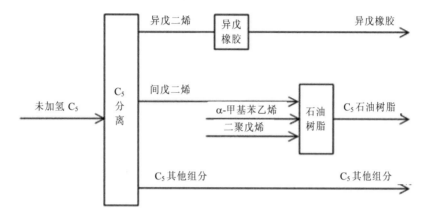

图 5-5　C_5 深加工产品链

5）苯乙烯下游产品链。

中海油二期项目可提供大量的苯乙烯，建议用于生产聚苯乙烯，产量为 50 万 t/a。苯乙烯下游产品链如图 5-6 所示。

图 5-6　苯乙烯下游产品链

（2）炼化发展区产业构成

中海油规划建设第三期项目，包括 1 000 万 t/a 炼油项目和 150 万 t/a 乙烯项目。规划项目各装置及能力见表 5-6 和表 5-7。

表 5-6　中海油三期 1 000 万 t/a 炼油项目各装置及能力

序号	装置名称	能力
1	3#常减压	1 000 万 t/a
2	2#轻烃回收（含脱硫）	220 万 t/a
3	浆态床加氢裂化（含 PSA）	220 万 t/a
4	3#加氢裂化	280 万 t/a
5	浆态床汽柴油加氢	200 万 t/a
6	2#航煤加氢	140 万 t/a
7	3#石脑油预加氢	120 万 t/a
8	4#连续重整	100 万 t/a
9	3#芳烃联合装置	60 万 t/a
10	3#硫黄回收联合装置	30 万 t/a
11	溶剂再生	1 200 t/h
12	酸性水汽提	300 t/h
13	2#天然气制氢	8 万 Nm³/h

注：PSA 指聚苯砜对苯二甲酰胺纤维。

表 5-7　中海油三期 150 万 t/a 乙烯项目各装置及能力

序号	原料名称	能力/（万 t/a）
1	乙烯装置	150
2	EO/EG 装置（以当量 EO 计）	48
3	EOA 装置	15
4	EVA（管式）装置	30
5	全密度 PE 装置	50
6	乙苯装置	52
7	PO/SM 装置	22/49
8	POD 装置	25
9	PP 装置	30
10	丁二烯抽提装置	16
11	裂解汽油加氢装置	70
12	MTBE/1-丁烯装置	32/6
13	α-烯烃/聚 α-烯烃	32/8
14	PC	26

注：EG 指乙二醇，EOA 指乙醇胺，EVA 指乙烯-醋酸乙烯酯共聚物，PE 指聚乙烯，PO 指环氧丙烷，SM 指苯乙烯，POD 指环氧基三乙酸酯，PP 指聚丙烯。

（3）烯烃项目区产业构成

烯烃项目区规划建设两期原油裂解制乙烯项目，生产烯烃产品。每期生产规模均为 120 万 t/a 乙烯，一期乙烯项目各装置及能力见表 5-8。二期项目多数装置与一期项目设置相同，同时还新增了塑料回收、丁基橡胶、C_5 系列产品等装置。

表 5-8　一期 120 万 t/a 乙烯项目各装置及能力

序号	装置名称	能力/（万 t/a）
1	乙烯	120
2	PE	120
3	PP	85
4	丁二烯抽提	20
5	二聚异丁烯	14
6	1-丁烯	10
7	裂解汽油加氢	140
8	芳烃抽提	60
9	硫黄回收	5
10	清洁燃料油	60

（4）新型材料产业园区产业构成

规划在新型材料产业园区内发展新领域精细化工品、化工新材料及汽车配套加工产品。新领域精细化工品即专用化学品，主要包括饲料添加剂、电子化学品、造纸化学品、皮革化学品、塑料助剂等。化工新材料包括 PP 合成纸、聚丁烯（PB）树脂、塑料合金等。汽车配套加工产品包括丁基橡胶、丙烯酸橡胶、聚甲基丙烯甲酯（PMMA）等。

5.1.5　公用工程规划

（1）给排水工程规划

①给水规划。

规划实施后，整个石化园区规划新鲜水总需求量为 35.4 万 m^3/d。规划供水管线的建设与石化园区开发同步，先后建设了主干管、干管、支管。石化园区内采用分质供水，给水管网分为工业水管网、生活水管网。另外，石化园区还需建设循环水系统、除盐水系统、消防水系统。

②排水规划。

规划实施后，石化园区需新增排海污水 2 100 m³/h，叠加已有项目排水量后，石化园区规划排海总污水量 3 760 m³/h。

炼化及烯烃项目均自建污水处理设施，其他石化下游项目利用园区公共污水处理设施，达标处理后的污水通过园区排海管线统一排放。园区排海管线已批复排海污水量 3 800 m³/h，排海能力可满足规划需要。

（2）供热规划

中海油三期项目拟自建热电站，热电站拟设置 1 台（GE）9E 重型燃机及配套余热锅炉，4 台 300 t/h 辅助燃油燃气锅炉，正常工况下 3 用 1 备，在 1 台燃机故障工况下 3 台全开，满足全厂的用气需求。设置 1 台 40 MW 抽汽背压式汽轮机组和 1 台 25 MW 背压式汽轮机组，满足工艺装置中低压蒸汽的需求。燃机和锅炉的燃料为工艺装置的副产物——燃料气、燃料油和天然气。

乙烯项目拟自建锅炉供热，满足工艺装置的超高压等级用气需求，同时依托园区高压蒸汽管网补充所需的高压蒸汽。一期拟设置 3 台 300 t/h 燃气锅炉，二期项目拟设置 2 台燃气锅炉，正常工况下 2 开 1 备。

园区现有的集中供热热源为国华惠电热电厂和 LNG 电厂，两个电厂现有总供热余量 1 462 t/h（高压 415 t/h，中压 720 t/h，低压 327 t/h），可满足近期规划的 14 个深加工项目及中期规划的乙烯项目一期的蒸汽需求。国华惠电热电厂二期建成后，将增加供热能力 812 t/h（高压 188 t/h，中压 624 t/h）。

5.1.6 实施方案

石化园区项目实施方案见表 5-9。

表 5-9 项目实施方案

名称	内容	规模	建设情况
现有项目区	中海油炼油一期	1 200 万 t/a	已建项目
	中海油乙烯一期	95 万 t/a	已建项目
	现有石化下游项目	47 个	已建项目
	中海油炼油二期	1 000 万 t/a	已建项目

名称	内容	规模	建设情况
现有项目区	中海油乙烯二期	120 万 t/a	已建项目
	规划石化下游项目	14 个	规划近期项目
烯烃项目区	乙烯一期	120 万 t/a	规划近期项目
	乙烯二期	120 万 t/a	规划中远期项目
炼化发展区	中海油炼油三期	1 000 万 t/a	规划中远期项目
	中海油乙烯三期	150 万 t/a	规划中远期项目
新型材料产业园区	石化深加工、化工新材料、精细化工项目等	远期产业预留发展	规划中远期项目

5.2　石化园区开发状况回顾评价

5.2.1　石化园区发展历程

石化园区规划情况及发展历程见表 5-10，相应空间位置关系如图 5-7 所示。

表 5-10　石化园区规划情况及发展历程

年份	石化园区面积/km²	石化园区范围描述	依据文件	规划环评情况
2002	27.8	石化园区总体规划范围，含乙烯项目用地 4.3 km²，乙烯项目两侧化工用地 13.54 km²，化工区填海用地 6.56 km²，纯洲岛等 3.4 km²	《DYW 石油化学工业区总体规划》	已开展规划环评并取得审查意见
2006	13.9	—	国土资源部公告 2006 年第 25 号、《关于印发广东省已通过国家审核公告的各类开发区名单的通知》	—
2007	27.8	与 2002 年《DYW 石油化学工业区总体规划》范围一致	《DYW 区分区规划（2007—2020）》及规划修编	已开展规划环评并取得审查意见

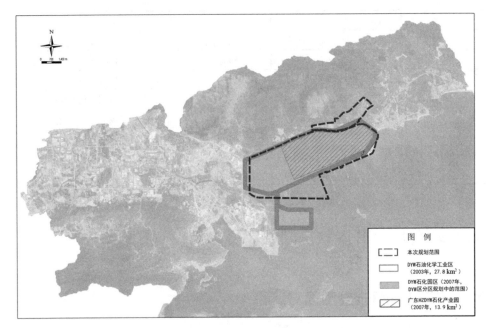

图 5-7　石化园区规划发展历程

5.2.2　石化园区污染物排放情况回顾分析

（1）水污染物排放情况回顾

从 2013—2017 年水污染物平均排放水平来看，中海壳牌石油化工有限公司污水排放量占比最高，达到 58%；其次为中海油 HZ 石化有限公司，污水排放量占比为 26%；上述两家企业污水排放总量占整个石化园区污水排放量的 84%。中海壳牌石油化工有限公司化学需氧量（COD）排放量占比为 48%；中海油 HZ 石化有限公司 COD 排放量占比为 35%；上述两家企业 COD 排放总量占整个石化园区排放量的 83%。中海壳牌石油化工有限公司氨氮（NH₃-N）排放量占比为 31%；中海油 HZ 石化有限公司 NH₃-N 排放量占比为 38%；上述两家企业 NH₃-N 排放总量占整个石化园区排放量的 69%。

从水污染物排放量年际变化来看，石化园区污水排放量 2013 年相对较高，2014 年和 2015 年有所下降，2016 年出现小幅增加，2017 年基本维持在 2016 年的水平。2013—2017 年，石化园区 COD 排放量呈现较为明显的下降趋势。石化园区 NH₃-N 排放量最高值出现在 2013 年，最低值出现在 2014 年，2015—2017
年基本维持在平均排放水平，具体见表 5-11。

表 5-11　2013—2017 年石化园区水污染物排放情况

污染物	2013 年	2014 年	2015 年	2016 年	2017 年	平均
污水排放量/万 t	950.8	918.7	865.5	893.4	893.0	904.3
COD/t	387.8	358.5	254.8	252.4	250.6	300.8
NH$_3$-N/t	7.6	1.5	5.5	5.1	5.4	5.0

（2）大气污染物排放情况回顾

2013—2017 年，石化园区大气污染物整体呈现先下降后上升的态势（表 5-12）。
主要的大气污染源中，中海油一期一直处于下降趋势，中海壳牌、国华惠电、LNG
电厂等重点大气排污企业的大气污染物排放量呈现先下降后缓慢上升的趋势。

表 5-12　2013—2017 年石化园区大气污染物排放情况

污染物	2013 年	2014 年	2015 年	2016 年	2017 年	平均
废气排放量/亿 m^3	376	455	474	525	565	479
SO$_2$/万 t	0.16	0.15	0.11	0.11	0.13	0.13
NO$_x$/万 t	0.62	0.49	0.40	0.40	0.40	0.46
PM$_{10}$/万 t	0.07	0.05	0.04	0.02	0.02	0.04

（3）固体废物产生情况回顾

石化园区内产生的各类固体废物均得到了妥善的处理和处置。2013—2017
年，石化园区一般固体废物的产生量呈先下降后上升的趋势，危险废物产生量
基本呈逐年上升趋势（表 5-13）。中海油 HZ 石化有限公司危险废物产生量最大，
各年度危险废物产生量占当年石化园区总统计产生量的 44%～66%，其次为中海
壳牌石油化工有限公司，各年度危险废物产生量占当年石化园区总统计产生量的
6%～34%。中海壳牌石油化工有限公司近 3 年危险废物产生量呈现出先上升后下
降的趋势，由危险废物产生类别及统计量可知，2016 年较 2015 年大幅增加的危
险废物主要为焚烧废物，到 2017 年各类危险废物产生量基本都有所降低。中海油
HZ 石化有限公司近 3 年危险废物产生量呈逐年上升趋势。

表 5-13　2013—2017 年石化园区固体废物产生量　　单位：万 t

类型	2013 年	2014 年	2015 年	2016 年	2017 年	平均
一般固体废物	29.3	24.8	23.1	25.6	30.2	26.6
危险固体废物	1.4	1.7	1.7	2.8	2.3	2.0

5.2.3　石化园区防护隔离带建设回顾

在石化园区上一轮规划环评文件中对园区东、西两侧提出建设防护隔离带的建议：疏港大道以西的区域用地应调整为仓储、市政及绿化用地，形成以疏港大道为中心，东西两侧为以绿化用地与仓储、市政用地为主的 1 200～1 800 m 的安全隔离带，充分发挥疏港大道的安全隔离功能。同时，石化园区近期应控制龙头产业的发展规模，合理布局，保证炼化区及储罐区等重大危险源与居住区之间的防护隔离带距离达到 3 000 m 以上，降低石化园区对居住区等敏感区域的环境风险。在该规划环评文件的审查意见中也要求：在石化园区东西两侧要预留足够的安全防护距离，降低石化园区对居住区等敏感区域的环境风险。

当地政府在随后石化园区的开发过程中逐步落实了相关防护隔离带要求，石化园区西侧的防护隔离带宽度为 1.1～1.5 km，石化园区东侧隔离带宽度为 0.6～1.1 km，基本满足防护隔离带的要求。西侧防护隔离带内靠近石化园区的一侧以防护绿地为主，而东侧防护隔离带的建设项目基本以物流基地等环境影响小、环境风险低的项目为主，防护隔离带建设有利于降低石化园区的不利影响。

5.2.4　石化园区主要环境问题及整改建议

（1）主要环境问题分析

①产业链有待进一步完善。

石化园区现有产业链基本达到原规划要求，但园区石化产业链完善程度较低，终端产品中高端化、专用化、精细化产品所占比例偏低，产品附加值相对较低，废物代谢产业链及副产品利用产业链仍有待进一步挖掘，现有石化产业链完善程度有待进一步提高。

②土地资源、水资源矛盾不断凸显。

石化园区目前大部分土地已被入园项目利用，近岸海域内的海岛原油接卸和仓储用地基本没有可供利用的空间。随着城镇化和区域经济的不断发展，石化园区边界与城镇的界线日趋缩小。海域水产资源自然保护区管理的日趋严格，将使石化园区未来原料和产品接卸、中转对用地的需求与海域强制性保护要求之间的矛盾日渐突出。

区域现有天然淡水资源无法满足石化园区现有的用水需求，园区内供水主要依赖东江引水。随着当地工业发展和城镇化建设的加快，地区对水资源需求的增长与当地水资源相对短缺之间的矛盾将逐渐凸显。受区域降雨资源充沛而新鲜水价格较低、石化园区污水处理厂污水处理成本较高、园区污水深度处理和中水管网不到位等因素影响，石化园区中水回用市场价格竞争较弱，影响中水回用率。目前，石化园区除了炼化项目自建的污水处理厂实现了部分中水回用外，石化园区公共污水处理厂处理后的尾水均直接外排，基本没有回用。

③大气环境承载力面临严峻形势。

尽管石化园区氮氧化物（NO_x）和二氧化硫（SO_2）实际排放总量仅分别占上一轮规划环评提出的排放总量控制目标的 30% 和 11%。但 2017 年，环境空气中细颗粒物（$PM_{2.5}$）年均值最大超标率达到了 80%，臭氧（O_3）超标率达到了 85%。区域环境空气质量虽能满足现行标准要求，但是随着石化园区及区域城镇化和工业化的快速发展，区域 O_3、$PM_{2.5}$ 复合污染或将日益突出。

④海域生态环境质量有待改善。

入海河流调查结果表明，淡澳河作为区域主要的陆域污染汇入源，水质处于劣Ⅴ类水平。其他入海地表水体中 NH_3-N、总氮（TN）、总磷（TP）等也存在超标现象。海域调查资料表明，海水中铅、锌、汞在部分一类、二类水质功能区存在背景超标现象，无机氮和活性磷酸盐受陆源汇入、水产养殖及码头排污等综合影响出现超标现象；海域沉积物铜、钒、有机碳存在部分点位超标现象；贝类生物体中存在铅、镉、铬、锌和石油烃超标现象；海域的游泳生物资源明显减少，石珊瑚因环境压力呈现出明显的退化趋势，养殖海域时有赤潮现象发生。

⑤环境风险管理体系需进一步完善。

马鞭洲为石化园区原油接卸区，地处省级水产资源自然保护区的试验区，现有溢油风险防范能力有待进一步提高；石化园区雨排口及长输管线风险防范能力有待进一步夯实。随着海域船舶进出港数量的增加，发生事故的概率也有所增加，对该海域的溢油风险防范提出了更高的要求。石化园区环境应急监测与预警体系建设有待进一步完善。园区重点部位预警系统、预警信息化平台和应急指挥系统等建设工作需进一步推进。

⑥石化园区地下水防渗要求需进一步明确。

石化园区地下水监测结果表明，园区局部地下水中 NH_3-N 和镍含量超过《地下水质量标准》（GB/T 14848—2017）III类水质标准。但上一轮规划环评文件中未提出对石化园区及企业开展地下水保护的要求。

⑦危险废物处理压力及风险不断增大。

石化园区内的危险废物均依托区外有资质的公司处理，随着石化园区产能规模的增大，危险废物产生量也逐渐增加，外运处理的需求也逐渐加大。如外运处理不及时，危险废物堆积在石化园区企业内，会增加环境污染的风险。

⑧环境监测能力有限。

目前，石化园区内土壤、污水排海口附近的沉积物等未建立例行监测点位，企业废气未开展重金属类物质监测，部分企业尚未建立对车间和生产设施污水排放口第一类污染物的监测制度。随着国家和地方环境保护政策、法规、标准等对企业环境监测的要求日益严格，园区企业进行环境监测的能力亟待提升。

（2）整改建议

①从宏观规划层面设计和耦合石化园区产业链，并进一步延伸园区下游产业链，积极引入补链产业和静脉产业，拓展和优化石化园区行业内部以及行业间的产品代谢链和废物代谢链，对不属于产业链的项目（公共服务项目除外）应严格项目准入。

②科学划定城镇开发边界，从严供给城市建设用地，合理规划石化园区西部的发展用地，对新入园项目应严格审查用地要求，严格土地供给，节约利用有限的土地资源，为石化园区未来可持续发展提供土地资源储备。

③石化园区应以"节水"为环境准入和产业结构调整的约束条件，入园项目取排水达到同行业先进水平，优先鼓励资源能源节约型项目的引入，鼓励新建项目使用中水，督促现有企业改进工艺，提高水资源利用效率，降低单位产品取水

量。石化园区应采取优惠政策鼓励重点企业逐步使用中水。在改建、扩建现有污水处理厂的同时，将生活污水、初期雨水、锅炉冷凝水、循环排污水、含油污水等纳入中水处理的范围，并按照中水回用标准增加处理设施，完善中水回用的管网接驳。建议当地水资源管理部门及石化园区主管部门开展相应研究，因地制宜，规划合理的中水回用比例。

④严格入园项目准入要求，除建设满足石化园区供热需要的集中供热热源外，禁止其他高污染燃料锅炉的建设，从源头上减少挥发性有机物（VOCs）的排放。同时应加强园区燃煤电厂、燃油锅炉和催化裂化装置余热锅炉等废气源的低氮、脱硝、脱硫、除尘改造，加强对园区企业烟尘及颗粒物排放的严格管控和监督监测，促进园区内现有企业逐步达到行业大气污染物特别排放限值要求。进一步完善石化园区集中供热管网等相关基础设施的建设，在集中供热有充分保障的前提下，逐步取消园区下游企业小型供热锅炉，提高石化园区集中供热率，降低大气污染物的排放量。

⑤地方生态环境部门需加大对排污企业的监管，加强对入海地表径流污染的综合防控和整治，有效切断入海污染源头。加强对入园企业地下水重点防渗区的管理，对园区内已有项目建议开展企业地下水防渗措施核查，对不符合《石油化工工程防渗技术规范》（GB/T 50934—2013）的地块采取补救措施，严控地下水污染。

⑥鼓励石化园区企业加强环境风险应急联动和互救互助，企业实行差异化和互补化的应急救援物资配备。加强区域溢油、火灾等各类事故应急联动演练，不断提升企业应急处置实战能力，检验应急响应和应急措施的有效性，并改进区域和企业应急预案和应急措施的实效性。逐步完善马鞍洲岛及附近溢油应急物资储备，加强溢油应急快速响应体系建设。加快推进大气预警体系建设工作，实现重点区域的大气预警全方位覆盖。

⑦论证石化园区污泥、废催化剂等危险废物综合利用、预处理等的可行性，减少危险废物的产生量并降低危险废物的转移风险。

⑧建立石化园区及重点企业土壤例行监测制度，开展石化园区污水排海口等区域附近沉积物的例行监测，按照石化污水特点选取特征污染物，开展石化污水累积性影响评估。建议增加排海泵站混合口污水多环芳烃、多氯联苯、二噁英、总有机碳（TOC）等的监测。引导社会力量参与提供环境监测公共服务，向社会购买环境监测能力，以弥补生态环境部门监测资源的不足。

5.3   区域环境现状

5.3.1   大气环境现状

2017 年度区域空气质量综合指数为 3.18，空气质量优良率为 98.1%，其中优的比例为 55.6%，良的比例为 42.5%，空气质量优的天数为 203 天，良的天数为 155 天。本区域属于环境空气质量达标区域。

本次评价范围内苯、甲苯、二甲苯、总挥发性有机物（TVOC）、甲醇、异丙苯、乙烯、酚、甲硫醇、非甲烷总烃、苯并[a]芘、二噁英、硫化氢、氨、臭气浓度等特征污染物均满足相应评价标准要求。

5.3.2   海洋生态环境现状

（1）海水水质

石化园区涉及海域水质现状总体较为良好，各近岸海域环境功能区和石化园区排污口周边海域水质现状总体满足相应环境功能区划要求。但也存在个别站位生化需氧量、溶解氧、活性磷酸盐、非离子氨、无机氮和石油类出现短时超标现象，主要是由于这些站位离陆域较近，受陆源污染物影响导致水质超标。近岸海域养殖功能区石油类超标可能与航行船舶有关。

（2）海洋沉积物

评价海域沉积物现状质量总体良好，大部分调查站位所有监测指标均能满足相应海洋沉积物质量一类或二类要求。北部二类功能区部分站位石油类不满足一类标准，可能与站位靠近陆域和航道，与陆源污染和航行船舶有关。石化园区排污口周边部分站位铜、锌超过一类标准，但均满足二类标准要求。

（3）海洋生态

评价海域靠近陆域的坝光—澳头—霞涌海域生态环境质量为一般，其他海域生态环境质量介于良好和一般之间。坝光—澳头—霞涌海域春季叶绿素 a 范围为 0.55～67.86 mg/m³，均值为 11.72 mg/m³；秋季叶绿素 a 变化范围为 1.93～1 037.57 mg/m³，均值为 62.85 mg/m³，显著高于春季。碧甲—桑洲海域春季叶绿素 a 变化范围为

2.08～6.22 mg/m³，均值为 4.03 mg/m³；秋季叶绿素 a 变化范围为 3.47～12.07 mg/m³，均值为 6.42 mg/m³，明显高于春季。三门—青洲海域春季叶绿素 a 范围为 1.68～5.64 mg/m³，均值为 3.22 mg/m³；秋季的叶绿素 a 变化范围为 0.58～3.91 mg/m³，均值为 1.9 mg/m³，明显低于春季。大辣甲—小星山海域域秋季的叶绿素 a 浓度范围为 1.7～9.15 mg/m³，均值为 4.53 mg/m³；底层叶绿素 a 浓度相对较高。

春季评价海域浮游植物种类范围为 4～20 种，各海域中坝光—澳头—霞涌海域出现的浮游植物种类数最少，香农-维纳（Shannon-Wiener）多样性指数、均匀度指数和多样性阈值均是三门—青洲海域最低，坝光—澳头—霞涌海域次之，碧甲—桑洲海域第三，东涌海域最高。秋季海域浮游植物种类范围为 5～47 种，各海域中坝光—澳头—霞涌海域出现的浮游植物种类数最少，香农-维纳（Shannon-Wiener）多样性指数、均匀度指数和多样性阈值均是坝光—澳头—霞涌海域最低，三门—青州海域最高。

根据春季调查，评价海域共鉴定出浮游动物 115 种和 11 类阶段性浮游幼体，桡足类种类最多。浮游动物以暖水近岸生态类群为主。尽管调查海域出现的浮游动物种类较多，但由于夜光虫、鸟喙尖头溞占绝对优势地位，导致浮游动物的物种多样性指数、均匀度和多样性阈值均处于较低的水平，浮游动物多样性为差或一般，群落结构不稳定。根据秋季调查，评价海域共鉴定出浮游动物 107 种和 11 类阶段性浮游幼体，桡足类种类最多。调查海域出现的浮游动物种类较多，浮游动物的物种多样性指数、均匀度和多样性阈值均处于较高的水平，浮游动物群落结构稳定。

春季调查，评价海域共出现包括腔肠动物、纽形动物、环节动物、螠虫动物、软体动物、节肢动物、棘皮动物、半索动物、尾索动物和脊索动物 10 门 47 科 66 种。秋季调查，评价海域共出现包括腔肠动物、纽形动物、环节动物、星虫动物、螠虫动物、软体动物、节肢动物、棘皮动物和脊索动物 9 门 45 科 69 种。

鳀属、小沙丁鱼属、小公鱼属和多鳞鱚为评价海域鱼卵的重要组成。从密度分析，除小公鱼鱼卵的平均密度在春、秋两季相近外，其他 3 个主要种类的平均密度均为春季高于秋季。从密度百分比分析，鳀属在春、秋两季均是海域鱼卵密度的主要组成，分别占 32.5% 和 48.4%；春季小沙丁鱼鱼卵的密度比例明显高于秋季；而秋季小公鱼鱼卵的密度比例明显高于春季；然而多鳞鱚在春、秋两季均约占鱼卵平均密度的 10%。从区域分析，春季这 4 类鱼卵的密集区主要分布在坝光—澳头—霞涌海域，而秋季这 4 类鱼卵的密集区主要分布在三门—青洲海域。

春、秋两季共采集到游泳生物种类 3 门 15 目 52 科 152 种。其中硬骨鱼纲 94 种，甲壳纲 50 种（蟹类 32 种、虾类 12 种、虾蛄类 6 种），头足纲 8 种，上述三个纲的种类分别占 61.8%、32.9% 和 5.3%。从区域和季节变化趋势分析来看，春季坝光—澳头—霞涌海域的鱼类和甲壳类种类均多于碧甲—桑洲海域和三门—青州海域，头足类种类则低于后两者。秋季坝光—澳头—霞涌海域和三门—青州海域的鱼类种类多于碧甲—桑洲海域，甲壳类种类则在坝光—澳头—霞涌海域最低，秋季头足类在三个区域差异不大。游泳生物调查捕获的种类大多为南海常见种，从游泳生物种类组成的区系来看，以印度洋区系、太平洋区系为绝对优势，属于大西洋区系的相对较少。从适温性来看，甲壳类以暖水性的种类为绝对优势，广温性的种类相对较少，未出现冷水性种类。从适盐性来看，评价海域以海水鱼类为主，咸水、淡水鱼类出现较少，无淡水鱼类。从种类和渔获率两方面来讲，评价海域均以寿命短的小型经济鱼、虾、蟹、虾蛄类为主。

坝光—澳头—霞涌海域，春季，镉在鱼类、甲壳类和软体类生物样品中的超标率分别为 30%、25% 和 33.33%，汞在鱼类中的超标率为 10%；贝类生物样品符合第二类海洋生物质量标准。秋季，仅有镉在鱼类样品中超标，超标率为 8.33%。碧甲—桑洲海域，春季，镉、铅和铬在鱼类生物样品中的超标率均为 25%，铬在甲壳类生物样品中超标率为 67.67%，其余污染物均不超标；贝类生物样品均符合第二类海洋生物质量标准。秋季，生物体中污染物均不超标。三门—青洲海域，春季，镉在鱼类和头足类生物样品中的超标率分别为 20% 和 100%，其余污染物均不超标；贝类生物样品符合第三类海洋生物质量标准。秋季，生物体中污染物均不超标。

评价海域的鱼类种类繁多，有 400 多种，以鲈形目的种类占优势，约占总种类数的 60%；栖息水层以中下层鱼类最多，约占 45%，其次是上层鱼类，约占 35%，底层鱼类约占 20%，岩礁鱼类最少。

评价海域分布的国家二级保护水生野生动物主要有海龟、文昌鱼、海马。石珊瑚和柳珊瑚作为珊瑚其他种被列入《濒危野生动植物种国际贸易公约》（CITES）附录Ⅱ，按国家二级保护水生野生动物进行保护管理。评价海域中还分布有广东省重点保护水生野生动物中国龙虾、锦绣龙虾和中国鲎等。此外，国家一级保护水生野生动物中华白海豚、国家二级保护水生野生动物江豚、瓶鼻海豚、热带斑点海豚和抹香鲸等在该海域也偶有发现。

5.3.3 地表水环境现状

评价范围内的南边灶河、岩前河、柏岗河水质均满足《地表水环境质量标准》（GB 3838—2002）Ⅳ类标准要求，南坑河、澳背河水质均满足《地表水环境质量标准》（GB 3838—2002）Ⅴ类标准要求，各指标标准指数均小于 1，水质现状良好。

区域主要入海河流淡澳河水质超标，不能满足《地表水环境质量标准》（GB 3838—2002）Ⅴ类标准要求。超标因子为 COD、NH_3-N、TP，最大标准指数分别为 1.4、3.09、1.1，水质超标主要与生活污水汇入有关。

5.3.4 地下水环境现状

位于石化园区西北部的地下水监测点所有项目均符合《地下水质量标准》（GB/T 14848—2017）Ⅲ类标准，地下水水质保持良好。位于石化园区南部填海区域的监测点，地下水受海水不同程度影响，总硬度、溶解性总固体、氯化物、硫酸盐检测结果均出现超标。所有监测点位苯、甲苯、二甲苯、苯乙烯等石化特征污染物均未被检出，说明石化园区产业发展未对区域地下水造成不利影响。

5.3.5 土壤环境现状

石化园区外各点位土壤环境质量监测值均低于《土壤环境质量 农用地土壤污染风险管控标准（试行）》（GB 15618—2018）中表 1 筛选值，区外土壤环境质量良好。

石化园区内各点位土壤环境质量总体较好，重金属、石油烃、苯、甲苯、乙苯、二甲苯、苯乙烯等石化园区特征污染物检测值均低于《土壤环境质量 建设用地土壤污染风险管控标准（试行）》（GB 36600—2018）中表 1、表 2 的第二类用地筛选值。

5.3.6 主要环境保护目标

（1）海域环境保护目标

本次评价海域环境保护目标主要为省级水产资源自然保护区和国家级海龟自然保护区，具体见表 5-14。

表 5-14　海域环境保护目标

名称	保护目标	面积/km²	相关工程	距离/km	方位	主要保护对象或要求	水质类别
省级水产资源自然保护区	海龟保护核心区	16.00	海洋排污口	15.40	NE	海龟、玳瑁、棱皮龟等	一类
	中部核心区	61.00	海洋排污口	15.40	N	优良鲷苗生产区、鱼虾类增殖区等	一类
	西北部核心区	22.00	海洋排污口	30.80	NW	马氏珠母贝等	一类
	西南部核心区	6.80	海洋排污口	19.34	SW	多种经济贝类、紫海胆、海参、海马及鲷科鱼类	一类
	南部核心区	19.00	海洋排污口	10.10	NW	紫海胆、龙虾、鲍鱼等名贵经济种类	一类
	南部缓冲区	188.00	海洋排污口	9.50	SW	—	一类
	中部缓冲区	—	海洋排污口	14.13	N	—	一类
	北部试验区	673.00	海洋排污口	15.70	N	—	二类
	南部试验区	—	海洋排污口	0.53	N	—	一类
国家级海龟自然保护区	海龟自然保护区	18.96	海洋排污口	14.20	SE	维持、恢复、改善海洋生态环境	一类

（2）陆域环境保护目标

陆域环境保护目标主要为大气环境影响评价范围内的居民点、学校和医院。据统计，各类型大气环境保护目标 140 个，涉及人口约 16.1 万人。距离石化园区边界 2 km 范围内的保护目标 33 个，人口约 4.6 万人。

5.4　规划实施主要污染源分析

5.4.1　大气污染源

根据石化园区产业空间布局和实施计划预测不同时期的大气污染源及其分布。规划烯烃项目区、炼化发展区中各项目污染物排放量通过类比国内同规模装置得出，新兴材料产业园区因项目未确定，所以污染物排放量采用单位面积排放系数法估算得到。石化园区大气污染源预测结果见表 5-15。

表 5-15　石化园区新增大气污染源预测结果

规划年	区域	内容	规模	SO_2/（t/a）	NO_x/（t/a）	PM_{10}/（t/a）	VOCs/（t/a）
近期	现有项目区	规划石化下游项目	14 个	240	540	75	500
		LNG 电厂二期工程	3×460MM	4	1 057	116	0
	烯烃项目区	乙烯一期项目	120 个	340	1 746	98	2 200
	小计			584	3 343	289	2 700
中远期	现有项目区	国华电厂二期	2×460MM	3	705	77	0
	烯烃项目区	乙烯二期项目	120 个	340	1 746	98	2 200
	炼化发展区	中海油炼油三期	1 000 t/a	2 096	1 552	628	1 143
		中海油乙烯三期	150 个	8	754	105	211
	新型材料产业区	石化深加工、化工新材料、精细化工项目	远期产业预留发展	80	180	25	170
	小计			2 527	4 937	933	3 724

5.4.2 水污染源

（1）规划用水量

通过对石化园区现有项目用水量的调查，预测分析规划项目用水情况。石化园区用水现状与规划用水预测情况汇总见表 5-16。规划实施后，整个石化园区规划新鲜水总需求量为 35.4 万 m^3/d。

表 5-16　石化园区用水现状与规划用水情况汇总

区域	项目名称	现状规模	现状用水量/（万 m^3/d）	规划规模	规划用水量/（万 m^3/d）
现有项目区	中海油炼油一期	1 200 万 t/a	1.5	1 200 万 t/a 炼油	1.5
	中海壳牌乙烯	95 万 t/a	2.7	95 万 t/a 乙烯	2.7
	现有石化下游项目	47 个	2	47 个	2.0
	LNG 电厂	一期建设 3×350MW 进口燃气—蒸汽单轴联合循环发电机组	1	二期工程计划建设 3 台 460MW 燃机—汽机单轴联合循环发电机组	2.2
	国华电厂	一期建设 2×330MW 机组	2.3	二期工程计划建设 2×350MW 机组	4.3
	中海油炼油二期	1 000 万 t/a	4.7	—	4.7
	中海油乙烯二期	120 万 t/a		—	
	规划石化下游项目	—	—	14 个	1.5
现有项目区小计			14.2		18.9
炼化发展区及烯烃项目区	中海油炼油三期	—	—	1 000 万 t/a	5.5
	中海油乙烯三期	—	—	150 万 t/a	
	乙烯一期	—	—	120 万 t/a	3.5
	乙烯二期	—	—	120 万 t/a	3.5
新型材料产业园区	北部预留				3.0
公共设施与管网的漏损及预留		—		—	1.0
规划项目区小计		—		—	16.5
规划合计					35.4

（2）规划排水量

在对石化园区现有项目排水量调查的基础上，结合乙烯项目现阶段前期研究成果，预测石化园区规划排海总污水量为 3 760 m³/h（约 9 万 m³/d），具体见表 5-17。

表 5-17　石化园区污水排放量

区域	项目名称	现状规模	规划规模	现有排海污水量/（m³/h）	新增排海污水量/（m³/h）	规划后排海污水总量/（m³/h）	备注
现有项目区	中海油炼油一期	1 200 万 t/a	—	1 210	—	1 210	已自建污水处理厂
	中海壳牌乙烯	95 万 t/a	—				
	现有石化下游项目及热电企业	—					依托石化园区公共污水处理厂
	中海油炼油二期	1 000 万 t/a	—	450	—	450	已自建污水处理厂
	中海油乙烯二期	120 万 t/a	—				
	规划石化下游项目	—	14 个		300	300	依托石化园区公共污水处理厂
现有项目区小计				1 660	300	1 960	
炼化发展区及烯烃项目区	中海油炼油三期	—	1 000 万 t/a	—	600	600	自建污水处理厂
	中海油乙烯三期	—	150 万 t/a	—			
	乙烯一期	—	120 万 t/a		500	500	自建污水处理厂
	乙烯二期	—	120 万 t/a		500	500	
新型材料产业区	北部预留	—	—		200	200	依托石化园区公共污水处理厂
规划项目区小计				—	1 800	1 800	
合计						3 760	依托排海管线统一排放

（3）园区水量平衡

通过对石化园区用水量和排水量的分析，园区水量平衡如图 5-8 所示，园区新鲜水的损耗主要包括蒸发、除盐水系统消耗、产品消耗、公共设施耗水以及管网漏损等。

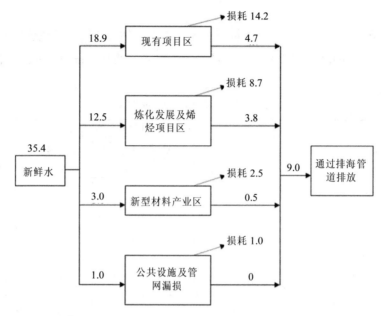

注：图中数字单位为万 m³/d。

图 5-8　石化园区水量平衡

（4）水污染物排放量

①现有项目水污染物排放情况。

石化园区现有项目包括中海油炼油一期、中海壳牌乙烯、中海油炼油和乙烯二期以及现有石化下游项目和热电企业。根据调查，现有项目水污染物排放量见表 5-18。

表 5-18　石化园区现有项目水污染物排放量

项目	污水量/ （万 t/a）	COD/ （t/a）	NH₃-N/ （t/a）	石油类/ （t/a）	挥发酚/ （t/a）	硫化物/ （t/a）
中海油炼油一期	234.5	106.2	1.9	11.7	0.7	1.2
中海壳牌乙烯	524.6	144.6	1.6	26.2	1.6	2.6
中海油炼油和乙烯二期	394.2	236.5	39.4	19.7	1.2	2.0
石化下游项目及热电企业	300.9	50.0	1.6	4.3	0.0	0.0
合计	1 454.2	537.3	44.5	61.9	3.5	5.8

②规划新增水污染物。

本次规划实施后，炼化发展区及烯烃项目区、新型材料产业区和现有项目区都将入驻新的企业。石化园区所有的污水都经过处理后达标排放，排放的尾水必须达到《石油炼制工业污染物排放标准》（GB 31570—2015）、《石油化学工业污染物排放标准》（GB 31571—2015）和广东省《水污染物排放限值》（DB44/26-2001）中第二时段一级标准的较严值，按该标准估算各类水污染物排放量，见表5-19。

表5-19 石化园区规划新增项目水污染物排放量

项目	污水量/（万 t/a）	COD/（t/a）	NH₃-N/（t/a）	石油类/（t/a）	挥发酚/（t/a）	硫化物/（t/a）
中海油三期（炼油、乙烯）	525.6	315.4	42.1	26.3	1.6	2.6
乙烯一期	438.0	262.8	35.0	21.9	1.3	2.2
乙烯二期	438.0	262.8	35.0	21.9	1.3	2.2
新型材料产业区	175.2	105.1	14.0	8.8	0	0
规划石化下游项目	262.8	157.7	21.0	13.1	0	0
合计	1 839.6	1 103.8	147.1	92.0	4.2	7.0

③水污染源汇总。

规划实施后，大亚湾石化园区污水排放量为 3 293.8 万 t/a，COD 排放量为 1 641.1 t/a，NH₃-N 排放量为 191.7 t/a；其中规划项目新增污水排放量为 1 839.6 万 t/a，新增 COD 排放量为 1 103.8 t/a，新增 NH₃-N 排放量为 147.2 t/a，具体见表5-20。

表5-20 石化园区水污染物排放量汇总

性质	项目	污水量/（万 t/a）	COD/（t/a）	NH₃-N/（t/a）	石油类/（t/a）	挥发酚/（t/a）	硫化物/（t/a）
现有项目	中海油炼油一期	234.5	106.2	1.9	11.7	0.7	1.2
	中海壳牌乙烯	524.6	144.6	1.6	26.2	1.6	2.6
	中海油二期	394.2	236.5	39.4	19.7	1.2	2.0
	石化下游项目及热电企业	300.9	50.0	1.6	4.3	0	0
	小计	1 454.2	537.3	44.5	61.9	3.5	5.8

性质	项目	污水量/ （万 t/a）	COD/ （t/a）	NH₃-N/ （t/a）	石油类/ （t/a）	挥发酚/ （t/a）	硫化物/ （t/a）
规划项目	中海油三期（炼油、乙烯）	525.6	315.4	42.1	26.3	1.6	2.6
	乙烯一期	438.0	262.8	35.0	21.9	1.3	2.2
	乙烯二期	438.0	262.8	35.0	21.9	1.3	2.2
	新型材料产业区	175.2	105.1	14.0	8.8	0	0
	规划石化下游项目	262.8	157.7	21.0	13.1	0	0
	小计	1 839.6	1 103.8	147.1	92.0	4.2	7.0
合计		3 293.8	1 641.1	191.6	153.9	7.7	12.8

5.5　规划环境影响分析

5.5.1　生态环境影响分析

（1）陆生生态环境影响

该石化园区开发十余年以来，已集群了数十家企业，区域产业布局和空间结构已基本形成。石化园区海岸线变化过程如图 5-9 所示。现行企业在运行过程中对生

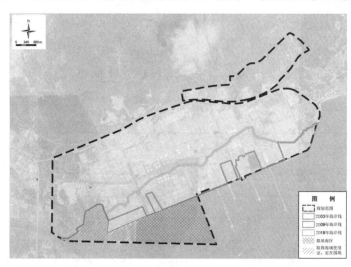

图 5-9　石化园区海岸线变化过程

态环境的影响已基本趋于稳定，在开发过程中造成的生态环境影响已通过后期的生态修复措施逐渐恢复；目前石化园区现状可利用土地面积为 700 hm^2 以上，后期开发过程中土地利用类型将完全改变，临时性或永久性侵占土地，改变了土地原有的生态服务功能。由此带来以下几种生态影响与破坏：

①植被破坏：石化园区已不存在耕地，未利用建设用地主要被次生植被占据。规划实施后，部分未利用地转变为工业用地，其余的未利用地转变为交通道路用地和公用设施用地。这一用地性质的变化，造成了生物量的损失，主要体现在次生植被生物量的减少。此外，施工过程中，所有植被都被去除，表面植被遭到短期破坏，还可能产生局部水土流失问题。但一般随着工程建设的完成，除被永久性占用土地外，其他地段植被通过绿化措施可得到恢复。

②景观的变化：规划区已形成复杂的工矿景观，随着人工建筑的进一步优化建设、生态绿地的建设，区域景观将得到一定程度的丰富。

③生态结构与功能变化：区域的开发建设活动必然导致局部生态系统的变化，其组成、结构和功能均发生了较大的变化；由于原有生态系统生物量较低，新形成的生态系统虽然植被覆盖率有所降低，但生物量水平较高，生物多样性有所增加，这使得区域开发建设活动引起的生态系统变更不会对区域生态系统造成较大的影响，变更后新的生态系统基本能够发挥原有的生态功能效应。

④生物多样性与生物量影响：未利用地的继续开发，破坏了原有生态系统的平衡，但由于规划区开发规模已基本形成，陆生生物量较少，而且随着区域生态绿地的大力建设，规划区的开发对生物多样性及生物量的影响已不明显。

（2）海洋环境保护目标影响

①对水产资源自然保护区的影响。

石化园区排污口位于保护区边界线之外，排放的污染物在进入保护区时浓度已经很低，接近本底浓度。所以排污管线正常工况下对该保护区的影响不大。另外排污口设在海湾湾口以外，湾外对污染物的扩散效果比湾内好，并且水体的自净能力也较高。相对于湾内排污口来说，本排污管道的运行对该保护区影响较小。

②对海龟自然保护区的影响。

石化园区临近海域为亚热带典型的外海性海域，良好的气候、水文、地形条件为海龟创造了良好的栖息繁衍场所，这里的保护区主要保护绿海龟。保护区主要是保护海龟安全上岸产卵，顺利孵化，幼龟得以平安入海。海龟活动范围较广，仅产卵时才会洄游到保护区。排污口离海龟保护区的最近距离超过 14 km，园区排放的污水不会使保护区内的水质超标，且海龟产卵及龟卵的自然孵化是在不被水淹没的高潮线以上进行，因此排污口排污对海龟自然保护区影响不大。

（3）填海工程生态环境影响

①对水产资源的影响。

该海域的贝类具有明显的空间分布差异，中央列岛以南海域主要以匍匐生活的植食性单壳类为主，主要有杂色鲍、蝾螺、马蹄螺等，其密集分布区主要在大辣甲、三门岛和小星山海域。中央列岛以北海域主要是以营附着和固着生活的滤食性双壳贝类为主，主要有马氏珠母贝、华贵栉孔扇贝、翡翠贻贝、海菊蛤和猿头蛤等，其中马氏珠母贝集中分布在赤洲—沙鱼洲—喜洲一带，华贵栉孔扇贝、海菊蛤和猿头蛤集中分布在白沙洲—圆洲一带，而翡翠贻贝分布最广，密集分布区主要在纯洲—喜洲—虎头咀—小鹰咀一带。

该海域头足类保护对象主要有杜氏枪乌贼、曼氏无针乌贼和火枪乌贼。头足类成体多出现在湾口海域，幼体则多出现在湾内北部沿岸海域。

该海域虾类中对虾科为南海北部沿岸广布种，其种类和资源量占绝对优势；赤虾则在湾内和湾外都有分布，以湾内为多；鹰爪虾类、仿对虾类和扁足对虾主要分布于湾口；管鞭虾主要分布在湾口，湾内少见。

石化园区拟填海区域不属于水产资源的集中分布区，但填海工程会侵占部分水生生物的生境，围填期间造成周边海域悬浮物浓度增高，对水产资源尤其是幼体将造成一定损失，应采取合理的生态补偿措施。

②对鱼类产卵繁育场的影响。

该海域是众多鱼类的产卵场、育肥场和索饵场，每年都有鱼类产卵和仔稚鱼出现，鱼卵和仔稚鱼数量分布时空差异比较明显，春季和秋季是鱼类产卵的两个高峰期。春季密集分布区主要在西北部的澳头湾至港口列岛海域（沙鱼洲、亚洲、鹅洲、许洲、白沙洲、马鞍洲），以及中部的辣甲列岛海域（赤洲、圆洲、小辣甲和大辣甲等）；秋季密集分布区则主要在湾口西侧的东涌至沱泞列岛海域（大三门岛、小三门岛和青洲等）、中部的辣甲列岛海域和西北部的澳头湾至港口列岛海域。此外，冬季澳头湾至鹅洲一带是斑鰶、鲷科鱼类和褐菖鲉的产卵盛期，鱼卵和仔稚鱼数量往往比秋季还多。

该海域西北部、中部和湾口西部是经济鱼类的 3 处重要的产卵繁育场，均不在石化园区拟填海区域内，填海工程对该海域主要的鱼类产卵繁育场影响较小。

③对大型海藻场的影响。

大型海藻场的形成为紫海胆、杂色鲍、蝾螺、塔形马蹄螺等食藻底栖动物以及海龟等提供了良好的饵场条件，使本海域紫海胆和食藻经济单壳贝类的增殖成为可能，其中广东省的紫海胆和杂色鲍的护养增殖主要在该海域。同时，藻场也是多种经济鱼类的产卵及仔幼体的栖息和索饵场所及海龟的重要保护场。此外，海藻可吸收海水中营养盐并增加海水溶解氧含量，对净化海域水质也具有重要作用。

该海域大型海藻主要有马尾藻、海萝、鹿角沙菜、冻沙菜、羊栖菜、绉紫菜、鸡毛菜、江篱、石莼、蜈蚣藻、小石花菜和鹅肠菜等。江篱、石莼、囊藻、萱藻、浒苔和蜈蚣藻等在风浪较小的哑铃湾和范和港等内湾海域岩礁区有较多分布；马尾藻、海萝、鹿角菜、羊栖菜和鹅肠菜等喜浪藻类则在鹅洲、鸡心岛、锅盖洲、辣甲岛、三门岛和青洲及西南的岩礁海岸有较多分布。石化园区规划拟填海区域不占用海藻场，且远离海藻场分布区域，填海工程对海藻场基本无影响。

④对珊瑚礁的影响。

珊瑚礁生态系统是地球上重要的生态景观和人类最重要的资源之一，具有极高的初级生产力和生物多样性，对维持海洋生态平衡起着重要的作用。珊瑚和珊瑚礁是我国南海特有的热带海洋生态系统，本海域石珊瑚主要集中分布在中央列岛附近 3～6 m 水深处，北部岛屿有零星分布。石化园区拟填海区域经调查无珊瑚礁分布，填海工程对珊瑚礁基本无影响。

⑤对红树林的影响。

红树林具有防风消浪、保护堤岸、促淤造陆、净化环境等多种功能。红树林湿地内因枝叶等残落物的分解而使得浮游生物含量极其丰富，因此有大量的浅海鱼类、虾类、蟹类及贝类等生活在林下，同时红树林沿岸湿地也吸引了大量海鸟来觅食栖息、生产繁殖。该海域沿岸红树林湿地虽然面积不大，但生境完好，生物资源丰富。

该海域红树林主要分布在淡澳河口、范和港、巽寮和平海等沿岸海域，距离围填区最近的红树林为淡澳河口红树林，距离超过 2 km，填海期间应严控作业范围，禁止随意侵占红树林生长区域，作业结束后可开展红树林种植活动，降低对生态环境的影响。

5.5.2 大气环境影响分析

对 SO_2、NO_2、PM_{10}、VOCs 采用 CALPUFF 模型进行预测分析，对 $PM_{2.5}$ 和 O_3 采用 WRF-CHEM 网格模型进行预测。

预测结果表明，规划近期叠加背景值后，按技术导则要求 SO_2 相应保证率的日均浓度和年均浓度、NO_2 年均浓度、PM_{10} 相应保证率的日均浓度和年均浓度、VOCs 区域最大浓度和区域平均浓度，各关心点污染物浓度的预测结果均可以达到相应环境质量标准的要求。NO_2 相应保证率的日均浓度最大预测结果超标，超标率为 141.23%，超标点主要位于石化园区北部铁炉嶂和西南笔架山，这主要是由于地形的阻挡引起的，超标范围面积占预测范围的 4.4%，远离周边敏感点，对周边敏感点造成的影响很小，且关心点预测结果均达标。$PM_{2.5}$ 相应保证率的日均浓度和年均浓度、O_3 90%保证率的最大 8 h 平均浓度以及各关心点 $PM_{2.5}$ 和 O_3 预测结果均可以达到相应环境质量标准的要求。

预测规划中远期叠加背景值后，SO_2 相应保证率的日均浓度和年均浓度、NO_2 年均浓度、PM_{10} 年均浓度的区域最大值和区域平均值，各关心点污染物浓度预测结果均可以达到相应环境质量标准的要求。NO_2 相应保证率的日均浓度最大预测结果超标，超标率为 203.46%，超标点主要位于石化园区北部铁炉嶂和西南笔架山，与近期预测结果相似，超标范围面积占预测范围面积的 8.0%，超标区域远离周边敏感点，对周边敏感点造成的影响很小，且关心点 NO_2 预测结果均达标。PM_{10} 相应保证率的日均浓度最大预测结果超标，超标率为 100.95%，超标点位于石化园区北部铁炉嶂，超标面积占预测范围的 0.16%，均远离周边敏感点，关心点 PM_{10} 预测结果均达标。VOCs 8 h 平均浓度最大预测结果超标，超标率为 114.20%，超标点位于石化园区北部，超标面积占预测范围的 0.6%，超标区域内无环境敏感点，关心点 VOCs 预测结果均达标。$PM_{2.5}$ 相应保证率的日均浓度和年均浓度、O_3 90%保证率的最大 8 h 平均浓度以及各关心点 $PM_{2.5}$ 和 O_3 预测结果均可以达到相应环境质量标准的要求。

综合大气环境影响预测结果，在未叠加背景浓度的情况下，无论是规划近期还是中远期，SO_2、NO_2、PM_{10}、$PM_{2.5}$ 相应保证率的日均浓度和年均浓度、O_3 90% 保证率的最大 8 h 平均浓度、VOCs 8 h 平均浓度以及各关心点污染物预测结果均可以达到相应环境质量标准的要求。但叠加背景值后，NO_2、PM_{10} 相应保证率的日均浓度、VOCs 8 h 平均浓度的区域最大预测结果超标，超标点多位于石化园区北部铁炉嶂，远离周边敏感点，对周边敏感点造成的影响较小，所有关心点污染物预测结果均达标。因此规划的实施，近期对区域环境空气质量影响不大；中远期随着污染物排放量的增大，区域 NO_2、VOCs 面临的压力增大，应切实做好相应大气污染物的等量或倍量替代工作，确保区域大气污染物净排放量不急剧增大，减小区域空气质量改善压力。

5.5.3 海洋环境影响分析

（1）依托排海管线有关情况

石化园区产生的污水处理达标后全部通过排海管线深海排放，根据污染源分析，石化园区远期污水最大排放量为 3 760 m^3/h，没有超出排海管线设计排放能力（3 800 m^3/h）。石化园区排海管线于 2012 年 5 月通过环评审批，2017 年 1 月该排污管线建成并通过环保专项验收，同年 3 月正式投入使用。石化园区排海管线环保手续齐全，在设计能力范围内可依托其排放污水。

石化园区排海管线从石化园区公共污水处理厂附近滨海大道下海，穿越旧排污管线后，在桑洲北侧约 500 m 处折向水产资源保护区中部缓冲区，在桑洲岛西侧约经过 350 m，穿越中部缓冲区约 2.10 km，然后到排污口，长度约为 37.79 km。海管末端与扩散器进水端连接，形成"L"形。海底管道管径 813 mm，管道的内防腐采用增加管壁厚度的方法，管道的外表面防腐涂层选用三层聚乙烯加铝—锌—铟系铝合金镯式阳极保护。在腐蚀比较严重的部位（登陆段）采用 3-PE 防腐涂层与高耐磨抗紫外线的穿越型热缩带进行保护。

排污海底管道扩散器结构不需要保湿，使用单层管结构，钢管外涂敷防腐层，采用多喷嘴上升管结构形式。扩散器的部分设计参数见表 5-21。

表 5-21 扩散器部分设计参数

类别	单位	扩散器参数	类别	单位	扩散器参数
扩散能力	m³/h	3 800	上升管间距	m	8
扩散器管径	mm	813	上升管数	支	20
扩散器长度	m	154	单个上升管喷口数	个	2
污水流速	m/s	2.3	水平方位角	°	90
出口压力	kPa	350	射流角	°	20

（2）主要海洋环境影响预测结论

①正常排放预测结果。

运营期排水口正常排污对底层水质影响较大，从表层到底层浓度值逐渐增大。在达标排放的工况下，底层的各污染物浓度均超过一类海水水质标准，但超标面积不大，其中石油类超标面积最大，约 0.92 km²；中层的石油类浓度增量超过一类海水水质标准，超标面积为 0.24 km²，COD 和 NH_3-N 达到一类海水水质标准；表层未出现污染物浓度超标现象。总体而言，石化园区污水通过该排海管道排放对海洋环境的影响较小，从保护海洋环境的角度考虑，其影响可接受。

②事故排放预测结果。

事故排放情况下，海水表层石油类浓度超过一类海水水质标准，超标面积为 0.46 km²，其他污染物浓度未超一类海水水质标准；中层 COD、石油类、NH_3-N 和挥发酚浓度均超过一类海水水质标准，超标包络线面积分别为 1.65 km²、5.20 km²、0.39 km²、0.61 km²，但未超过三类海水水质标准；底层 COD、石油类、NH_3-N 最大浓度均超过四类海水水质标准，其中超过一类海水水质标准的面积分别为 2.83 km²、30.08 km²、10.16 km²。

（3）受纳海域水质变化情况

石化园区排海管线已于 2017 年 3 月投入使用，引用项目环评阶段将该海域水质平均情况与本次规划环评相关数据进行对比，具体见表 5-22。根据对比数据，该排污口周边海域活性磷酸盐、硫化物、石油类浓度出现一定程度上升，其中石油类浓度上升幅度最大。尽管现阶段各类主要污染物浓度较 2010 年有所上升，但污染物浓度均未超出一类海水水质标准限值要求，根据海水现状评价结果，2018

年排污口周边海域水质达标。

表 5-22　石化园区排污口所在海域平均水质变化对比

阶段	活性磷酸盐/（μg/L）	硫化物/（μg/L）	石油类/（μg/L）
项目环评阶段（2010 年）	2.5	0.2	0.028 5
投入使用后（2018 年）	5.8	2.4	23.150 0

5.5.4　固体废物影响分析

本石化园区无固体废物处置能力，区内产生的危险废物、一般工业固体废物以及生活垃圾均需要外委处理。厂区内危险废物的暂存场所需要严格按照国家标准有关要求进行设计。由于石化园区危险废物最终处置完全依赖园区外部企业处理，一方面加大危险废物外运的环境风险，另一方面受外部企业处理能力制约，容易造成危险废物积压。随着石化园区产业发展，危险废物产生量也将大大增加，加大了外部企业处理危险废物的压力。建议石化园区应当考虑本地危险废物处置中心的规划建设，促进危险废物减量化、资源化，减小环境风险。规划在石化园区内合理选址建设石化园区危险废物处置中心，包括危险废物焚烧中心和危险废物填埋场，焚烧中心用于焚烧处理石化园区产生的有机废液、污水处理厂生化污泥等，焚烧飞灰以及不能燃烧的危险废物等送危险废物填埋场分区填埋。

5.5.5　土壤和地下水环境影响分析

（1）土壤环境影响分析

石化园区土壤现状检测结果显示：石化园区外土壤监测点各项指标均低于《土壤环境质量　农用地土壤污染风险管控标准（试行）》（GB 15618—2018）中的筛选值，区外土壤环境质量良好。石化园区内各点位土壤环境质量总体较好，重金属、石油烃、苯、甲苯、乙苯、二甲苯、苯乙烯等石化园区特征污染物的检测值均低于《土壤环境质量　建设用地土壤污染风险管控标准（试行）》（GB 36600—2018）中表 1、表 2 的第二类用地筛选值。总体而言，石化园区内现有企业的污染物排放对土壤环境的影响较小。

该规划实施后，新增的乙烯一期、乙烯二期规模与现有中海油乙烯二期规模相当，新增的中海油乙烯三期规模同现有中海油乙烯二期规模也基本相似，新增的中海油炼油三期规模与现有中海油炼油二期规模相同。现有中海油乙烯二期及中海油炼油二期经过多年发展，实测结果表明项目对土壤环境影响较小。类比分析可知，本规划实施后新增的项目也不会对所在地块及周边土壤环境造成不良影响。

规划实施对区域土壤环境影响较小，且规划区域不涉及土地流转，不会转化为居住用地等敏感用地，整个规划区仍以工业用地为主，本规划实施对土壤环境的影响是可以接受的。

（2）地下水环境影响分析

①区域水文地质情况。

区内地下水的赋存与分布，主要受气象水文、地形地貌、地层岩性和地质构造控制。评价区地处东南沿海，属亚热带气候，雨量充沛，地下水补给来源充足。评价区内地下水主要为松散岩类孔隙水、红层裂隙水、层状岩类裂隙水。

松散岩类孔隙水：主要分布于评价区南部山前冲积—海积平原后缘地带及东北部山间谷地，沉积物厚度一般为 3～7 m，含水层主要由亚砂土、中细砂、泥质沙砾石组成，厚度一般为 1～7 m。据以往区域水文地质调查资料，除山前对面窝至柏岗村小面积区域民井单位涌水量达 712 m^3/d，水量中等外，其余地段水量贫乏。钻孔涌水量一般<100 m^3/d，多为 50～80 m^3/d；民井出水量较小，单位涌水量为 19～35 m^3/d。地下水水位埋深较浅，一般为 0.5～3.8 m，年变幅 1.8～3.6 m。海积平原的前缘地带及新近填海造地区域，地下水普遍为半咸水—咸水，水化学类型为氯化钠型，矿化度为 1～6 g/L，霞涌镇附近钻孔高达 9.22 g/L。

红层裂隙水：小面积分布于评价区西南侧，含水层为白垩系优胜组、合水组的风化岩段，地下水主要赋存在岩石风化带的裂隙中，风化带厚度一般为 12～55 m，含水段埋深为 5～8 m，地下水水位埋深一般为 2～5 m。据区域水文地质调查资料，单孔涌水量为 13.6 m^3/d，地下径流模数为 1～4.93 L/（s·km^2），平均为 2.84 L/（s·km^2），水量贫乏。

层状岩类裂隙水：大面积分布于评价区，地下水主要赋存于泥盆系、石炭系、侏罗系岩石风化带的裂隙中，含水层底板埋深一般为 8～15 m，地下水水位埋深随地形而异，沟谷及山前的低平地带一般小于 5 m，丘陵、山区地带一般大于 10 m。据以往区域水文地质调查资料,泉水流量为 0.24 L/s,地下径流模数为 7.26～7.97 L/(s·km²),富水性中等。水化学类型为重碳酸钠型或重碳酸钙型,矿化度为 0.02～0.18 g/L。

②地下水补径排条件。

评价区雨量充沛,植被茂盛,基岩地区断裂带纵横交错,岩石节理裂隙发育,有利于大气降水渗入补给。据以往区域水文地质调查资料,评价区内地表岩土的渗入系数一般为 0.107～0.386。评价区的地下水主要来源于大气降雨的入渗补给,其次为山塘、水库、溪流等地表水的渗漏补给。在通常情况下,地下水补给地表水,而在洪水期间则地表水补给地下水。

区域内广大基岩山区地下水以垂直循环为主,它具有埋藏浅、径流途径短、流向与坡向一致、水力坡度大、补给区与排泄区距离小等特点,多为浅循环网状裂隙水,仅局部断裂带可形成中循环和深循环脉状水。山区层状及块状基岩裂隙水沿山体斜坡逐渐向地势低洼处径流,当径流至山间凹谷或山间断陷盆地后,水力坡度逐渐减缓,并不断向河床部位汇集,部分地下水以下降泉的形式转化为地表水向下游排泄,其余部分以地下潜流的形式补给河道下游的松散岩类孔隙水。基岩裂隙水由低丘台地流入低洼地区后,地下水由淋滤型转入径流动态型,径流形式转为水平循环,水力坡度变缓,地下水矿化度有所增高。松散岩类孔隙水获得补给后,首先转化为调节储存量,使得地下水水位升高,随后沿地势由高到低向南径流,并通过潜流、蒸发等形式排泄,最终汇流到海湾。

评价区每年地下水的最低水位一般出现在 1—4 月,最高水位一般出现在 7—9 月,与当地降水量的变化基本一致。区内地下水位的年变化幅度一般为 1～5 m,并呈现出自山区至平原区地下水位年变化幅度逐渐减小的趋势,丘陵山区的浅井水位变化幅度一般大于 3.0 m,冲积平原山前带浅井水位变化幅度一般为 2.0～4.0 m,而近海岸带水位变化幅度一般在 1.0 m 左右。

③主要影响分析。

地下水评价范围内村民均已搬迁,目前已不再开采利用地下水。规划区域内各企业不从地下水体进行取水或向地下水体排水,规划区域排水体系为雨污分流,工程排水通过管道输送至深海排放,不经过地表水体,在正常营运过程中不会对地下水产生不利影响。

非正常工况或是风险事故工况下,污染物可能在某个时间段内会对地下水甚至对海洋造成一定程度的污染，具体污染程度及范围与各企业污染物泄漏量、防渗措施及当时工况情况有关。

规划区内各企业应按技术规范要求做好各自厂区内可能泄漏点的防腐、防渗处理措施，同时应加强风险事故防范，避免其物料或污水泄漏影响地下水。如若发生污染事故，应立即启动应急预案，即刻采取有效的应急措施，以保护地下水环境，避免发生地下水污染后长期难以修复的困境。

5.6 资源与环境承载力分析

5.6.1 大气环境承载力分析

（1）大气环境容量计算

采用《制定地方大气污染物排放标准的技术方法》（GB/T 13201—91）中推荐的 A 值法计算大气污染物的环境容量。根据石化园区所在地区的地理特征，A 取值 $3.6×10^4$ t/（a·km^2），计算中主要考虑高架源。污染物的年均背景浓度可通过地区环境质量公报获得。经计算，区域 SO_2、NO_2 和 PM_{10} 的环境容量分别为 3.266 0 万 t、1.232 4 万 t 和 1.478 9 万 t。

（2）大气环境承载力

评价范围内 SO_2、NO_2 和 PM_{10} 的大气污染物环境承载力分析见表 5-23，由于计算基准年的原因，表中新增排放量纳入中海油二期项目。规划实施后，近期 SO_2、NO_2、PM_{10} 新增排放量分别占大气环境容量的 8.22%、44.61%、6.77%，对区域大气环境压力相对较小。至规划中远期，随着规划项目的全部实施，SO_2、NO_2、PM_{10} 新增排放量分别占大气环境容量的 15.96%、94.67%、13.07%，虽然满足环境容量的要求，但 NO_2 排放量的增加导致区域 NO_2 环境容量急剧减小。

结合中远期大气环境影响预测结果，虽然关心点 NO_2 预测结果不超标，但石化园区北部铁炉嶂和西南笔架山出现 NO_2 超标区，该超标现象虽与地形有关，但也提示应尽量控制区域 NO_2 的排放量。因此应切实做好区域 NO_2 排放的等量替代工作，确保区域 NO_2 排放总量不增加。

表 5-23　大气污染物环境承载力分析

规划阶段	污染物	规划实施后新增排放量/（t/a）	环境容量/（t/a）	新增排放量占环境容量比例/%	余量/（t/a）
近期	SO_2	2 686	32 660	8.22	29 974
	NO_2	5 498	12 324	44.61	6 826
	PM_{10}	1 001	14 789	6.77	13 788
中远期	SO_2	5 212	32 660	15.96	27 448
	NO_2	10 435	12 324	84.67	1 889
	PM_{10}	1 934	14 789	13.07	12 855

（3）大气污染物总量控制方案

根据大气环境容量、污染源预测以及大气环境影响预测结果，石化园区新增大气污染物排放总量控制目标见表 5-24。由于中海油二期项目已取得总量指标并已投产，表 5-24 中总量控制目标不含该项目。

表 5-24　石化园区新增大气污染物排放总量控制目标　　　　　单位：t/a

规划阶段	SO_2	NO_x	PM_{10}	VOCs
近期（新增量）	584	3 343	289	2 700
中远期（新增量）	3 111	8 280	1 222	6 424

5.6.2　海洋环境承载力分析

石化园区产生的污水经处理达标后全部通过排海管线深海排放，根据已批复的排海管线环境影响报告书，当排海管线按照设计能力 3 800 m^3/h 达标排放污水时，对周边海域的环境影响可接受，该污水排放量未超出海域环境承载力。排海管线环评文件中建议总量控制指标为 COD 1 959.55 t/a，石油类 155.52 t/a，NH_3-N 326.59 t/a，挥发酚 9.331 t/a。

根据本次评价预测，规划实施后石化园区污水最大排放量为 3 760 m^3/h，对应各类污染物的达标排放量为 COD 1 641.10 t/a，石油类 153.90 t/a，NH_3-N 191.70 t/a，挥发酚 7.700 t/a，均小于排海管线环评文件的总量建议指标。由于排海管线环评文件已由主管部门批复，因此本次评价建议石化园区水污染物总量控制指标仍采用批复值，即 COD 1 959.55 t/a，石油类 155.52 t/a，NH$_3$-N 326.59 t/a，挥发酚 9.331 t/a。水污染物总量控制建议值见表 5-25。

表 5-25　水污染物总量控制建议值

来源	污水量/（万 t/a）	COD/（t/a）	NH$_3$-N/（t/a）	石油类/（t/a）	挥发酚/（t/a）
排海管线项目环评	3 328.8	1 959.55	326.59	155.52	9.331
本次评价	3 293.8	1 641.10	191.70	153.90	7.700
建议指标值	3 328.8	1 959.55	326.59	155.52	9.331

5.6.3　土地资源承载力分析

石化园区西北部和东北部均为山地，东西两侧为居民集中居住区，可作为开发建设用地的土地资源有限。根据石化园区上一轮规划文件，石化园区原规划面积为 27.8 km^2，其中填海面积为 6.56 km^2，填海范围西起南边灶，东至螺子角一带，平均长 6.56 km，南起–2 m 的海岸线直至海边宽约 1 km，2001 年石化园区填海造地面积获得省海洋与渔业局批准。截至 2017 年年底，石化园区已利用土地总面积达 1 630.7 hm^2，剩余可利用土地空间总面积为 747.7 hm^2，土地资源尚能满足当前规模发展需求。

该石化园区拟通过填海进一步扩大园区可用地范围，规划炼化发展区全部通过填海造陆形成，本次规划拟新增填海面积约 284.5 hm^2，该区域目前仍属于水产资源省级自然保护区的实验区。根据《中华人民共和国自然保护区条例》等相关法律法规要求，在自然保护区的实验区，禁止从事除必要的科学实验、教学实习、参考观察和符合自然保护区规划的旅游，以及驯化、繁殖珍稀濒危野生动植物等活动外的其他生产建设活动。目前地方政府正在调整该水产资源省级自然保护区的范围，根据现阶段调整方案，保护区调整后石化园区拟填海区域将调出自然保护区范围。保护区调整工作完成前，石化园区的规划填海工程应暂缓实施。

规划到远期 2028 年，石化园区建成区面积将达到 31 km^2，除填海造陆面积外，其余用地现状主要为建设用地、裸地、园地等类型，从环境影响的角度不存在明显的环境制约因素，土地资源可承载石化园区的现有项目区、烯烃项目区和新型材料产业区的发展需要。

总体而言，石化园区现状土地资源尚能满足当前规模发展需求，但受周边地形以及生态敏感区域限制，石化园区未来的进一步发展或扩大将受到一定制约，园区有必要对土地资源进行集约控制和利用。

5.6.4　水资源承载力分析

（1）石化园区水资源利用情况回顾

统计部门提供的 2008—2017 年石化园区单位 GDP 水耗变化如图 5-10 所示。2017 年石化园区单位 GDP 水耗量为 11.3 t/万元。虽然 2011—2015 年水耗数据出现小幅波动，但自 2008 年以来，石化园区水耗水平总体呈下降趋势，降幅达 46.9%。

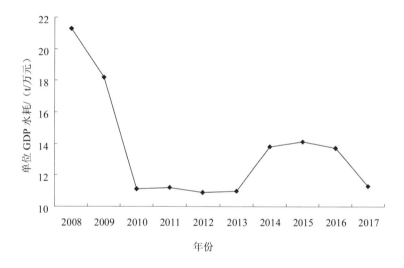

图 5-10　2008—2017 年石化园区单位 GDP 水耗变化

（2）地区供水能力

石化园区所在地区的水源地分为外部引水水源和本地水库水源，根据地区城市饮用水水源地安全保障规划报告，本地区引水工程的引水规模为 41.5 万 m³/d，本地水源可供水量为 9 万 m³/d，地区现状合计供水能力为 50.5 万 m³/d。从供水能力的角度看，外部引水水源占 82.2%，本地水库水源占 17.8%，即地区供水主要来源于引水工程。

地区引水工程是跨流域的引水工程，从东江、西枝江提取原水，经专用输水管道和加压泵站将水输送至风田水库，再转送至受水区，满足区内工业（包括本石化园区）和城镇居民生活的用水需求。

目前，该地区共有库容 100 万 m^3 以上的水库 6 宗，其中中型水库 1 宗，小（1）型水库 5 宗（包括畲禾坑水库、格木洞水库、石头河水库、龙尾山水库、鱿鱼湾水库）。中型水库即风田水库，是该地区目前唯一的中型水库，工程功能为防洪、供水。

该地区自来水厂水源均取自水库。石化园区取水口位于风田水库主坝，原水经风石段供水工程输送至石化园区交水点中海进水站后，分配至溢源净水有限公司及其他原水用水户，其中另有畲禾坑水库和格木洞水库补水接至风石段管线。

（3）地区现状用水量

根据水资源开发利用统计资料，2018 年本地区总用水量约 23.6 万 m^3/d，其中石化园区约 14.2 万 m^3/d，石化园区以外地区约 9.4 万 m^3/d。

（4）用水需求

①石化园区以外地区。按照地区水中长期供求规划的预测，至远期 2030 年石化园区以外地区需水量将约达 14.8 万 m^3/d。

②石化园区。石化园区现有项目（含中海油二期）现状用水量为 14.2 万 m^3/d。根据本次规划研究分析，石化园区规划炼化、烯烃项目以及新型材料产业区和规划中下游项目建成后，整个石化园区新鲜水总需求量为 35.4 万 m^3/d。

（5）水资源承载力分析

本地区水资源承载能力分析见表 5-26。至规划远期拟建石化项目均投产后，整个地区（含石化园区）需水量约为 50.2 万 m^3/d，区域供水能力为 50.5 万 m^3/d，基本可满足需求，但也表现出水资源供求紧张的态势。因此有必要在石化园区和整个地区提倡节水，提高水资源利用效率。

表 5-26　水资源承载能力分析

供水能力/（万 m^3/d）		用水需求/（万 m^3/d）		承载力分析
外部引水	41.5	非石化园区	14.8	至规划远期拟建石化项目均投产后，整个地区
本地水库	9.0	石化园区	35.4	（含石化园区）需水量约为 50.2 万 m^3/d，区域
合计	50.5	合计	50.2	供水能力 50.5 万 m^3/d，基本可满足需求

5.7　规划方案合理性分析

5.7.1　填海工程合理合法性分析

（1）与《中华人民共和国自然保护区条例》的相符性

根据《中华人民共和国自然保护区条例》，在自然保护区的核心区，禁止从事任何生产建设活动；在自然保护区的缓冲区，禁止从事除经批准的教学研究活动外的旅游和生产经营活动；在自然保护区的实验区，禁止从事除必要的科学实验、教学实习、参观考察和符合自然保护区规划的旅游，以及驯化、繁殖珍稀濒危野生动植物等活动外的其他生产建设活动。石化园区规划填海范围目前仍属于水产资源省级自然保护区的实验区，地方政府正在调整水产资源省级自然保护区的范围，根据现阶段调整方案，保护区调整后的石化园区拟将填海区域调出自然保护区范围。保护区调整工作完成前，石化园区规划的填海工程应暂缓实施。

（2）与《关于加强滨海湿地保护严格管控围填海的通知》要求的相符性

根据国务院《关于加强滨海湿地保护严格管控围填海的通知》（国发〔2018〕24 号）要求：要严控新增围填海造地，完善围填海总量管控，取消围填海地方年度计划指标，除国家重大战略项目外，全面停止新增围填海项目审批。新增围填海项目要同步强化生态保护修复，边施工边修复，最大限度地避免降低生态系统服务功能。严格审批程序，原则上，不再受理有关省级人民政府提出的涉及辽东湾、渤海湾、莱州湾、胶州湾等生态脆弱敏感、自净能力弱海域的围填海项目。

该石化园区围填海工程主要用于中海油三期等项目的建设，属于国家重大战略项目。填海区域不在禁止受理的海域范围之列。因此石化园区填海工程与《关于加强滨海湿地保护严格管控围填海的通知》要求相符，填海工程应按照规定程序报批，同时应加强海洋生态保护与修复。

（3）与《广东省海洋功能区划（2011—2020 年）》的相符性

根据《广东省海洋功能区划（2011—2020 年）》，石化园区拟填海区域属于港口航运区，其管理要求为"按照深水深用、布局合理、结构优化、层次分明的原则，深化港口岸线资源整合，提升港口现代化水平"。该区域填海造陆后，基本不会对东侧港口和码头正常运行造成影响，因此填海工程与《广东省海洋功能区划（2011—2020 年）》的要求是相符的。

5.7.2 规划协调性分析

（1）与产业发展规划的相符性

①《石化产业规划布局方案》。

《石化产业规划布局方案》提出要打造世界一流石化产业基地，要在沿海地区综合考虑环境容量、安全生产、产业基础和区域布局调整等因素，对具有竞争优势和发展潜力的现有产业基地升级改造，在地域空间相对独立、安全防护纵深广阔的孤岛、半岛、废弃盐田规划布局大型产业基地；结合京津冀、长三角、珠三角区域布局优化，有序推进城市主城区石化企业搬迁调整，推动产业聚集发展，形成若干原油加工能力 4 000 万 t 以上世界一流的石化产业基地。确定了上海漕泾产业基地、浙江宁波产业基地、广东惠州产业基地、大连长兴岛产业基地、河北曹妃甸产业基地、福建古雷产业基地、江苏连云港产业基地这七大石化产业基地。

《石化产业规划布局方案》将本规划石化园区列入国家提出的七大石化基地，本石化园区的建设已经上升到国家战略的高度，石化园区规划发展综合考虑了环境容量、区域布局等因素，本次规划与《石化产业规划布局方案》是相符的。

②《石化和化学工业发展规划（2016—2020 年）》。

《石化和化学工业发展规划（2016—2020 年）》指出，"十三五"时期是我国石化和化学工业转型升级、迈入制造强国的关键时期，也是进入新的增长动力孕育和传统增长动力减弱并存的转型阶段。"十三五"期间石化行业需要以坚持创新驱动、安全发展、绿色发展、融合发展、开放合为原则，突破一批具有自主知识产权的关键核心技术，打造一批具有较强国际影响力的知名品牌，建设一批具有国际竞争力的大型企业、高水平化工园区及以石化和化学工业为主导产业的新型工业化产业示范园区，不断提高石化和化学工业的国际竞争力，推动我国从石化和化学工业大国向强国迈进。"十三五"期间，石化行业将综合考虑资源供给、环境容量、安全保障、产业基础等因素，有序推进七大石化产业基地及重大项目建设，增强烯烃、芳烃等基础产品保障能力，提高炼化一体化水平。

为适应国内外形势的新变化，本石化园区的建设，是以"十三五"石化行业规划为指导，以打造国家级石化产业示范基地为目的，坚持走基地化、一体化、集约化发展模式，提高炼化一体化水平，增强烯烃、芳烃等基础产品保障能力。园区注重石化产品结构调整，发展化工新材料及中间体、新型专用化学品等高端石化和化工产品。同时加强科技创新能力，推进节能、降耗、治污、减排，发展循环经济，符合《石化和化学工业发展规划（2016—2020 年）》的要求。

③《关于石化产业调结构促转型增效益的指导意见》。

《关于石化产业调结构促转型增效益的指导意见》（国办发〔2016〕57 号）提出统筹优化产业布局。综合考虑资源供给、环境容量、安全保障、产业基础等因素，完善石化产业布局，有序推进沿海七大石化产业基地建设，炼油、乙烯、芳烃新建项目有序进入石化产业基地。加强化工园区规划建设，开展智慧化工园区试点，依法做好综合评估和信息公开。意见还要求改造提升传统产业。利用清洁生产、智能控制等先进技术改造提升现有生产装置，提高产品质量，降低消耗，减少排放，提高综合竞争能力。鼓励建设加氢裂化、连续重整、异构化和烷基化等清洁油品装置，及时升级油品质量。加快炼油和乙烯装置技术改造，适时调整柴汽比，优化原料结构。推进石化产业基地及重大项目建设，增强烯烃、芳烃等基础产品保障能力，提高炼化一体化水平。

本规划的主要思路是在园区现有产业基础上，以集炼油、芳烃、化工一体化的形式及原油制烯烃的形式，实现原料和能源的综合利用，调整石化产业结构，实现产业升级和聚集发展，延长产品链，提高循环经济利用率。在生产少量成品油的同时，重点发展芳烃、化工产业链，并发展绿色的、创新型的化工新材料和精细化工类的高端石化产品，符合国家有关指导意见的要求。

（2）与环保相关要求的相符性

①《广东省大气污染防治条例》。

《广东省大气污染防治条例》规定："重点大气污染物排放实行总量控制制度。重点大气污染物包括国家确定的二氧化硫、氮氧化物等污染物和本省确定的挥发性有机物等污染物。""珠江三角洲区域禁止新建、扩建国家规划外的钢铁、原油加工、乙烯生产、造纸、水泥、平板玻璃、除特种陶瓷以外的陶瓷、有色金属冶炼等大气重污染项目。""新建、改建、扩建排放挥发性有机物的建设项目，应当使用污染防治先进可行技术。""石油、化工、有机医药及其他生产和使用有机溶剂的企业，应当根据国家和省的标准、技术规范建立泄漏检测与修复制度，对管道、设备进行日常维护、维修，减少物料泄漏，对泄漏的物料应当及时收集处理。石油、化工等排放挥发性有机物的企业事业单位和其他生产经营者在维修、检修时，应当按照技术规范，对生产装置系统的停运、倒空、清洗等环节进行挥发性有机物排放控制。"

本次评价明确，规划项目需按照国家和广东省的政策要求，实施前需取得生态环境主管部门的大气污染物排放总量指标，VOCs 按照倍量替代的要求。本石化园区属于国家七大石化基地之一，中海油三期等规划项目属于国家重大项目。本次评价要求石化企业应用泄漏检测与修复技术，并根据不同的具体情况采取与项目相适应的 VOCs 处理技术。落实评价有关要求后，本次规划的实施符合《广东省大气污染防治条例》的相关要求。

②《"十三五"挥发性有机物污染防治工作方案》。

《"十三五"挥发性有机物污染防治工作方案》指出，"十三五"期间要提高VOCs 排放重点行业环保准入门槛，严格控制新增污染物排放量。重点地区要严格限制石化、化工、包装印刷、工业涂装等高 VOCs 排放建设项目。新建涉 VOCs 排放的工业企业要入园区。未纳入《石化产业规划布局方案》的新建炼化项目一律不得建设。严格涉 VOCs 建设项目的环境影响评价，实行区域内 VOCs 排放等量或倍量削减替代，并将替代方案落实到企业排污许可证中，纳入环境执法管理。此外加强对活性强的 VOCs 的排放控制，主要为芳香烃、烯烃、炔烃、醛类等。同时，要强化苯乙烯、甲硫醇、甲硫醚等恶臭类 VOCs 的排放控制。

本次规划的石化项目均进入园区，并要求规划项目实行区域内 VOCs 排放等量或倍量削减替代。评价也要求对 VOCs 进行严格管控和治理，对芳香烃、烯烃、炔烃、醛类、酮类等 VOCs 关键活性组分进行重点减排。落实评价有关要求后，本次规划的实施条件符合《"十三五"挥发性有机物污染防治工作方案》的相关要求。

5.7.3　规划合理性分析

（1）规划规模合理性分析

①空间用地规模合理性。

规划到近期 2023 年，石化园区建成区面积达到 21.58 km^2；到 2028 年，石化园区建成区面积达到 31 km^2。石化园区各规划水平年单位面积排污量、利税预测结果见表 5-27。

表 5-27　石化园区各规划水平年单位面积排污量及利税预测结果

年份	2017	2023	2028
COD/（t/hm^2）	0.154	0.444	0.529
NH$_3$-N/（t/hm^2）	0.003	0.053	0.074
SO$_2$/（t/hm^2）	0.793	1.811	2.159
NO$_x$/（t/hm^2）	2.472	3.342	3.554
利税/（亿元/hm^2）	0.123	0.177	0.190

与现状年相比，各规划水平年由于大型炼化项目和烯烃项目的建设，单位土地面积的排污量和利税均有较明显的上升。规划近期由于纳入了石化产业中下游项目以及乙烯一期项目，因此石化园区排污水平和利税水平均较现状年有大幅提升；规划中远期由于中海油三期项目和乙烯二期项目集中建成，虽园区面积进一步扩大，但污染物排放水平和利税水平在各规划水平年中是最高的。到 2028 年，石化园区单位面积排污量为 COD 0.529 t/hm^2、NH$_3$-N0.074 t/hm^2、SO$_2$ 2.159 t/hm^2、NO$_x$ 3.554 t/hm^2，单位面积利税为 0.190 亿元/hm^2。

根据土地资源承载能力的分析，石化园区未来发展将使土地资源呈现出一定程度的紧张局面，因此集约、合理利用土地空间非常重要。根据预测，石化园区 2028 年单位面积利税为 0.190 亿元/hm^2，超出现状年和近期水平。石化园区引进中下游企业应加强对经济指标和环境指标的考核，在有限的用地空间内合理发展石化园区。

②产业发展规模合理性。

1）海洋排污口设置的合理性。

规划实施后石化园区达标外排的污水总量为 3 760 m^3/h，略小于排海管道的设计能力 3 800 m^3/h，从排污水量的角度看，石化园区污水排放量未超出排污管道的设计能力。

根据海洋功能区划，石化园区排海管线出口位于特殊利用区，该功能区面积为 193 hm^2，海水水质执行三类标准。排污口所在位置不属于自然保护区和海洋生态红线区范围。根据排海管线环境影响报告书分析结果，运营期排污口排污造成的海水超一类区面积小于三类区范围，因此排污口选址是合理的。

在石化园区上一轮规划环评审查意见中提出，"鉴于湾内排污方案对水产资源自然保护区产生的长期性、累积性影响不可忽视，为进一步降低陆源污染物对水产资源自然保护区的影响，建议远期考虑将所有污水都引至湾外排放"。因此石化园区排海管线的建成运行是落实生态环境部门环境管理要求的具体体现，与相关文件的要求是一致的。

2）发展规模与资源承载力的匹配性。

从土地资源承载力的角度看，石化园区现状土地资源尚能满足当前规模发展需求，但受周边地形以及生态敏感区域限制，石化园区未来的进一步发展或扩大将受到一定制约，园区的发展有必要对土地资源进行集约控制和利用。石化园区拟填海范围目前仍属于水产资源省级自然保护区的实验区，应待保护区调整工作完成后再实施填海工程。

从能源承载力的角度看，石化园区发展所需的煤炭、天然气和燃料油均由外部输入，燃料气由石油裂解后提供。园区内炼化项目和烯烃项目均自备热源，能源需求可满足需要。园区主要二次能源为蒸汽，石化园区内中下游企业供热主要依靠国华燃煤电厂和 LNG 电厂提供，两家企业规划蒸汽供应能力可达 2 662 t/h，基本能够满足石化园区内现有和规划的中下游企业生产用热需求。

从水资源承载力的角度看，至规划远期整个石化园区新鲜水总需求量为 35.4 万 m^3/d，占地区供水能力的 70%。根据相关资料分析预测，远期整个地区（含石化园区）需水量为 50.2 万 m^3/d，区域现状供水能力 50.5 万 m^3/d 基本可满足需求，但也表现出水资源供求紧张的态势。因此有必要在石化园区和整个地区提倡节水，提高水资源利用效率。

3）发展规模环境影响的合理性。

根据环境容量和环境影响的分析结果，至规划远期石化园区外排的废水量未超出排海管线允许排放量，园区外排的废水对纳污海域的环境影响水平可接受。远期规划的炼化项目、烯烃项目以及中下游石化项目建成后，主要大气污染物的排放量未超出环境容量水平，规划项目对区域大气环境的影响可接受。因此本次规划确定的石化园区发展规模具有环境合理性。

（2）总体布局及产业结构合理性分析

①总体布局合理性分析。

根据地区发展规划以及地区发展的实际情况，该地区形成了石化园区、西部综合工业区、中心区三区的发展格局，3 个片区的功能定位不同。中心区以行政文化、商业服务和居住为主，为石化园区及西部综合工业区提供完善的商务、行政和居住服务；石化园区全部用地均为三类石化产业发展用地，地理位置优越、区域内外配套设施齐全，并有优良港口支撑发展，交通方便，与外部各功能区之间基本兼容。西部综合工业区以响水工业区为依托，以一类工业用地为主，在东面与中心区相连，相关配套设施可以共享，具有良好的区位优势和交通优势。东部的霞涌区定位为预留发展区。综上所述，从整个地区规划布局层面来讲，各个功能分区定位明确，布局清晰，各功能组团相互配合，相容性较好，功能区不会互相干扰，可减少不良环境影响，组团式的发展模式也有利于环境保护目标的实现。中心区由于临近石化园区，其发展功能定位应突出石化园区及西部综合工业区配套服务，不应过分强调城市综合功能。

从石化园区内部功能布局来讲，石化园区规划建设的核心是在发展经济的同时，保护区内生态环境，协调石化园区与地区之间、石化园区内部各功能区之间、各区内部产业之间的可持续发展。在石化园区外围，顺山地地形围合设置防护林带，形成由海湾、生态园区、防护林带向自然山林过渡的空间格局。在园区内部，结合防洪排涝系统，规划生态廊道，保持山海相连、水系相通、绿地相融的生态化空间形态；结合水系规划、功能与景观需要，通过部分主要道路的绿化带，构成由园区道路形成的绿色网络格局。

石化园区的用地布局特点是：炼化一体的建设模式、生态化空间格局具有发展适应性。体现在上下游产业合理分期建设；体现在山林、绿带、水系等生态元素的自然组合和规划区的环保、安全保障；体现在满足园区发展所需的用地、交通、运输、市政、管理等各项服务方面以及分期建设方面具有很好的适应性。石化园区北侧的生态防护绿地除了提供生态保护屏障外，也是市政廊道的控制区。因此石化园区总体布局具有合理性。

②产业结构合理性分析。

石化园区产业结构发展方向为以大炼油项目、大乙烯项目为龙头，重点对 C_2 下游产业链，C_3 下游产业链，C_4、C_5 下游及炼化副产物综合利用产业进行产品链的延伸，发展系列化产品，形成互相配套的产业链、产业群，降低生产成本，提高资源利用率。

石化园区的发展目标是建成资源节约、环境友好的世界一流石化园区，形成以炼油项目、乙烯项目为龙头，中下游产业链完善的化工区。乙烯是最为重要的基础石化原料之一，以乙烯为原料可向下游衍生出种类繁多的有机原料、合成材料、精细化学品等石化产品。C_2 下游产业链发展定位为利用目前可得的石化上游原料，尽快完善乙烯下游系列产品、丙烯下游系列产品、C_4 下游系列产品、芳烃下游系列产品这四条产业链，使石化园区基本形成上下游一体化、资源合理配置、多种系列产品并重的石化下游深加工产业集群，为高端精细化工和化工新材料产业集群提供原料和中间体。石化园区石化产业现有及筹建项目中 C_3 产品链相对丰富，包括中海壳牌项目的聚丙烯和环氧丙烷，中海炼化一期、二期项目 C_3 下游产品链则规划有聚丙烯、苯酚丙酮、丁辛醇、丙烯酸及酯、丙烯腈等项目。原有 C_3 产业链延伸向高端化、专用化发展，延伸产业链重点选择化工新材料、专用化学品等高附加价值的品种，提升园区产业结构水平，这些化工新材料和专用化学品与珠三角地区发达的汽车、电子、医药及涂料、卫生用品、塑料制品等产业结合密切，能为下游客户提供高品质原料，带动地方相关经济发展。

C_4 综合利用的思路是充分挖掘 C_4 资源中各种可作为基础有机原料组分的利用价值，进行下游延伸加工，提高产品附加价值。通过低品位 C_4 的资源化利用，一方面，可以增加园区乙丙烯等基础原料的供应，保障下游各产业稳定发展；另一方面，使得 C_4 资源的附加价值得到最大限度的优化利用，也能减轻炼化企业的液化气外输和销售压力。

石化园区精细化工依托石化下游深加工产品及生物质、海洋资源等为原料和中间体，发展高端精细化工和化工新材料产业，逐步提高石化产业的精细化工率。

石化园区的规划产业结构满足国家对石化产业集群的定位要求，产业链条相对完整，产业结构具有合理性。

（3）石化园区废物代谢链合理性分析

①废气回收利用与污染治理。

石化企业产生的废气量大，污染物类型复杂，对周围环境的影响较大，必须加强对石化企业废气的回收利用及污染治理，对生产装置排放的废气，积极采用回收、吸收、吸附、冷凝、焚烧等多种处理方法，降低对周围环境的影响。

1）废气回收利用。

对废气中有回收价值的部分进行回收利用，比如可利用来自上游中海壳牌石油化工有限公司 EOEG 装置的放空尾气制造食品级液态二氧化碳（CO_2），工艺流程为：回收放空尾气—冷却、水分离—压缩机二级压缩（压力达到 1.0 MPa）—经除油、过滤、液化、提纯、深冷工序处理后成为成品—送入低温球罐存储。此回收项目每年生产食品级液态 CO_2 10 万 t。食品级液态 CO_2 作为广东省饮料企业的食品添加剂，既产生了巨大的经济效益，也减少了石化园区大量 CO_2 的排放。而新建炼油项目、乙烯项目煤气化装置的原料煤生产工艺过程会产生 CO_2，这部分的 CO_2 纯度很高，排放量大，应考虑加以综合利用。

园区新建的炼油废气综合利用项目对中海炼油项目产生的炼油废气进行回收利用，生产硫酸 33.6 万 t/a、高压过热蒸汽 80 万 t/a。

中海油炼油二期工程也配套建设脱硫联合（Ⅱ）装置，对催化裂化装置的干气和火炬气柜气等工艺含硫气体进行脱硫，脱硫后进入燃料气管网，脱除的硫化氢（H_2S）与含硫污水汽提脱除的 H_2S 一并送至硫黄回收装置制成硫黄。硫黄回收装置采用部分燃烧法两级制硫工艺及尾气处理工艺，回收率≥99.9%。催化干气的回收率为 98.1%，气柜气的回收率为 96.9%，能大大降低 SO_2 的排放量。

2）废气的处理措施。

石化园区坚持集中供热原则，各企业不再单独建设供热锅炉。对于企业生产工艺过程中产生的有机废气，采用回收、吸收、吸附、冷凝等方法尽量进行回收，或者采用焚烧方法回收热能；对于锅炉烟气，采用先进的除尘、脱硫、脱硝技术，使排放烟气达标排放，减少对大气环境的污染。石化园区严格控制有毒有害气体的排放，并对有毒有害气体排放实行自动在线监测。总体而言，石化园区的废气回收和处理措施较为有效，具有合理性。

②废水处理与中水回用。

石化产业生产过程中需要消耗大量的新鲜水。在生产过程中考虑优化水循环利用过程，根据不同工艺部位需水水质不同提高水的循环利用率。石化园区的废水处理及中水回用系统可分为三部分。

　　1）炼油项目废水处理及中水回用。

　　总规模 2 200 万 t/a 的中海油炼油项目（一期、二期）已建成，配套建成了项目的污水处理设施，对项目产生的废水进行了处理及回收利用：所有蒸汽产生的凝结水全部被收集起来回用到化学水站；装置产生的含硫废水作为硫黄回收及尾气处理装置的原料，含硫污水全部进入酸性水汽提装置进行汽提处理，处理后的水达到装置回用水要求后作为净化水回用；含油废水和生活污水进入污水处理厂经含油污水处理系列处理达到回用水要求后回用，达不到要求的返回处理流程重新处理；热工系统废水符合循环水场的用水要求，直接回用到循环水场，减少了新鲜水的用量；冷凝水经过处理后品质达到脱盐水标准，可作为脱盐水的补充水使用，以减少除盐水的用量。目前，中海油炼油一期项目已建设一套含有膜处理和结晶蒸发的含盐废水处理装置，出水补给混床水。中海油炼油二期项目建设了一座总处理规模为 1 400 m^3/h 的污水处理厂，由处理规模分别为 600 m^3/h 的含盐污水处理系列和 800 m^3/h 的含油污水处理系列两部分组成，并配套一个处理规模为 500 m^3/h 的深度处理系统。含油污水处理系列可处理污染物浓度较低、含盐量较低的污水，出水回用至循环水场；深度处理系统可以将两系列处理后的废水经超滤及反渗透系统处理后回用。

　　2）乙烯项目废水处理及中水回用。

　　已建的中海壳牌乙烯项目和规划的乙烯项目通过自建污水处理设施对厂区的废水进行收集处理。项目废水处理达标后可回用的途径包括蒸汽产生的凝结水全部收集起来回用于化学水站；提高厂区的工业用水的重复利用率，冷却塔排水可以用于冲厕、绿化和马路清洗、设备清洗等；厂区污水处理厂的尾水进行深度处理后作为循环冷却水补充水、冲厕、绿化和马路清洗、设备清洗等回用。

　　3）其他项目废水处理及中水回用。

　　石化园区除了炼油及乙烯项目外，其余企业的废水经过预处理后进入石化园区公共污水处理厂进行处理，处理达标后全部通过排海管道排放，由于目前进入石化园区公共污水处理厂的废水量不大，污水处理厂未配套建设中水回用系统。

　　③固体废物回收利用与安全处置。

　　石化园区石化产业产生的固体废物种类较多，主要包括废催化剂、灰渣、过滤废渣、污泥等。

1）固体废物的回收利用。

石化企业产生的废催化剂种类较多，从主要成分分析，对于含有贵重金属的废催化剂，由催化剂生产厂家回收再利用；对于可以综合利用的废催化剂，由可以进行综合利用的厂家进行综合利用，减少废物的填埋量；供热装置、煤气化制氢联合装置及催化烟气脱硫产生大量的灰渣，可用作建筑原料，供厂家进行综合利用；催化烟气脱硫后产生的废渣其主要成分为硫酸钙，可考虑制备建筑石膏，或代替天然石膏用作水泥缓凝剂，还可以用于制备α型半水石膏。

2）建设危险废物资源化利用项目。

石化园区危险废物处置完全依托园区外部企业处理，一方面加大了危险废物外运的环境风险，另一方面受外部企业处理能力制约，容易造成危险废物积压。石化园区的健康发展应当考虑本地危险废物综合利用设施建设，促进危险废物减量化、资源化，减小环境风险。

5.8　规划环境影响减缓对策与措施

5.8.1　环境准入要求

（1）空间布局管控要求

石化园区空间布局管控要求见表 5-28。

表 5-28　石化园区空间布局管控要求

序号	空间范围	管控要求
1	水产资源省级自然保护区、海龟国家级自然保护区	1. 在自然保护区的核心区禁止从事任何生产建设活动。 2. 在自然保护区的缓冲区，禁止从事除经批准的教学研究活动外的旅游和生产经营活动。 3. 在自然保护区的实验区，禁止从事除必要的科学实验、教学实习、参观考察和符合自然保护区规划的旅游，以及驯化、繁殖珍稀濒危野生动植物等活动外的其他生产建设活动
2	岩前河、柏岗河、澳背河、南边灶河、南坑河水域范围	1. 禁止侵占河道水域范围，保证河道行洪通畅。 2. 禁止新设入河排污口，保证河流水质稳定达标

（2）产业准入管控要求

石化园区引入的产业应符合相关产业政策、环境保护政策和行业生产工艺准入等要求，根据《国家发展改革委关于做好〈石化产业规划布局方案〉贯彻落实工作的通知》（发改产业〔2015〕1047号）、产业结构调整指导目录、广东省主体功能区产业发展指导目录、广东省工业产业结构调整实施方案等环境保护相关政策要求，并结合园区产业现状和产业发展规划，提出石化园区基于行业的环境管控要求，具体见表5-29。

表5-29　石化园区产业准入管控要求

分项		管控要求
总体要求		禁止建设产业结构调整指导目录、广东省主体功能区产业发展指导目录、广东省工业产业结构调整实施方案等相关产业政策要求的限制类、淘汰类项目
分行业具体要求	新建炼油项目	1. 禁止建设单系列常减压装置原油年加工能力不足1 500万t的项目； 2. 禁止建设油品质量达不到国五标准，炼油装置单位能量因数高于7的项目； 3. 禁止建设COD、NH_3-N、SO_2、$PM_{2.5}$等污染物超标排放的项目
	新建乙烯项目	1. 禁止建设乙烯装置年生产能力达不到100万t项目； 2. 禁止建设吨乙烯燃动能耗高于610 kg标准油的项目； 3. 禁止建设COD、NH_3-N、SO_2、$PM_{2.5}$等污染物超标排放的项目
	新建对二甲苯项目	1. 禁止建设对二甲苯装置年生产能力达不到60万t的项目； 2. 禁止建设芳烃联合装置的吨对二甲苯燃动能耗高于500 kg标准油的的项目； 3. 限制配套原料油处理装置燃动能耗达不到行业先进水平的项目建设； 4. 禁止建设COD、NH_3-N、SO_2、$PM_{2.5}$等污染物超标排放的项目
	新建煤经甲醇制烯烃升级示范项目	1. 禁止建设单系列甲醇制烯烃装置年生产能力不足50万t、整体能效低于44%的项目； 2. 严格限制吨烯烃耗标准煤高于4 t、吨标准煤转化耗新鲜水高于3 t、废水排放量大的项目建设
	新建二苯基甲烷二异氰酸酯（MDI）项目	1. 禁止建设单系列装置年生产能力达不到40万t的项目； 2. 禁止建设COD、NH_3-N、SO_2、$PM_{2.5}$等污染物超标排放的项目
	其他项目	严格限制不属于石化园区产业链体系，原料或产品与石化园区其他企业无关，尤其是存在剧毒、难降解、具有较大运输环境风险的项目建设

5.8.2 生态环境保护措施

（1）陆域生态保护措施

①加强生态防护。

1）加强企业场地内部绿化，提高林草覆盖率。

在企业厂区的内部空地采取"见缝插绿"的方式，提高规划区域的绿地面积，为创造一个良好的生态环境奠定基础。对规划区内的道路两旁实行全面绿化。宜种植的种类以乡土树种为主，如白兰、马尾松、火力楠、樟树、黄牛木、木荷、枫香树、朴树、大叶相思、马占相思、海南红豆、榕树等。

2）加强企业之间的防护。

结合企业设置的环境防护距离，建立石化园区企业周边和沿路绿化林带。沿路绿化宜选择对有毒气体不敏感的防污染植物如乔木、灌木。

3）加强石化园区与外界生态防护带的建设与管护。

铁炉嶂作为石化园区北部的天然生态防护带，该地区应对其加以保护。另外还应加强石化园区东西两侧生态防护绿带的管护与建设。

②石化园区生态工业链的构建与完善。

1）做大做强炼油、乙烯的龙头产业规模，为中下游产品的发展提供充足的原料支撑；以临港优势为有效补充，实现原料来源多元化的产业群。

2）按照循环经济理论以"3R"原则指导产业链设计，规划项目采用先进技术，减少物料、能源和水资源消耗，同时积极采用清洁生产机制来组织生产。充分利用石化园区现有产业基础、技术优势和区位优势，大力发展炼油、乙烯中下游的附加值高、环境影响小的化学原料及化学制品制造业企业。

3）考虑周边地区精细化工发展的现状，应该避免趋同，使化工新材料和专用化学品产业走差异化、高端化发展路线。

4）基地整体产业构成产业链之间的横向耦合和纵向闭合，发展系列化产品，形成互相配套的产业链、产业群，降低生产成本，提高资源利用率。综合考虑产业实际情况，石化产业生态工业链应建成增补型和虚拟型相结合的模式。在单个企业清洁生产和企业内部循环再利用的基础上，贯彻生态工业和循环经济理念，引进补链企业，以实现副产品生态工业系统内部化，尽量减少系统对外部环境的负面影响。此外还应实行区域之间的耦合，尽量使石化园区外的企业与石化园区组成真正的生态工业系统。

③加强石化园区低碳经济发展。

只有发展低碳经济才能实现由以碳基能源为基础的不可持续发展向以低碳或无碳能源经济为基础的可持续发展转变，才能实现能源消耗结构由石化高碳型黑色结构向低碳化洁净能源绿色结构转变，真正实现园区的清洁发展、绿色发展和可持续发展。

通过减少碳源和增加碳汇，大力发展低碳经济和循环经济，夯实以低碳产业结构、低碳能源系统、低碳技术体系和低碳物流及服务为基础的低碳生产模式，构建以生态防护林、近岸海域生态系统、道路广场绿地、工业绿地、绿化防护带等为特征的生态绿地系统，最终全面创建低碳生态工业园区。

园区低碳经济发展模式是以低能耗、低污染、低排放和高效能、高效率、高效益（三高三低）为基础，以低碳发展为方向的绿色经济发展模式。

1）低碳经济的发展方式：节能减排。要实现经济的可持续发展和低碳发展，节能减排是重要的方式，在尽可能减少能源消耗的前提下，努力提高经济产出，减少温室气体等的排放。节能减排的另一层含义是努力开发新能源和可再生能源，应用新的技术和方法，提高能源利用效率。

2）低碳经济的发展方向：低碳发展。要实现低碳发展，就要在保证社会经济可持续发展的条件下，实现碳排放总量和单位排放量的减少。低碳发展的约束将制约经济发展方向的选择，必须改善能源结构，调整产业结构，增强技术创新能力，其中技术创新是关键。

3）低碳经济的发展方法：低碳技术。低碳技术包括在节能、可再生能源及新能源、CO_2 捕获与封存等领域开发的有效控制温室气体排放的新技术，联合国政府间气候变化专门委员会（IPCC）认为，低碳或无碳技术的研发规模和速度决定未来温室气体排放减少的规模。低碳技术主要涉及以下几个方面：改造原技术提高能源效率、开发新技术用于减排、植树造林（增加碳汇）、CO_2 捕获和封存等。

4）低碳经济系统的发展目标：可持续发展。可持续发展要求正确处理好人口、资源、环境之间的关系，使可持续发展能力不断增强、生态环境得到改善、资源利用效率显著提高、促进人与自然的协调，使经济建设与资源、环境相协调，实现良性循环。低碳经济系统的建设运行符合可持续发展的要求，以最终实现经济的可持续发展为目标。

（2）海域生态保护措施

①全面控制陆源污染。

地方生态环境部门须加大对排污企业的监管，加强对入海地表径流污染的综合防控和整治，有效切断入海污染源头。

加强石化园区涉重金属排放的企业车间和总排口污水中重金属的排查，以及海水养殖区的监测与管理，加强对港区船舶、码头污水收集、治理和排放的监管。开展对石化园区内企业清净下水的日常监管，全面加强配套管网建设。完善园区污水输送管网，优化石化园区污水处理工艺，确保园区污水稳定达到排放限值要求。编制海域养殖区域规划，提倡科学养殖和生态绿色养殖，控制饵料、用药量、养殖密度和面积，实行集约化管理。

②制定环海湾联席会商制度。

由于园区所在海域属于两个地级行政区及三个县级行政区管辖，环海湾陆域和海域人类干扰类型多样化，不便于统一管控。因此，建议制定环海湾各行政区环保、海洋与渔业、海事、旅游、住建规划、国土、农业、卫生、旅游、水产资源省级自然保护区管理处等部门的联席制度和环海湾的环境综合管理数据共享平台，每年定期集体商议海域及沿岸陆域的开发管控与污染源治理，实现信息共享。在联席会商制度的基础上，整合海域监测及管理资源，联合开展增殖放流、人工鱼礁、珊瑚移植与保护等海洋生态与渔业资源恢复工作和联合监测与执法监督，齐抓共管，对环海湾的养殖活动、马鞭洲岛企业运营、近岸生活污水和其他污水排放治理、船舶排污、码头航道疏浚及疏浚泥倾倒、旅游开发等各类活动合理规划，统一管控，加强监督，逐步淘汰该海域单壳船，协同治理淡澳河流域跨区域污染，实行海域环境目标责任制，建立陆海统筹、区域联动的海洋生态环境保护修复机制，降低对海湾环境质量及生态的影响。

③开展渔业与生态资源补偿。

加强对涉海项目海洋生态补偿的监督和管理，海洋与渔业等有关部门可根据海域生态资源调查结果及变化趋势，开展增殖放流，建设人工鱼礁，在有条件的入海河口地区附近开展红树林保护和恢复，加强对海域珊瑚礁、潮间带湿地、马氏珠母贝自然采苗场等重要敏感生态系统的保护,制订和实施海域养护增殖计划,以保持海域生态资源的稳定。

④开展相应的科研调查。

环海湾地区工业和城镇化建设在不断发展的同时,可能会引起海域珊瑚生长条件的变化。因此,建议地方政府部门联合相关科研单位,对海域内的珊瑚现状进行一次全面摸底调查,为该海区珊瑚保护提供第一手基础资料。

针对海域生态资源出现的退化趋势,建议联合有关部门组织开展专项调查和评估,进一步摸清海洋生态资源分布和变化规律,研究电厂温排水、石化废水、近岸生活污水等各类人为活动和全球变暖等自然因素对其造成的影响程度。

5.8.3 大气环境保护措施

企业自备电厂及扩建燃煤电厂需实行"超洁净排放",污染物排放浓度应达到燃气轮机排放标准,即 SO_2、NO_x 和烟尘分别达到 35 mg/m^3、50 mg/m^3 和 5 mg/m^3。

扩建热电联产项目以天然气为燃料,主要大气污染物为 NO_x,企业应采用低氮燃烧或采用脱硝措施减少 NO_x 的排放。

对炼化企业、下游产业链项目均应及时推进泄漏检测与修复技术,对生产装置泄漏的有机废气进行监测与修复。对于有组织排放的有机废气,可根据实际需求采用蓄热式焚烧炉(RTO)、催化焚烧炉(RCO)、直接燃烧、火炬、UV 光解、活性炭吸附等方法进行处理。

严格按照《大气污染防治行动计划》《广东省挥发性有机物(VOCs)整治与减排工作方案》的相关要求,对 VOCs 新增污染物进行排放控制。按照"消化增量、削减存量、控制总量"的方针,逐步将 VOCs 排放是否符合总量控制要求作为项目环评审批的前置条件,并纳入排污许可管理,对排放 VOCs 的建设项目实行区域内减量替代。进行炼油石化企业 VOCs 污染治理工作,鼓励对排放的 VOCs 进行回收利用。对浓度、性状差异较大的废气应分类收集,并采用适宜的方式进行有效处理,确保 VOCs 总去除率满足管理要求,VOCs 总收集、净化处理率均不低于90%。废气处理的工艺路线应根据废气产生量、污染物组分和性质、温度、压力等因素综合分析后合理选择。

5.8.4　水环境保护措施

（1）提高水资源利用效率

为进一步提高水资源利用效率，各企业应进行技术创新，提高工业用水重复利用率，近期工业用水重复率达到 85%，中远期应进一步提高。

园区炼化企业的中水回用率应满足《清洁生产标准　石油炼制业》（HJ/T 125—2003）一级标准要求，即 65%。整个石化园区的中水回用率平均水平应达到《工业和信息化部办公厅关于开展绿色制造体系建设的通知》（工信厅节函〔2016〕586号）中绿色园区评价指标体系要求，该指标体系要求中水回用率达到 30%。石化园区或整个地区应统筹考虑实施中水回用工程。石化园区以下环节用水可用中水替代：循环冷却水补充水、办公区的冲厕用水、公共绿地浇洒用水、道路广场冲洗用水和部分工业用水。

（2）加强企业内部废水管理

企业废水预处理针对自身废水特点，遵循分质处理的原则，采用经济可行的处理方案，确保接管废水达到污水处理厂接管标准；对含有有毒有害污染物的废水，根据污水处理厂的工艺特点，研究接管的可行性并确定合理的接管标准，从严控制。企业对特殊污染物预处理达到接管标准后方可接入污水处理厂。

各企业按照清污分流、雨污分流的原则建立完善的排水系统，确保各类废水得到有效收集和处理。生产废液按照固体废物进行处置，不得混入废水稀释排入污水管网。

（3）排水体制

石化园区现有排水系统已实现雨污分流，规划新入区项目也会按雨污分流、清浊分开的原则，分类收集和预处理各种废水。

石化园区清净雨水经重力收集后排入排洪河流，经排洪河流直接入海。雨水管道采用钢筋混凝土圆管，管道结合地面坡度沿道路敷设，采用重力流排除雨水。

石化园区现有的工业生产和生活污水管网沿道路埋地敷设，采用混凝土排水管，污水收集后，送入污水处理厂进行处理。工业废水排放主要采取重力流，与生活污水合流排放。规划新建排水管线在工业管廊地上铺设，各企业污水提升后通过石化园区管廊上的污水干管送至石化园区公共污水处理厂。

（4）污水集中处理统一排放

炼化项目、烯烃类项目通过自建污水处理厂处理废水；石化园区其他企业通过园区公共污水处理厂达标处理废水；石化园区达标处理后的废水均通过排海管线排放。

5.8.5 固体废物污染防治措施

（1）危险废物处理处置措施

危险废物的处理，要由有危险废物处理资质的单位、公司进行处理和回收利用。危险废物的处理要按照《危险废物污染防治技术政策》（环发〔2001〕199 号）的要求进行。

危险废物的暂存、转运、处置应按有关规定执行，实现规划区工业危险废物无害化处理率达到 100% 的目标。

（2）一般工业固体废物处理措施

一般工业固体废物尽量通过由生产厂家回收及自身综合利用的方式得到回收利用；对不能利用的部分，须运输至垃圾处理场进行处理处置，符合固体废物资源化、减量化和无害化的处理处置原则。

（3）固体废物回收利用方式

石化行业产生的固体废物（如油泥、废催化剂、废添加剂、废溶剂等）具有一定综合利用价值，其利用途径有以下几种：

①废催化剂回收有用金属。

炼油及石油化工装置使用的各种催化剂含有贵重金属和稀有金属。如催化重整装置的含铂催化剂；乙烯裂解装置的含钯、含镍催化剂；环氧乙烷/乙二醇装置的含银催化剂；丁辛醇装置的含钯、含铜、含镍催化剂以及苯酚丙酮装置的分子筛催化剂、加氢催化剂等，均有回收金属的价值。

②其他回收利用。

一些加工过程中的半成品废渣废料均有回收利用价值。如高压聚乙烯装置中高压循环器膨胀槽排出的低分子量聚乙烯、反应器及管道清洗时排出的废二甲苯、低压循环器、分离器排出的废溶剂；聚丙烯装置脱水器、干燥器的聚丙烯落地料；造粒机聚合釜干燥器操作中的块粉料，均可回收利用。

5.8.6　土壤和地下水环境保护措施

（1）源头控制

源头控制坚持预防为主、防治结合、综合治理的原则，通过减少新鲜水的使用量，减少污水排放，从源头上减少土壤及地下水污染源的产生。

（2）分区防治

规划实施过程中，将园区划分为地下水及土壤防渗重点关注区、一般关注区和非污染防治区。

重点关注区主要指地下管道、地下容器、储罐及设备，（半）地下污水池、油品储罐的环墙式罐基础等区域或部位。若这些设备和设施发生物料和污染物泄漏，则很难发现和处理，如处理不及时会对地下水及土壤造成污染，因此在这些区域或部位需要采取特殊防渗措施。

一般关注区主要指地面、明沟、雨水监控池、事故水池、循环水场冷却塔底水池及吸水池等区域或部位。架空设备、管道发生泄漏后，首先落在地面上，很容易发现和处理，且处理时间较短；明沟、雨水监控池、事故水池中的水在沟或池中停留时间较短；循环水场冷却塔底水池及吸水池中污染物的含量较少。因此在这些区域或部位可采取一般防渗措施，不会对地下水及土壤造成污染。

非污染防治区主要指没有污染物泄漏的区域或部位，不会对地下水及土壤环境造成污染，如区内企业的管理区、集中控制室等辅助区域，装置区以外的系统管廊区（除集中阀门区外）等。

（3）加强监控

加强现场巡检，下雨地面水量较大时，重点检查有无渗漏情况。若发现问题，应及时分析原因，找到渗漏点后制订整改措施，尽快修补，确保防腐、防渗层的完整性。

加强基础设施建设，补充和完善地下监测井网和土壤常规监测点位，配备先进的检测仪器和设备，逐步建立和完善地下水和土壤环境监测体系，以便及时发现污染，及时控制。

第6章 广东省某产业转移工业园规划环评案例实证

6.1 总论

6.1.1 任务背景

广东省某产业转移工业园地处粤西地区,于2006年6月经广东省经济贸易委员会认定为省级产业转移工业园。经认定后,工业园利用区位优势和交通优势重点开发建设了园区东南部片区。但由于近年来城市发展战略调整,城市化区域扩大,原规划区周边的商用居住用途功能增强,原规划工业园范围处于城区中心地带;另外,原规划区北部有部分用地划定为基本农田保护区,且分布较分散。为避免园区与城镇发展布局的冲突以及对基本农田保护区的占用,规避园区跨行政区管理等问题,工业园经认定后又对其四至范围进行了调整,并于2012年通过广东省国土资源厅、广东省经济和信息化委员会对园区面积和四至范围的审核确认。与此同时,工业园开发十余年来,结合区域资源优势和产业基础,初步形成了以水产品加工、香精香料、纺织制衣为主导,大力推进食品加工、珠宝加工、家居建材、医疗制药等多产业并行发展的产业结构,与原环评批复的"电子电器软件装配产业、纺织服装产业、五金加工产业及珠宝玉器加工产业"等主导产业定位不完全一致。原环评审查要求环保基础设施建设有所调整。在此背景下,工业园开展规划修编工作,进一步明确了符合园区实际的产业定位,对园区认定四至范围的用地布局和基础设施建设规划等进行了调整。根据《中华人民共和国环境影响评价法》(2018年修正)、《关于进一步做好规划环境影响评价工作的通知》

（环办〔2006〕109 号）、《规划环境影响评价条例》（国务院令 第 559 号）等相关法律法规的规定，园区规划调整应当进行环境影响评价。为此，工业园管理中心组织开展环境影响评价工作，并于 2018 年 3 月通过广东省环境保护厅组织的审查。

6.1.2　规划概述与分析

（1）规划概述

①规划范围。

规划面积 400 hm^2，四至范围与 2012 年认定范围一致。基准年为 2017 年。

②发展目标和产业定位。

工业园主要规划发展水产品加工、香精香料、纺织制衣三大主导产业，努力打造全省水产品加工业航母基地和香精香料产业基地。同时，兼顾发展食品加工、珠宝加工、家居建材、医疗制药等产业，打造现代综合工业园。

③规划方案介绍。

1）土地利用规划。

规划调整后，园区用地规划以工业用地为主，总面积达 125.86 hm^2，占比为 31.46%，道路交通设施用地 100.75 hm^2，占比为 25.19%，居住用地 47.61 hm^2，占比为 11.9%，此外还包括水域、农林用地、公共设施用地、公共管理与公共服务用地、村庄建设用地、公园绿地等，如图 6-1 所示。

2）发展规模。

园区开发后，规划总人口为 2.0 万人。其中居住人口 1.21 万人，产业人口 0.79 万人。

园区未开发工业用地为 55.66 hm^2。根据近年来园区招商引资情况和意向入园企业的产业类型，对未开发规划工业用地产业布局规划见表 6-1。

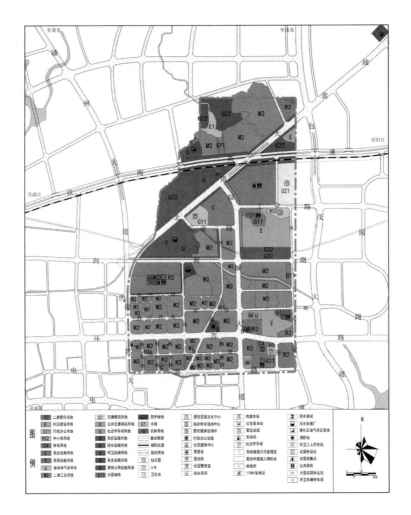

图 6-1　土地利用规划

表 6-1　园区未开发规划工业用地产业布局规划

规划产业	面积/hm²	规划产业	面积/hm²
水产品加工	18.00	纺织制衣	9.66
香精香料	18.00	食品加工	10.00

3）基础设施建设规划。

园区规划由城区自来水厂供水。

园区采用雨污分流排水体制。区内雨水就近排入附近河涌。工业废水和生活污水经管道收集后全部排入市政水质净化厂，处理达到《城镇污水处理厂污染物排放标准》（GB 18918—2002）一级 A 标准和广东省地方标准《水污染物排放限值》（DB44/26—2001）第二时段一级标准的较严格标准后就近排入园区附近的安乐河。

园区供热拟依托邻近产业集聚区内规划新建的集中供热设施，设计热负荷约 100 t/h，平均负荷 80 t/h。初步选址距离园区约 3 km。

规划在园区设置 2 处垃圾收集点和 1 处垃圾转运站。

（2）规划协调性分析

规划的协调性主要分为三个层次，第一层次是分析规划与相关生态环境保护法律法规的符合性，第二层次是分析规划与上位规划的符合性，第三层次是分析规划与同位规划的协调性。经分析得到如下结论：

①工业园规划以水产品加工、香精香料、纺织制衣为主导产业，同时大力推进食品加工、珠宝加工、家居建材、医疗制药等多产业并行发展，园区不引入鞣革、漂染、专业电镀、制浆造纸等重污染行业产业，产业发展定位和结构与国家、广东省和地方的产业政策和产业发展规划相符。在具体引入产业类型中，应禁止引入相关产业政策明令限制类、禁止类或淘汰类产业。

②园区布局位于《广东省主体功能区规划》划定的省级重点开发区，规划所在地属于土地利用规划的"允许建设区"和城市总体规划中的适宜建设区，规划范围不涉及饮用水水源保护区、自然保护区等环境敏感区，空间布局与《广东省主体功能区规划》、所在地城市总体规划等上位规划的布局和用地管制要求相符。园区西北角占用所在地土地利用规划划定的基本农田 7.11 hm^2，规划实施后进一步提高土地集约利用，严格控制存量土地的开发，严禁占用基本农田。

③园区已有较为完善的污水收集和处理排放设施；规划调整后，为满足区内部分企业的用热需求，园区规划依托邻近集聚区二期用地的集中供热设施，与区域环境保护要求是相符的。规划调整后应重点确保园区内珠宝创意产业园的自建污水处理站与园区开发建设"同步设计""同步建设""同步投入运行"，加快推进

工业固体废物综合利用等循环化改造工作，并按照禁燃区要求加快推进集聚区集中供热设施的建设进程，淘汰园区内的分散锅炉。

6.1.3　总体设计

（1）评价目的

以改善环境质量为核心，通过开展工业园规划实施的环境影响回顾评价，分析园区建设存在的主要环境问题与制约因素，评估园区规划调整实施后可能造成的不良环境影响，提出优化调整建议和预防或者减轻不良环境影响的对策和措施，强化空间、总量、准入环境管理，明确园区后续开发建设中的生态保护要求，协调区域的经济增长、社会进步与环境保护的关系，实现区域社会、经济与环境可持续发展。

（2）评价原则

①区域整体优化原则。因地制宜、充分利用资源调节系统状态，根据区域内的环境容量和承载力合理布局产业。

②全程互动原则。评价在规划纲要编制阶段（或规划启动阶段）介入，并与规划方案的研究和规划的编制、修改、完善全过程互动。

③战略性原则。规划环评从战略高度评价开发活动与其所在区域发展规划的一致性、区域开发活动内部功能布局的合理性，并从环境容量角度提出入区项目的原则、污染物排放控制和削减方案。

④综合性原则。规划环评范围相对较广、涉及环境要素复杂，因此评价的分析工作必须采用综合的方法，从整体上评价区域开发活动对周围环境的影响。

⑤可持续发展原则。区域开发活动往往是一个长期滚动的发展过程，在评价区域开发活动对环境产生影响的同时，更重要的是应通过环境影响评价建立一种具有可持续改进的环境管理机制，以保障区域开发的可持续发展。

6.2　环境现状调查与分析

6.2.1　环境保护目标

评价范围内涉及的环境保护目标主要有园区规划用地范围周边的村庄、住宅小区、学校和机关单位，园区内涉及基本农田保护区，但无名胜古迹、风景区，如图 6-2 所示。

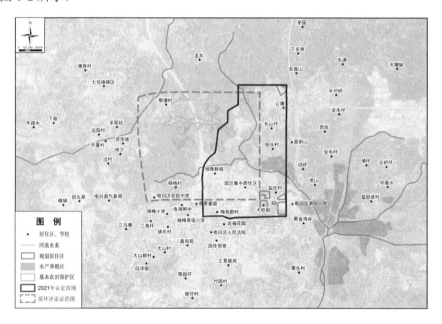

图 6-2　规划区周边敏感目标分布

6.2.2　区域环境现状

环境质量现状优先利用区域常规监测和工业园域近 3 年的环境监测资料。

（1）大气环境

根据大气环境现场监测结果，园区及周边环境敏感村庄监测点 SO_2、NO_2、PM_{10}、$PM_{2.5}$、TVOC、O_3、NH_3 和臭气浓度均满足相应环境空气质量标准的要求，

但 O_3 和 NH_3 小时浓度最大值超标率较高。O_3 是因为臭氧区域性污染问题，NH_3 浓度较高与监测点周边产业有关。

评价收集了 2006—2016 年区域主要大气污染物年均浓度，分析可知：2006 年以来，SO_2 年均浓度出现了逐年递增的趋势，NO_2 年均浓度震荡下降，PM_{10} 年均浓度在 2014 年达到低点后，近两年有明显的反弹。三种污染物，年均浓度均符合《环境空气质量标准》（GB 3095—2012）相应标准要求，表明区域环境空气质量总体良好。

（2）地表水环境

根据地表水逐月例行监测和现场补充监测结果，园区纳污水体安乐河、寨头河水质现状一般，均为劣 V 类水体，不能达到功能区水质目标要求。其中，安乐河水质总体呈现枯水期劣于平水期和丰水期的态势，寨头河水质的变化特征不规律。水质超标主要是受三角圩北部片区居住区和学校直接排放的生活污水、上游养殖场及农业污染源影响。评价进一步分析了纳污水体近年来的水质变化趋势，结果表明：近 4 年来，安乐河溶解氧（DO）、COD_{Cr}、BOD_5、NH_3-N、TP、TN、粪大肠菌群 7 项指标超过《地表水环境质量标准》（GB 3838—2002）V 类标准。

经调查，纳污水体水质超标的原因主要是受周边城镇居民生活源、工业源、畜禽养殖及农村面源污染影响，具体包括：①城区部分片区生活污水未接入城区污水处理截污管网，污水直排安乐河，使安乐河水质恶化；②工业园尚未实施雨污分流，园区污水处理厂因原设计处理能力不足而未能完全接收处理园区污水，加上部分企业未按要求建设配套的废水预处理和部分企业污水处理设施未稳定正常运转，造成园区污水处理厂 TP 出水浓度超标；③流域禁养区范围内仍分布有生猪养殖场，且养殖场均没有治理设施，其污染物直排入河，严重影响河流水质；④农业生产流失的化肥、农药，直排入河的农村生活污水和清运不及时的生活垃圾雨天冲落入河，加剧水质污染。

（3）地下水环境

根据地下水环境现场监测结果，除 pH 和 NH_3-N 外，园区建成区及周边地下水水质其余监测因子均能够满足《地下水质量标准》（GB/T 14848—2017）的III类标准。pH 和 NH_3-N 超标的主要原因是周围居民生活污水未能纳入市政污水管网，污水未经处理达标即排放，对区域地下水造成较大的影响，同时周围农田灌溉也会对地下水有一定的影响。

（4）土壤环境

根据土壤环境现场监测结果，除六价铬无相应的质量标准不作评价外，园区及周边区域土壤环境质量监测因子均符合《土壤环境质量标准》（GB 15618—2018）二级标准要求。

（5）声环境

规划区及周边监测点昼间等效连续声级满足《声环境质量标准》（GB 3096—2008）2 类标准，夜间受到迎宾大道交通噪声的影响，园区南侧居住区及园区西边界昼间、夜间等效连续声级均较高，其余远离交通干道和园区集中区的居民区昼间、夜间等效连续声级较低。

（6）生态状况

评价范围区域内植物生态系统受人类活动的影响明显，以人工栽种的果树、农作物和其他华南地区常见的野生植物为优势种，主要作物有荔枝、龙眼、芥菜、广东菜薹等，主干道路旁种植有细叶桉、尾叶桉、对叶榕等乔木，常见的野生植物有大青、光荚含羞草、黄花稔、白花鬼针草、飞蓬、芒萁等，生物多样性属于中等水平。

6.2.3　规划环境影响回顾评价

（1）园区开发现状

①土地利用现状。

原规划范围内用地类型以园地和耕地为主，占比分别为 45.4%、29.2%。原规划区开发区域总面积为 65.18 hm²，占比为 15.9%。已开发区域与本规划调整范围重叠部分面积为 43.4 hm²，不重叠部分面积为 15.13 hm²，分别为商业服务用地和城镇建设用地。

与原规划实施前对比，原规划范围内开发建设区域相差不大，十余年间新开发地块包括现某海产企业所在地、园区污水处理厂所在地。与原规划实施前相比，区内建设用地共增加了 3.25 hm²，均为工业用地。

②发展规模。

目前，园区共有企业 15 家，其中 3 家在建，1 家停产，主要企业类型是水产品加工、香精香料，还包括部分橡胶塑料、化妆品、医药、食品加工、纺织服装企业，初步形成了水产品加工业、香精香料业两大主导产业。

原规划实施后，由于区内中学及园区内集中居住区人口明显增加，原规划区范围内现状人口较原规划实施前增加 6 000 人，增幅达 168.3%。

③基础设施建设现状。

原规划区用电、用水均由市政供给，用电电网及供水管网均已经完成建设并投入使用。

园区工业企业污水经企业简单预处理后排入园区污水处理厂，园区范围内现有生活污水均未统一收集处理，直接就近排入安乐河。园区污水处理厂位于园区北部，设计处理能力 3 000 m³/d，尾水就近排入安乐河，经 3 km 稀释混合后汇入寨头河再入海。据环境统计资料，2014—2016 年园区污水处理厂实际污水处理量为 18.81 万～47.27 万 m³/a，最大年处理量约为设计处理能力的 53%。由于原有污水处理工艺存在问题，污水处理厂达不到进出水要求、处理水量也达不到设计规模，2017 年园区对污水处理厂进行改造扩容。园区污水处理厂改造扩容后处理能力为 5 000 m³/d，尾水排放标准提标至《城镇污水处理厂污染物排放标准》（18918—2002）一级 A 标准及广东省地方标准《水污染物排放限值》（DB44/26—2001）第二时段一级标准较严值。

园区现状无集中供热，未敷设天然气管网。园区内用热企业均自建工业锅炉解决用热需求。据调查，原规划区范围内共有 6 家工业企业设置了锅炉，其中 1 家已搬迁，1 家已停产，现状共有 4 家企业自备供热锅炉，额定蒸发量为 10 t/h，燃料以柴油、生物质为主。

（2）原规划环评审查意见和建议的落实情况

园区建设现状与原区域环评批复要求对比见表 6-2。园区建设以来，园区范围、主导产业发生变化，园区污水处理厂排污口位置与原规划环评批复不一致，污水处理厂出水不能稳定达标，企业未进行污水回用，未建设集中供热设施，园区环境监测、监控体系尚未建立，环境管理机构和环境管理信息系统等不够完善。

表 6-2　园区建设与上一轮环评审批意见对比

序号	园区规划/区域环评审批意见	实际建设情况	变化情况
1	规划开发建设无污染或者轻污染的一类和二类工业项目，主要引入电子电器软件装配产业（以电子电器软件装配为主，不含线路板蚀刻工艺）、纺织服装产业（以制衣为主，不含印染工艺）、五金加工产业（以加工制造为主，不含电镀及喷漆工艺）及珠宝玉器加工产业（以珠宝、灯饰的加工和装配为主）	园区目前已经形成了以水产品加工业、香精香料业为主导产业，同时兼顾发展了橡胶塑料、纺织服装、医药、食品加工等产业	主导产业发生变化，但入园企业符合准入要求
2	避免对周围环境的影响，确保各农村居民点、学校等环境敏感点不受影响	经环境质量现状监测，园区周围敏感点大气环境环境质量均可满足二级标准，除少数居民区受到交通噪声影响外，其余大部分敏感点声环境满足 2 类标准	周边敏感点大气环境质量变化不大
3	引导和控制产业发展，制定建设项目（企业）入园标准，严格实行建设项目入园的准入制度，入园建设项目须采用清洁生产和设备	制定了园区企业准入条件，入园项目采用清洁生产工艺和设备	基本一致
4	重点发展电子电器软件装配、纺织服装、五金加工等无污染或轻污染的加工制造业、高新技术等产业，严禁皮革、漂染、电镀、造纸、化工、建材等重污染行业的企业入园，严格限制排放含镉、镍、铅等污染物的项目入园	入园项目为无污染或轻污染的一类和二类工业，主要发展水产品加工、香精香料加工、纺织服装等产业。严格控制水污染型行业的企业入园，严禁制革、漂染、电镀、化工、造纸等重污染行业的企业入园，严禁引进排放含有毒有害物质和一类污染物的项目	入园项目条件均为无污染或轻污染的一类和二类工业，符合准入要求，但重点发展产业发生变化
5	首期处理后的废水排放总量须控制在 7 000 t/d 以内，工业用水重复利用率须达 60%以上。生产废水、生活污水分别经企业、单位内部预处理达到污水处理厂接纳标准，进入工业园自建污水处理厂处理后，通过污水管道输送至县城生活污水厂排污口处，与县城生活污水厂共用排污口排放。建设单位须对污水排放口的排放方式（分散或几种）作进一步论证，并提出实施方案，经省环境技术中心确认后实施	园区自建污水处理厂，处理规模 3 000 m³/d，污水就近排入安乐河，并于 2010 通过环境影响评价审批；园区现有工业企业生产废水、生活污水分别经企业、单位内部预处理后排到园区自建的污水处理厂处理，因受到废水水质和废水量的波动影响及处理规模的限制，污水处理厂出水不能稳定达标。现有企业几乎没有工业用水重复利用	现有企业工业废水无重复利用；园区污水处理厂排污口位置发生变化

序号	园区规划/区域环评审批意见	实际建设情况	变化情况
6	工业园自建污水处理厂须配套建设足够容量的事故性排放缓冲池,严禁超标排污	无事故性排放缓冲池,目前污水处理厂尾水排放不能稳定达到原设计标准,总磷存在超标排放	未按要求设事故缓冲池,尾水排放不能稳定达标
7	工业园应推行集中供热,并优先使用天然气等清洁能源	园区现有企业对集中供热需求量不大,未实行集中供热。6家工业企业设置了锅炉,其中1家已搬迁,1家已停产,现状共有4家企业自备供热锅炉,额定蒸发量为10 t/h,燃料以柴油、煤为主	未实行集中供热
8	入园企业须采取有效措施控制燃烧废气、工艺废气等大气污染物的排放量,确保废气达标排放	经现场调查及当地环保部门确认,园区内企业废气排放达标,近3年内未发生重大污染事故	基本一致
9	入园企业须选用低噪声设备并采取吸声、隔声和减振等降噪措施,确保厂界噪声符合有关标准要求,工业园边界和园内企业厂界噪声排放分别执行《工业企业厂界噪声标准》(GB 12348—2008)Ⅱ类、Ⅲ类标准	经现场调查及当地环保部门确认,企业厂界噪声及工业园边界噪声可以满足相应标准要求	基本一致
10	严格危险废物管理,其污染防治须严格执行国家和省危险废物管理的有关规定或送有资质的单位处理处置	经现场调查及当地环保部门确认,园区危险废物均交由有资质企业统一处置	基本一致
11	建立区域环境监测、监控体系,及时解决建设过程和营运过程中可能出现的环境问题。建立工业园环境管理机构和环境管理信息系统,健全工业园和企业环境管理档案,提高环境管理的现代化水平	园区环境监测、监控体系尚未建立,环境管理机构和环境管理信息系统等不够完善	未按要求设定
12	建立工业园事故响应和应急预案,并报经茂名市环保局批准后实施,落实有效的事故防范和应急措施,有效防范污染事故的发生,避免对周围环境造成污染。同时,应在园区周边设置不少于50 m的卫生防护距离或绿化缓冲带,或采取搬迁安置等措施,确保周边村庄、学校等环境敏感点不受影响	园区尚无应急预案。园区范围内分布有村庄、中学和园区集中居住区等环境敏感点,但未设置卫生防护距离或绿化缓冲带	未建立工业园事故响应和应急预案,环境敏感点周边未设置卫生防护距离或绿化缓冲带

（3）园区环境影响回顾性评价

①大气环境影响。

根据规划实施前后的大气环境监测结果对比分析可知，园区 SO_2、NO_2、TSP 和 PM_{10} 浓度均无明显升高，基本保持在原规划环评期间的水平，表明区域环境空气质量中 SO_2、NO_2 和 PM_{10} 受园区开发影响较小，见表 6-3。

表 6-3　原规划区大气环境监测结果对比情况　　　　　　单位：mg/m^3

监测点位	监测因子		原环评	2017 年监测数据
A1	SO_2	1 小时浓度	0.009～0.018	0.007～0.041
		日均浓度	0.011～0.014	0.007～0.022
	NO_2	1 小时浓度	0.013～0.033	0.009～0.089
		日均浓度	0.018～0.024	0.004～0.028
	PM_{10}	日均浓度	0.060	0.022～0.054
A2	SO_2	1 小时浓度	0.009～0.020	0.008～0.057
		日均浓度	0.012～0.017	0.007～0.019
	NO_2	1 小时浓度	0.004～0.060	0.015～0.122
		日均浓度	0.012～0.031	0.013～0.022
	PM_{10}	日均浓度	0.070	0.029～0.070

②地表水环境影响。

根据规划实施前后的地表水环境监测结果对比分析可知，规划实施前后安乐河水质均满足《地表水环境质量标准》（GB 3838—2002）Ⅴ类标准要求，见表 6-4。

表 6-4　2006 年与 2017 年安乐河主要污染物监测情况对比分析　　　单位：mg/L

时段		溶解氧	pH	高锰酸盐指数	BOD_5	石油类
2006 年 1 月原规划环评	浓度平均值	7.22	7.89	2.65	2L	0.01L
	达标情况	达标	达标	达标	达标	达标
2017 年 3 月	浓度平均值	4.51	7.17	8.17	4.83	0.04
	达标情况	达标	达标	达标	达标	达标

③地下水环境。

根据原规划环评期间监测值与本轮规划现场监测结果对比，园区开发后未造成明显的地下水重金属污染趋势，但由于企业生产废水和生活污水尚未得到有效的收集和治理，造成了地下水部分指标较原规划环评期间有所升高。其中，水 pH 有所下降，NH_3-N 浓度有所增加，但硫酸盐、六价铬等污染物监测值有所下降。

④声环境。

与原规划环评声环境监测结果相比，受周边交通源、施工源的影响，本轮规划现场监测声环境质量有一定恶化，尤其夜间等效连续声级由 38.3～44.4 dB（A）变为 41～55.8 dB（A）水平，声环境质量明显下降。

（4）园区主要环境问题及整改建议

园区开发过程主要存在以下环境问题：

①产业发展现状与原环评审批意见不相符。

原环评批复明确园区重点发展电子电器软件装配、纺织服装、五金加工等无污染或轻污染的加工制造业、高新技术等产业，严禁皮革、漂染、电镀、造纸、化工、建材等重污染行业的企业入园，严格限制排放含镉、镍、铅等污染物的项目入园。

2014 年，当地人民政府办公室发布了《某产业转移工业园企业准入条件》，进一步明确入园项目为无污染或轻污染的一类和二类工业，主要发展水产品加工（以冷冻食品加工、水产品腌熏制品加工、水产罐制品加工为主）、香精香料加工、纺织服装（以制衣为主，不含印染工艺）、珠宝玉器加工（以珠宝、灯饰的加工和装配为主）、电子电器软件装配、食品医药等产业。重点发展无污染或轻污染的高新技术产业，严格控制水污染型行业的企业入园，严禁制革、漂染、电镀、化工、造纸等重污染行业的企业入园，严禁引进排放有毒有害物质和一类污染物的项目。

目前，园区在实际开发过程中鉴于当地优越的海洋资源，园区形成了水产品加工及香精香料为主的产业结构，同时兼顾纺织服装、电子电器及纺织服装等行业的产业结构，主导产业发生变更，但入园项目条件均为无污染或轻污染的一类和二类工业。此外，根据《国民经济行业分类》（GB/T 4754—2017），香精香料、橡胶塑料制品加工、化妆品制造等行业均属于化工产业范畴，与原环评批复文件

"严禁化工企业入园"的要求有冲突，但香精香料、塑料制品、乳胶制品等产业又被列入当地准入条件允许进园企业名录，且上述产业的工业企业环保手续齐备，污染物产生量少，属轻污染行业。另外，当地政府颁布了园区准入条件，但目前园区引进的企业规模相对较小，而且行业类别包括了食品及水产品加工、香精香料、纺织服装、医药、建材、橡胶、塑料制品、金属制品及电子电气、化工、服务类等11种类型，部分行业的准入要求未够细化。综上可见，园区实际发展产业与原规划及环评审批意见不相符，但未报原审查部门重新进行环评，且园区准入要求不够清晰。

评价建议园区应通过本次规划调整环评，调整产业结构，进一步明确细化园区产业准入条件和环境准入负面清单，规范入区企业门槛，引进低能耗、低污染的企业。

②园区污水处理厂未能稳定达标。

工业园污水处理厂于2012年开工建设，2013年5月建成投入运行；设计处理规模为3 000 m³/d，主要收集和处理园区生活污水和工业废水，处理后的尾水就近排进安乐河。由于原有污水处理工艺存在问题，污水处理厂出水水质总磷不达标。按照当地"南粤水更清"行动计划实施方案的整改要求，工业园开展了园区污水厂的扩容改造。根据广东省重点污染源自动监控工作平台的在线监测结果，2017年，污水厂出水 COD、NH_3-N 满足《城镇污水处理厂污染物排放标准》（GB 18918—2002）一级 A 标准和广东省地方标准《水污染物排放限值》（DB44/26—2001）第二时段一级标准的较严格标准，但 TP 超标，寨头河水质仍存在超标。目前扩容改造主体工程已基本完成，正在进行调试。

评价建议加快完成园区污水处理厂的调试，确保园区污水处理厂稳定达标，并对安乐河和寨头河进行河道环境综合整治。

③污水排放口位置与原环评审批意见不相符。

原环评批复明确"园区生产废水和生活污水分别经企业、单位内部预处理达到污水处理厂接纳标准，进入工业园自建污水处理厂进一步处理，达到地方水污染物排放限值中的城镇二级污水处理厂第二时段一级标准后，通过污水管道输送至电白县县城生活污水厂排污口处，与县城生活污水处理厂共同排污口排放。建设单位须对污水排放口的排放方式（分散或集中）作进一步论证，并提出实施方案，经省环境技术中心确认后实施"。

由于原最终纳污海湾水动力扩散条件不太理想，且红树林自然保护区（市级自然保护区）位于海湾近岸处。为避免对红树林自然保护区和海湾近岸海域二类功能区的不良影响，减少污水管线的投资，污水处理厂实际建设中拟将排污口调整至安乐河。2010 年县级环境保护局对污水处理工程项目环境影响报告书进行了批复，并明确废水须采取相应的治理设施治理达标后，方可排入安乐河。项目水污染物排放执行地方水污染物排放限值中的第 II 时段一级标准。随后，工业园区按照批复意见建设园区污水处理厂，设计规模为 3 000 m^3/d，排污口调整至安乐河就近排放。

评价建议进一步论证园区排水方案，优化设置排污口位置。

④园区污水处理厂未设置事故排放缓冲池。

园区污水处理厂目前已基本完成扩容改造主体工程，但污水处理厂未按原环评要求设置事故排放缓冲池，仅在主要水工建筑物的容积上留有相应的缓冲能力，并配有相应的设备（如回流泵、回流管道、阀门及仪表等）。如发现污水处理厂尾水超标等事故排放，废水尾水将通过旁路管道返回调节池；同时，按水量顺序通知各废水水量大户与污染物大户停泵或闭闸，待事故处理完毕，再开泵或开闸，没有另设事故池。

评价建议园区污水处理厂增设事故排放缓冲池。

⑤未按要求实施集中供热。

《广东省发展改革委关于印发推进〈广东省工业园区和产业集聚区集中供热实施方案（2015—2017 年）〉的通知》要求，到 2017 年，全省具有一定规模用热需求的工业园区和珠三角产业集聚区实现集中供热，集中供热范围内的分散供热锅炉全部淘汰或者部分改造为应急调峰备用热源，不再新建分散供热锅炉，力争全省集中供热量占供热总规模达到 70%以上。经过调查，园区现状无集中供热，未敷设天然气管网，目前企业自行解决供热，投产运行的工业企业中有 4 家自备供热锅炉，燃料以柴油、煤等高污染燃料为主。根据现状调查结果，园区周边臭氧浓度较高，体现出园区周边呈现复合型污染的特点，区域大气污染环境压力较大。

评价建议园区根据入驻产业及周边工业企业的用热实际，进一步论证集中供热的必要性，完善供热工程。

⑥环境管理机构和环境风险应急系统尚未建立。

园区环境管理工作主要由园区管理中心负责，未设置专门的环境管理机构。园区环境监测、监控体系尚未建立，环境管理机构和环境管理信息系统等不够完善，仅园区污水处理厂实现在线自动监测，并纳入广东省管理平台。园区未建立工业园事故响应和应急预案，未设置事故性排放缓冲池等应急设施。

评价建议园区应尽快成立专门的管理机构对园区进行专管，完善相应的环境管理制度和要求，建立环境监测、监控体系，建立园区环境风险应急预案，并落实环境风险防控措施。

⑦工业企业周边未设置卫生防护距离或绿化缓冲带。

园区范围内分布有村庄、中学和园区集中居住区等环境敏感点，涉及人口 9 980 人，但未按原环评批复要求设置卫生防护距离或绿化缓冲带。

评价建议根据产业类型在工业企业周边合理设置卫生防护距离或绿化缓冲带，确保周边村庄、学校等环境敏感点不受影响。

园区现有环境问题整改建议见表 6-5。

表 6-5　园区现有环境问题及整改建议

序号	园区主要环境问题	整改建议
1	产业发展现状与原环评审批意见不相符；园区企业准入要求不清晰	通过本次规划调整环评，调整产业结构，进一步细化明确园区产业准入条件和环境准入负面清单，规范入区企业门槛，引进低能耗、低污染的企业
2	园区污水处理厂未能稳定达标	加快完成园区污水处理厂的调试，确保园区污水处理厂稳定达标，并对安乐河和寨头河进行河道环境综合整治
3	污水排放口位置与原环评审批意见不相符	进一步论证园区排水方案，优化设置排污口位置
4	园区污水处理厂未设置事故排放缓冲池	园区污水处理厂增设事故排放缓冲池
5	未实施集中供热	加快建设集中供热设施
6	环境管理机构和环境风险应急系统尚未建立	成立专门的管理机构对园区进行专管，完善相应的环境管理制度和要求，建立环境监测、监控体系，建立园区环境风险应急预案，并落实环境风险防控措施
7	工业企业周边未设置卫生防护距离或绿化缓冲带	工业企业周边合理设置卫生防护距离或绿化缓冲带，确保周边村庄、学校等环境敏感点不受影响

6.3 环境影响识别与筛选

6.3.1 区域资源环境约束分析

结合规划涉及区域的自然条件和社会经济现状，本节将对规划实施可能受到的区域环境资源约束和规划实施可能引起的环境问题进行分析，并探讨规划实施可能产生的社会经济影响。

（1）规划的主要环境问题

①土地利用方式较粗放，产出效率较低。

园区土地供应总体保持稳定，工矿建设用地面积持续增加，可供开发利用的土地资源充足。但园区存在新增建设用地圈而不建、倒闭闲置等现象。工业园建成水平相对较低，相当一部分企业对已取得的土地尚未进行开发建设或开发进度迟缓，大大影响了园区的发展。工业用地产出强度低，2015 年和 2016 年，园区工业用地产出强度在 21.77 亿元/km²，较同期全国平均水平（130 亿元/km²）和东部省份（158 亿元/km²）有较大差距。

②地表水现状环境质量差。

工业园主要纳污河流安乐河、寨头河等水质现状较差，为 V 类水体，寨头河为当地建成区黑臭水体。流域 COD_{Mn}、COD_{Cr}、BOD_5、$NH_3\text{-}N$ 和 TP 存在超标，$NH_3\text{-}N$ 和 TP 污染最为突出。区域地表水环境质量较差，超标主要原因为城区部分片区居住区和学校的生活污水直接排放、上游存在养殖场及农业污染源。

③区域 O_3 污染压力大。

园区周边大气环境监测点的 O_3 小时平均浓度最大值超标率为 90.5%，且整体超标率较高，区域 O_3 污染压力较大。这与区域大气环境状况有关，也体现出园区周边呈现复合型污染的特点。

④地下水水质受 $NH_3\text{-}N$ 污染影响。

园区地下水资源开发利用较少，园区工业企业用水及周边居民生活用水均采用地表水，区域无分散式地下水源。根据本评价开展的地下水环境质量现状监测结果，园区地下水水质状况一般，污染因子主要为 $NH_3\text{-}N$ 和 pH，影响原因主要是受周边农村生活污染源和农业面源影响。

（2）区域环境资源约束条件

①水环境超载成为制约园区发展的重要因素。

工业园污水经污水处理厂处理后排入安乐河。受上游来水以及园区已开发区域叠加影响，安乐河和寨头河水质超标，区域水质改善难度大。安乐河、寨头河河流流量较小，自然纳污量低，均为黑臭水体。纳污水体已无水环境容量，制约园区未来的发展。随着电白城区的发展和产业规模扩大，区域建设用地和人口增加，进一步加剧了生活污水和工业废水排放对区域地表水的影响。

②区域复合大气污染特征日益凸显

园区所在区域的 O_3 8 h 浓度占标率已超过 90%，$PM_{2.5}$ 日均浓度占标率也在50%左右，是区域主要的大气污染物。近年来，随着 $PM_{2.5}$ 的治理改善，O_3 作为首要污染物贡献占比自 2014 年起持续上升，复合污染特征日益凸显。

6.3.2　评价重点

结合区域资源、生态、环境特征，本轮规划的主要评价内容如下：

①规划方案的协调性分析，分析本规划与上层次规划及其他相关专项规划在发展目标、空间布局等方面的协调性。

②对园区及周边区域的环境质量变化趋势及开发过程进行回顾评价，明确规划实施的资源环境制约因素。

③分析确定区域的水、土资源承载力和地表水、大气环境容量，以资源环境承载力为基础，综合论证规划方案对区域的环境影响和潜在的环境风险。

④对规划方案（发展定位、发展规模、空间布局、基础设施等）的环境可行性进行综合论证，提出规划优化调整建议和减缓不良环境影响的对策措施，为园区环境保护工作提出指导性意见，为管理提供决策依据。

6.3.3　环境影响识别

根据园区规划调整的目标、发展规模、产业定位与功能布局，结合当地的社会、经济和环境现状，在充分分析现有环境问题的基础上，识别规划方案实施可能对自然环境和社会环境产生的影响，以及各种影响与规划决策因素（定位、规模、布局、基础设施等）的关系，得出表 6-6 环境影响识别矩阵。

表 6-6　工业园规划环境影响识别

主要议题	主要的影响环境行为和/或主要影响	正/负效应	影响程度	影响时段	是否可逆	与规划决策的相关性
（一）占用土地						
土地开发	1. 永久改变土地利用类型，农林用地转化为建设用地，降低区域生态服务功能	－	2	L	↓	用地规模
	2. 提高土地单位面积产值	＋	3	L	－	产业类型
（二）生态环境						
珍稀物种	规划范围内及邻近无珍稀物种	－	－	－	－	规划范围调整
生态敏感区	基本农田	－	－	－	－	功能区布局
（三）地下水						
地下水	硬化地面，减少地表径流下渗	－	1	L	↓	功能区布局
（四）水资源与水环境质量						
供水	现状及规划供水水源为电白县自来水厂	－	3	L	↑	供水规划
废水处理/排放	1. 建设废水收集系统，区内企业废水经园区污水处理厂处理后进入安乐河	＋	3	L	－	排水工程规划/管网工程
	2. 污水处理厂正在进行扩容改造，污水收集处理设施建设滞后或不配套，未处理污水直接排放将对水环境产生明显影响	－	2	S	↑	规划实施安排
（五）供热与空气环境质量						
集中供热	1. 分散燃油锅炉供热向大气排放 CO、NO_x 等污染物	－	2	L	↑	供热工程
	2. 规划依托邻近产业集聚区二期用地的集中供热设施，设施建设滞后或不配套，分散式锅炉对大气环境产生明显影响	－	2	S	↑	规划实施安排
交通运输	汽车尾气中的 CO、烟尘、NO_x 等污染物排放	－	2	L	↑	交通规划
（六）声环境						
生活噪声	区内工业企业厂界与周边噪声敏感点距离不足将产生噪声影响	－	1	L	↑	功能区布局
交通噪声	区内交通系统规划不合理可能导致功能区声环境质量不达标	－	1	L	↑	功能区布局

主要议题	主要的影响环境行为和/或主要影响	正/负效应	影响程度	影响时段	是否可逆	与规划决策的相关性
（七）固体废物管理						
生活垃圾	收集后送至城市废弃物综合处理场	+	2	L	—	城镇总体规划
工业固体废物	循环利用或交由专门收纳场处理	+	2	L	—	产业类型
（八）风险管理						
大气环境	燃气、液氨泄漏对周边大气环境和人体健康产生不利影响的风险	−	3	S	↑/↓	产业类型
水环境	废水泄漏对地下水及周边水体的影响	−	3	S	↑	产业类型
（九）社会经济和生活						
投资与就业	区域开发为各企业和不同层次人群增加各种投资、创业和就业机会	+	2	L	—	规划方案
交通（与区外连接）	外部连接道路建设	+	2	L	—	选址/交通规划
交通（与区内连接）	完善和建设内部道路	+	2	L	—	选址
公建与服务设施	按城市建设标准建设集中生活配套区和分散的生产服务用地	+	2	L	—	规划方案
（十）开发建设期环境问题						
占地	临时占用土地	−	1	S	↑	
交通	交通堵塞/事故/增加出行时间	−	1	S	↑	
水土流失	土方开挖过程产生水土流失	−	1	S	↑	
取土	低地地坪垫高需要大量土方	−	1	S	↓	
噪声与振动	对施工工人或邻近居民产生一定影响	−	1	S	↑	
施工废水	施工废水排放可能增加受纳水体污染	−	1	S	↑	
扬尘与废气	扬尘和施工机械尾气排放	−	1	S	↑	
固体废物	弃土、建筑垃圾及生活垃圾的影响	−	1	S	↑	

注："+"有利影响，"—"不利影响；"1"较小，"2"中度，"3"显著；"L"长期影响，"S"短期影响；"↑"可逆，"↓"不可逆；"空白"与具体的管理有关。

6.3.4　评价指标体系

（1）环境目标

以改善工业园及周边区域环境质量、维持区域生态安全为核心，以建设资源集约利用的生态型工业园区为目标，优化园区产业发展结构，合理控制园区发展规模，强化落实污水处理、集中供热等各项污染防治措施，提高区域资源综合利用水平和清洁化水平，促进产业绿色化发展，努力实现园区经济社会与环境的协调发展。

（2）评价指标体系

根据环境影响识别结果和确立的环境保护目标，结合法律法规、政策和环境保护规划的相关要求，构建本规划环评的评价指标体系，见表6-7。

表6-7   工业园规划环境影响评价指标体系

目标层	主题层	指标层	现状值（2017年）	规划目标
园区发展规模控制在区域主要资源环境可承载范围内	资源环境承载力	水资源环境承载力	不超载	不超载
		土地资源承载力	不超载	不超载
		水环境承载力	突破	不超载
		大气环境承载力	不超载	不超载
有效控制环境污染，改善环境质量	水污染控制	工业废水集中处理率/%	100	100
		中水回用率/%	0	30
		污水处理厂达标排放率/%	<90	100
		安乐河、寨头河水质劣Ⅴ类断面比例/%	100	0
	大气污染控制	集中供热覆盖率/%	0	100
		工业废气污染物达标率/%	100	100
		环境空气质量达标率/%	100	100
	噪声污染控制	声环境质量达标率/%	100	100
	固体废物污染控制	城镇生活垃圾无害化处理率/%	100	100
		一般工业固体废物处理处置率/%	100	100
		危险废物安全处理处置率/%	—	100
维持区域生态环境安全	生态保护	规划区占用自然保护区面积/hm²	0	0
		生态环境影响程度	不显著	不显著
提高区域资源综合利用水平和清洁化水平	资源综合利用	工业固体废物综合利用率/%	—	>90
		万元工业增加值用水量/m³	4.72	持续下降
	企业清洁生产水平	进驻企业清洁生产水平	—	达清洁生产二级及以上水平
促进区域经济社会发展	社会经济	社会经济水平	明显提高	显著提高

6.4　规划环境影响预测与评价

6.4.1　环境空气影响预测与评价

规划实施后，工业园的环境空气质量主要受工业布局及能源结构等因素的影响。根据规划方案，工业园以水产品加工、香精香料、纺织制衣为主导产业，兼顾发展食品加工、珠宝加工、家居建材、医疗制药等产业。因此，环境空气质量主要受工业生产燃料燃烧所排放的废气以及工艺过程中排放的工艺废气影响。其中，锅炉废气要污染物为 SO_2、NO_x 和烟尘；工艺废气主要为生产过程中产生的总挥发性有机物（TVOC）、粉尘等。

（1）规划情景下大气污染源强预测

根据工业园建成区现有主导产业单位面积排污系数，类比估算未开发区域工艺废气源强，具体见表 6-8。另据《广东省工业园区和产业集聚区集中供热实施方案（2015—2017 年）》，园区应于 2016—2017 年建设 4×25 t/h 燃煤集中供热设施。由于园区用热企业较少，短时间内园区集中供热可能无法完成，在集中供热设施完成前，现有柴油和生物质锅炉环保设施无法达到相应环保要求，故需对锅炉进行改造。故设置两种情景估算燃料废气源强，其中情景一为区域集中供热设施建成后的方案，情景二为集中供热建成前过渡期内采取现有锅炉改造的方案。

表 6-8　未开发区域工艺废气产生情况

主导产业	占地面积/hm²	排污系数/[t/（a·hm²）]		污染物产生量/（t/a）	
		TVOC	粉尘	TVOC	粉尘
纺织制衣	9.66	—	0.60	—	5.80
香料香精	18	0.4	0.13	7.20	2.38
食品加工	10	—	—	—	—
水产品加工	18	臭气（无量纲）			
合计	55.66	—	—	7.20	8.18

工艺废气按照一般的常规收集方法先采用集气罩收集，再对收集后的废气进行治理。结合现有企业工艺废气收集情况，收集效率按 90% 计，则工艺废气污染物中的 10% 为无组织排放。在经集气罩收集后，工艺废气经相应的治理设备处理后经排气筒达标排放。按照一般常规治理方法，TVOC 采用活性炭吸附，去除率为 80%，粉尘采用袋式除尘器进行处理，去除效率可达 95% 以上。

对于城镇生活与第三产业污染源，按规划仍以燃烧天然气为主。规划调整后新增常住人口 7 420 人，预测生活源天然气用量为 45.11 万 m^3/a。

规划实施后，工业园大气污染物排放量预测见表 6-9。

表 6-9　大气污染物排放量汇总　　　　　　　单位：t/a

污染来源		污染物	已开发区	未开发区	规划实施后削减量	规划调整后合计
燃料（有组织）	过渡期	SO_2	2.52	0	0.480	2.040
		NO_x	8.54	0	0	8.540
		烟尘	0.12	0	0.068	0.052
	集中供热后	SO_2	2.52	0	2.520	0
		NO_x	8.54	0	8.540	0
		烟尘	0.12	0	0.120	0
工业源（有组织）		TVOC	5.02	1.30	0	6.320
		烟尘	7.82	0.37	0	8.190
工业源（无组织）		TVOC	5.62	0.72	0	6.340
		烟尘	16.21	0.82	0	17.030

（2）环境空气质量影响预测与评价

采用《环境影响评价技术导则　大气环境》(HJ 2.2—2008)中推荐的 AERMOD 模式进行预测。预测因子为 SO_2、NO_2、PM_{10}、TVOC，模型计算范围取工业园中心为中心，3 km 半径区域，网格距设置为 100 m。预测污染源考虑建成区已批拟建企业大气污染源及规划区调整后新增污染源。

根据现状监测结果，园区周边敏感点现状 SO_2、NO_2 的小时均值最大超标率分别为 11.4%、64%，SO_2、NO_2 和粉尘日均值最大超标率分别为 16.0%、46.3% 和 46.7%，均符合相应的环境质量标准要求。情景一条件下，工业园对现有分散锅炉过渡期进行环保设施升级改造，SO_2、NO_2 和粉尘年排放量分别减少 0.48 t、0 t

和 0.068 t。情景二条件下，区域集中供热设施建成并全部替代工业园分散小锅炉，SO_2、NO_2 和粉尘年排放量分别减少 2.52 t、8.54 t 和 0.12 t，区域敏感点 SO_2、NO_2 和粉尘的浓度均有降低，可达到相应环境质量标准要求。

全年逐日 TVOC 的日最大 8 h 地面预测浓度均可以满足环境质量标准要求。TVOC 的日最大 8 h 地面浓度为 2.321 1 $\mu g/m^3$，叠加背景值后超标率为 1.22%。敏感点 TVOC 的日最大 8 h 地面浓度为 1.216 9 $\mu g/m^3$，叠加背景值后超标率为 1.04%。

6.4.2　地表水环境影响预测与评价

（1）规划情景下水污染源强预测

工业园规划实施后产生的废水主要包括生活污水、工业废水。建成区污染源排放情况采用已建和在建企业现状实际产生量和环评资料进行统计；未建区域通过类比建成区同类项目排污系数估算水污染物排放量。

目前，工业园只有少量用地未建，且入园企业类型较为确定。珠宝加工主要集中在珠宝加工地块；家具建材、医疗制药等产业控制在现状规模且未来发展主要布局在周边的产业集聚区内，本工业园不再新增。根据工业园土地利用规划方案，未建区工业用地面积约 55.66 hm^2。考虑产业园未建区域入驻行业类型较为确定，按照工业园产业发展规划核算各类产业用地规划用地面积，18 hm^2 用作水产品加工行业、18 hm^2 用作香精香料加工业，10 hm^2 用作食品加工，9.66 hm^2 用作纺织制衣。企业生产周期按 300 d 估算，主导产业排污系数见表 6-10。其中，工业园纺织制衣不含洗毛、染整、脱胶、湿法印花、染色、水洗等工艺，基本无生产废水产生，故不估算其工业废水产生量。

表 6-10　未开发区工业废水产生情况

产业	规划用地面积/hm^2	排污系数/[m^3/（$hm^2 \cdot d$）]	工业废水量/（万 m^3/a）
香精香料	18	2.35	1.27
水产品加工	18	54.52	29.44
食品加工	10	10.64	3.19
纺织制衣	9.66	—	—

根据规划方案，工业园远期新增工业企业的生产和生活污水由水质净化厂处理达到《城镇污水处理厂污染物排放标准》（GB 18918—2002）一级 A 标准和广东省地方标准《水污染物排放限值》（DB44/26—2001）第二时段一级标准的较严者后排入安乐河。考虑工业园纳污水体安乐河现状水质为劣 V 类，设定两种方案计算估算水污染物排放量。其中，方案一为按水质净化厂设计出水标准控制；方案二按《城镇污水处理厂污染物排放标准》（GB 18918—2002）一级 A 标准、广东省地方标准《水污染物排放限值》（DB44/26—2001）第二时段一级标准和《地表水环境质量标准》（GB 3838—2002）V 类标准的较严者控制。规划调整后，工业园新增工业废水 33.9 万 m^3/a，两种方案下新增工业废水污染物排放量见表 6-11。

表 6-11　规划调整后园区工业废水水污染源排放量估算

污染物	方案	已开发区	未开发区	工业园合计
工业废水量/（万 m^3/a）	方案一	95.49	33.9	129.39
COD_{Cr} 排放量/（t/a）		38.19	13.56	51.75
NH_3-N 排放量/（t/a）		4.77	1.70	6.47
TP 排放量/（t/a）		0.48	0.17	0.65
工业废水量/（万 m^3/a）	方案二	95.49	33.9	129.39
COD_{Cr} 排放量/（t/a）		38.19	13.56	51.75
NH_3-N 排放量/（t/a）		4.77	0.68	5.45
TP 排放量/（t/a）		0.48	0.14	0.62

工业园常住人口采用人均居民生活用水定额 210L/（人·d），流动人口人均居民生活用水定额采用 50L/（人·d），污水量按用水量的 80% 计算。规划后常住人口 1.21 万人，流动人口 0.79 万人。未经处理的生活污水按 COD_{Cr} 250 mg/L、氨氮 20 mg/L 进行估算，则生活污水中主要污染物产生量见表 6-12。

规划调整后，工业园生活污水、工业废水排放情况见表 6-12。工业园开发后，园区废水排放量共 214.75 万 m^3/a。水污染物排放量设置两种情景。其中，方案一废水排放浓度按《城镇污水处理厂污染物排放标准》（GB 18918—2002）一级 A 标准和广东省地方标准《水污染物排放限值》（DB44/26—2001）第二时段一级标准的较严者控制；方案二工业园污水处理达到《城镇污水处理厂污染物排放标准》（GB 18918—2002）一级 A 标准、广东省地方标准《水污染物排放限值》（DB44/26—2001）第二时段一级标准和《地表水环境质量标准》（GB 3838—2002）V 类标准的较严者。

表 6-12 规划调整后水污染物排放量估算汇总

情景	污染物	已开发区			未开发区			工业园合计		
		工业源	生活源	小计	工业源	生活源	小计	工业源	生活源	合计
方案一	废水量/（万 m³/a）	95.49	30.52	126.01	33.9	54.84	88.74	129.39	85.36	214.75
	COD$_{Cr}$/（t/a）	38.19	12.21	50.4	13.56	21.94	35.5	51.75	34.15	85.9
	NH$_3$-N/（t/a）	4.77	1.53	6.3	1.70	2.74	4.44	6.47	4.27	10.74
	TP/（t/a）	0.48	0.15	0.63	0.17	0.27	0.44	0.65	0.42	1.07
方案二	废水量/（万 m³/a）	95.49	30.52	126.01	33.9	54.84	88.74	129.39	85.36	214.75
	COD$_{Cr}$/（t/a）	38.19	12.21	50.4	13.56	21.94	35.5	51.75	34.15	85.9
	NH$_3$-N/（t/a）	4.77	0.61	5.38	0.68	1.1	1.78	5.45	1.71	7.16
	TP/（t/a）	0.48	0.12	0.6	0.14	0.22	0.36	0.62	0.34	0.96

（2）污水排放方案

①现有污水处理方案批复情况。

由工业园上一轮环评报告书可知，园区生产废水、生活污水分别经企业、单位内部预处理达到污水处理厂接纳标准，进入工业园自建污水处理厂进一步处理达到地方水污染物排放控制标准城镇二级污水处理厂第二时段一级标准后，通过管道输送至城镇生活污水处理厂排污口处，与城镇生活污水处理厂共用排污口排放。2010 年，工业园按环评审批意见另行编制了工业园污水处理工程项目环境影响报告书，并将工业园污水处理厂排污口调整至排污口邻近地表水体——安乐河，工业园污水处理工程项目环境影响报告书于 2010 年通过所在地县环境保护局的批复。

工业园北部的珠宝产业地块于 2015 年 2 月单独编制了建设项目环境影响报告书，并通过所在地市级环境保护局的批复。环评提出珠宝产业地块的生产和生活污水由自建污水处理站处理达到《地表水环境质量标准》（GB 3838—2002）Ⅳ类标准要求后排入安乐河支流；片区待项目周边市政污水管网建成并能接入市政污水处理厂处理后，生活和生产污水处理达到回用水相关标准后部分回用，其余生活和生产污水经过处理达到污水厂接收标准后，通过市政污水管网送市政污水处理厂处理。

②排水去向及其合理性分析。

对比上一轮工业园区环评和工业园污水处理工程项目环评文件可知，工业园污水处理厂排污口发生调整，由与城镇生活污水处理厂共用水东湾排污口（P1）调整至安乐河就近排放口（P2）。评价进一步论证排水去向的合理性，排污口位置如图 6-3 所示。

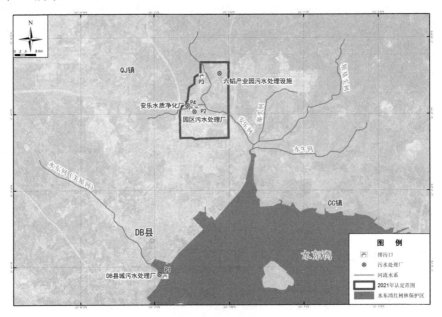

图 6-3　比选排污口位置示意

经比选发现，原环评批复排污口 P1 位于茂港红树林自然保护区试验区内。该保护区是以保护红树林湿地生态系统为主要对象的市级自然保护区，于 1999 年批准设立，2001 年经广东省人民政府核准。根据《广东省人民政府关于广东省海洋生态红线的批复》（粤府函〔2017〕275 号），排污口 P1 所在海域为水东湾红树林限制类红线区，生态保护目标为红树林、滩涂湿地与鸟类栖息环境，其管控措施有：禁止围填海、毁林挖塘、矿产资源开发及其他可能红树林资源的各类开发活动，保护现有红树林资源及其生态系统，加强对受损红树林生态系统的修复，加强海漂垃圾整治，禁止新设排污口，禁止倾废及其他有毒有害物质；环境保护要求：按照海洋环境保护法律法规及相关规划要求进行管理，禁止排放有害有毒的污水、油类、油性混合物、热污染物及其他污染物和废弃物，已建集中排污口适时退出，改善海洋、湿地环境质量，执行不低于第二类海水水质标准、第二类海洋沉积物标准和第一类海洋生物标准。因此，若规划调整后将工业园污水通过管道输送至城镇生活污水处理厂排污口处，与城镇生活污水处理厂共用排污口排放，将进一步增加现有排污口废水排放量，与水东湾红树林限制类红线区"已建集中排污口适时退出"的管控要求相矛盾。

从环境敏感性、水环境现状和投资等角度考虑，工业园污水排水去向定在安乐河较水东湾更优。为此，评价推荐工业园沿用现有排水方案，即污水经工业园污水处理厂处理后就近排入安乐河（排污口 P2），见表 6-13。

表 6-13　污水排放口方案比选

比选内容	原环评批复排污口 P1	现状排污口 P2	比选结果
纳污水体水质现状	排污口所在水东湾近岸海域水质无机氮、活性磷酸盐均超三类海水水质标准	安乐河及下游寨头河水质均为劣 V 类	P1、P2 相当
纳污水体功能区现状	排污口所在海域为水东港口功能区，主要功能为港口、工业	市级排水通道，水域功能为农业用水区、一般景观用水区和排污功能区	P1、P2 相当
水体环境敏感性	位于茂港红树林自然保护区范围内，位于《广东省海洋生态红线》（粤府函〔2017〕275 号）划定的水东湾红树林限制类红线区，与相关管控要求冲突	不涉及保护区，环境敏感性较小	P2 优于 P1
管线投资	铺设的污水管线较长（约 9 km），管线投资较多，需新开发铺设，施工投资较多	就近排放，铺设的污水管线较短，管线投资较少，无须新开挖铺设，施工投资较少	P2 优于 P1

③排水方案情景设置。

规划方案提出工业园工业废水和生活污水经管道收集后全部排入市政水质净化厂处理。由于工业园所在片区的水质净化厂尚未建成，而现有园区污水处理厂已完成改造扩容主体工程建设并正在调试，针对工业园污水治理现状及规划调整方案，对污水处理方案提出近期、远期两种方案。每种方案分别考虑污水处理厂出水标准按现状排放水平和提标至 V 类标准两种情景，具体见表 6-14。其中：

近期：考虑水质净化厂未建成前，维持现状污水处理方案，园区污水采用分散排放方式。其中，园区北部的珠宝产业地块生产和生活污水由自建污水处理站处理达到《地表水环境质量标准》（GB 3838—2002）Ⅳ类标准要求后，排入安乐河支流，自建生活污水处理站和生产废水处理站的处理规模按环评批复规模实施，即 1 650 m³/d 和 200 m³/d。工业园其余工业企业生产废水和生活污水全部纳入园区污水处理厂，处理后排入安乐河。园区污水处理厂处理能力为 5 000 m³/d。

远期方案：考虑安乐水质净化厂运行后，园区污水采用集中排放方式，即园区北部的珠宝产业地块和区内其他工业企业的生产和生活污水经预处理后，与园区生活污水一并接入水质净化厂处理。水质净化厂规划近期处理能力为 2 万 m³/d，远期处理能力为 10 万 m³/d。水质净化厂尚在设计阶段，排污口尚未确定，按照初步设计方案选取在污水厂就近排入安乐河。

表 6-14　排水情景设置

时限	情景	排放方式	污水来源	排放标准	排放口
水质净化厂未建成前	情景一	分散排放	珠宝产业地块污水	地表水Ⅳ类标准	安乐河支流 P3
			园区污水处理厂污水	《城镇污水处理厂污染物排放标准》（GB 18918—2002）一级 A 标准和广东省地方标准《水污染物排放限值》（DB 44/26—2001）第二时段一级标准的较严格标准	安乐河 P2
	情景二		珠宝产业地块污水	地表水Ⅳ类标准	安乐河支流 P3
			园区污水处理厂污水	《城镇污水处理厂污染物排放标准》（GB 18918—2002）一级 A 标准、广东省地方标准《水污染物排放限值》（DB 44/26—2001）第二时段一级标准和《地表水环境质量标准》（GB 3838—2002）Ⅴ类标准的较严者	安乐河 P2
水质净化厂未运行后	情景三	集中排放	水质净化厂污水	《城镇污水处理厂污染物排放标准》（GB 18918—2002）一级 A 标准和广东省地方标准《水污染物排放限值》（DB 44/26—2001）第二时段一级标准较严者	安乐河 P4
	情景四		水质净化厂污水	《城镇污水处理厂污染物排放标准》（GB 18918—2002）一级 A 标准、广东省地方标准《水污染物排放限值》（DB 44/26—2001）第二时段一级标准和《地表水环境质量标准》（GB 3838—2002）Ⅴ类标准较严者	安乐河 P4

④水质净化厂接纳园区污水的可行性分析。

根据水质净化厂初步设计资料，污水处理厂服务范围内的污水量预测见表 6-15，污水处理厂预计接纳园区工业废水约 5 000 m³/d。园区规划调整后工业废水排放总量约 4 429 m³/d。水质净化厂首期设计处理规模能够承载规划实施后园区工业企业废水。从水量角度分析，园区工业企业废水依托水质净化厂集中处理是可行的。

表 6-15　水质净化厂服务范围污水量预测

污水类型	服务区域	预测排水量/（m³/d）
生活污水	水东安乐北城区	2 718
	四所中小学	466
	安乐河周边规划居民小区	9 515
	寨头河流域各村庄	1 631
工业废水	广州白云江高（电白）产业转移工业园	5 000
	合计	19 330

规划调整后，园区未开发区仍主要以水产品加工、香精香料、纺织制衣、食品加工等产业为主，此类企业排放的污水具有污染物浓度高、水质波动大、可生化性较好等特点，污水性质与工业园建成区现状类似，污水中主要含有 COD_{Cr}、NH_3-N、BOD_5 等非持久性污染物，工业废水浓度满足进水水质要求，具体见表 6-16。从水质分析，工业园污水依托水质净化厂集中处理是可行的。

表 6-16　水质净化厂设计进水水质

项目	pH（量纲一）	BOD_5/（mg/L）	COD_{Cr}/（mg/L）	SS/（mg/L）	TN/（mg/L）	NH_3-N/（mg/L）	TP/（mg/L）
设计进水水质	6～9	≤120	≤250	≤200	≤35	≤30	≤5

水质净化厂已完成征地，正在清表，计划 2018 年年底前建成，届时工业园全部废水由水质净化厂处理。水质净化厂建成前，工业园采取分散排污的方式，除珠宝产业地块自建污水处理站外，其余地块污水由现有园区污水处理厂处理后排放。从建设时序上分析，工业园污水依托水质净化厂集中处理是可行的。

（3）水环境影响预测评价

安乐河和寨头河均属于小河流，根据《环境影响评价技术导则　地面水环境》，可简化为矩形平直河流，采用一维稳态衰减模式进行预测。预测因子为 COD_{Cr}、NH_3-N 和 TP。前述 4 种排水情景预测源强见表 6-17。选取最不利水文条件作为本次预测的水文驱动条件，分别计算预测正常排放和事故排放情况下园区污水厂废水排放对安乐河和寨头河的影响。最不利水文条件选取 90%保证率下最枯月平均流量。

表 6-17　预测方案与预测源强

时限	情景	污水来源	新增污水量/（m³/d）	新增排放量/（kg/d）			排水去向
				COD_{Cr}	NH_3-N	TP	
水质净化厂未建成前	情景一	珠宝产业地块污水	1 104.16	33.12	1.66	0.33	安乐河支流 P3
		园区污水处理厂污水	3 208.84	128.35	16.04	1.60	安乐河 P2
	情景二	珠宝产业地块污水	1 104.16	33.12	1.66	0.33	安乐河支流 P3
		园区污水处理厂污水	3 208.84	128.35	6.42	1.28	安乐河 P2
水质净化厂未建成后	情景三	水质净化厂污水	6 651.63	266.07	33.26	3.33	安乐河 P4
	情景四	水质净化厂污水	6 651.63	266.07	13.30	2.66	安乐河 P4

①情景一。

情景一条件下，园区污水处理厂排污口 P2 处 COD_{Cr}、NH_3-N 和 TP 浓度达到峰值，分别为 39.28 mg/L、5.44 mg/L 和 0.62 mg/L；至寨头桥断面 COD_{Cr}、NH_3-N 和 TP 浓度分别为 36.93 mg/L、4.91 mg/L 和 0.57 mg/L。由于 NH_3-N、TP 本底浓度已超过《地表水环境质量标准》（GB 3838—2002）V 类标准，规划调整后安乐河、寨头河 NH_3-N 和 TP 浓度仍超过 V 类标准。但珠宝产业地块配套污水处理厂和园区污水处理厂 NH_3-N 排放浓度分别为 1.5 mg/L 和 5.0 mg/L，TP 浓度分别为 0.3 mg/L 和 0.5 mg/L，均低于安乐河、寨头河 NH_3-N 和 TP 浓度，排污后安乐河盐灶桥断面、寨头河寨头桥断面 NH_3-N 浓度分别较上游 W1 断面本底浓度下降 0.52 mg/L 和 0.70 mg/L，TP 浓度分别较上游 W1 断面本底浓度下降 0.08 mg/L 和 0.10 mg/L。

②情景二。

情景二条件下，园区污水处理厂排污口 P2 处 COD_{Cr}、NH_3-N 和 TP 浓度达到峰值，分别为 39.28 mg/L、4.61 mg/L 和 0.57 mg/L；至寨头桥断面 COD_{Cr}、NH_3-N 和 TP 浓度分别为 36.93 mg/L、4.17 mg/L 和 0.52 mg/L。与情景一相比，由于园区污水

处理厂 NH_3-N 排放浓度进一步提标至 2.0 mg/L，TP 排放浓度进一步提标至 0.4 mg/L，排水浓度已达寨头河功能区要求，规划调整后园区污水排放浓度远低于安乐河、寨头河 NH_3-N 和 TP 浓度，排污后安乐河盐灶桥断面、寨头河寨头桥断面 NH_3-N 浓度分别较上游 W1 断面本底浓度下降 1.27 mg/L 和 1.44 mg/L，TP 浓度分别较上游 W1 断面本底浓度下降 0.10 mg/L 和 0.15 mg/L，降幅明显大于情景一。

③情景三。

情景三条件下，水质净化厂排污口 P4 处 COD_{Cr}、NH_3-N 和 TP 浓度达到峰值，分别为 39.44 mg/L、5.34 mg/L 和 0.60 mg/L；至寨头桥断面 COD_{Cr}、NH_3-N 和 TP 浓度分别为 37.79 mg/L、5.23 mg/L 和 0.58 mg/L，安乐河、寨头河 NH_3-N 和 TP 浓度超过《地表水环境质量标准》（GB 3838—2002）V 类标准。但水质净化厂 NH_3-N 和 TP 出水浓度分别为 5.0 mg/L 和 0.5 mg/L，低于安乐河、寨头河 NH_3-N 浓度，排污后安乐河盐灶桥断面、寨头河寨头桥断面 NH_3-N 浓度分别较上游 W1 断面本底浓度下降 0.29 mg/L 和 0.38 mg/L，TP 浓度分别较上游 W1 断面本底浓度下降 0.07 mg/L 和 0.09 mg/L。

④情景四。

情景四条件下，水质净化厂排污口 P4 处 COD_{Cr}、NH_3-N 和 TP 浓度达到峰值，分别为 39.44 mg/L、4.02 mg/L 和 0.55 mg/L；至寨头桥断面 COD_{Cr}、NH_3-N 和 TP 浓度分别为 37.79 mg/L、3.94 mg/L 和 0.54 mg/L。与情景三相比，由于水质净化厂 NH_3-N、TP 排放浓度进一步提标至 2.0 mg/L 和 0.4 mg/L，排水浓度已达寨头河功能区要求，规划调整后园区污水排放浓度远低于安乐河、寨头河 NH_3-N 浓度，排污后安乐河盐灶桥断面、寨头河寨头桥断面 NH_3-N 浓度分别较上游 W1 断面本底浓度下降 1.60 mg/L 和 1.67 mg/L，TP 浓度分别较上游 W1 断面本底浓度下降 0.12 mg/L 和 0.13 mg/L，降幅明显大于情景三。

结合排水去向合理性分析和水环境影响评价结果，本书推荐如下排水方案：

水质净化厂未建成前，维持现状污水处理方案，园区污水采用分散排放方式。其中，园区北部的珠宝产业地块生产和生活污水由自建污水处理站处理达到《地表水环境质量标准》（GB 3838—2002）IV 类标准要求后，排入安乐河支流；园区其余工业企业生产废水和生活污水全部纳入园区污水处理厂，处理达到《城镇污水处理厂污染物排放标准》（GB 18918—2002）一级 A 标准、广东省地方标准《水污染物排放限值》（DB44/26—2001）第二时段一级标准和《地表水环境质量标准》（GB 3838—2002）V类标准的较严者排入安乐河。

水质净化厂建成运行后，园区污水采用集中排放方式。园区北部的珠宝产业地块和园区内其他工业企业的生产和生活污水经预处理达到接纳标准后，与园区生活污水一并接入水质净化厂，处理达到《城镇污水处理厂污染物排放标准》（GB 18918—2002）一级A标准、广东省地方标准《水污染物排放限值》（DB44/26—2001）第二时段一级标准和《地表水环境质量标准》（GB 3838—2002）V类标准的较严者排入安乐河。

（4）区域水污染综合整治方案

①区域水污染综合整治方案。

工业园纳污水体安乐河为寨头河一级支流，主要有三条小支流，无上游水源补充。据调查，安乐河最南边支流平时水量主要来源是当地居民、学校排放的生活污水和工业园污水处理厂排放的废水；其他两条支流主要是接纳农田灌溉余水和农村生活污水。安乐河、水牛河和坝基头河三条河流交汇后为寨头河干流，流经 6.5 km 后入海。寨头河是当地主要入海河流和排水通道，近年水质不断恶化。根据常规监测资料，寨头河超标项目主要为 BOD_5、COD_{Cr}、TP、TN 和 $NH_3\text{-}N$ 等，污染源主要来源于工业源、生活源和农业源。因长期属地表水劣V类，被省和地方列为重点整治对象，整治范围为寨头河流域，含寨头河干流及其支流安乐河、坝基头河、水牛河。寨头河流域环境综合整治以建设水质净化厂及配套管网工程、寨头河截污管网工程、园区污水处理设施扩容改造工程和畜禽养殖业污染整治为重点，切实加强寨头河流域生活污水、养殖污染等重要污染源的综合整治工作，整治方案见表 6-18。

表 6-18　寨头河流域环境综合整治任务

整治任务	具体内容
加快园区污水集中处理设施扩建	工业园区必须全面实现污水集中处理，完成园区污水处理厂扩建及提标升级工程并投入正常运行，出水水质须达到《城镇污水处理厂污染物排放标准》（GB 18918—2002）一级A标准和广东省地方标准《水污染物排放限值》第二时段一标准的较严重，且稳定达标排放；完成自动在线监控装置安装及数据联网传输

整治任务	具体内容
加快水质净化厂及配套管网建设	建设内容包括新建设计规模 2 万 m^3/d 处理设施 1 座及配套主次干管 14.56 km
加快寨头河截污管网工程建设	采取截源控污的措施，建设寨头河截污管网工程。对于污染程度较重，污染源较集中的污水进行截污，再排入安乐水质净化厂处理
开展寨头河禁养区禽畜养殖清理整治工作	畜禽养殖业污染是寨头河流域主要污染源，经初步调查，寨头河流域内有养殖场、专业户 33 家。为了更好地推动畜禽养殖户在规定时间内退养，制订具体工作方案，明确禁养区内畜禽养殖场关闭退养整治的时间节点，细化整治措施，落实责任人，确保寨头河流域养殖场全部关闭或搬迁退养
加快推进农村生活污水治理工程建设	寨头河周边村庄共有 11 804 人，其生活污水未收集处理，造成地表水质污染，也是寨头河成为黑臭水体的原因之一。完成已纳入区生活污水设施整区捆绑 PPP 项目的招标范围中的 11 个自然村和 3 个自然村的污水处理设施建设
推进生态修复工程	采取河道的清淤疏浚、垃圾清理、生态恢复等措施，按照"先截污，后清淤"的原则，通过清淤和打捞方式清除水中的底泥、垃圾、生物残体等固态污染物，实现内源污染控制；通过生态和生物净化措施，消除水中的溶解性污染物，恢复河道原有生态系统；采取清水循环技术，若条件许可，可以引共青河水向寨头河补入清洁水
严格环境执法监管，严肃查处环境违法行为	加强对流域内排污单位的排放监督，强化工业污染源控制，大力整治流域内非法排污企业，保持对违法排污企业的高压态势。严格环境准入，坚持环保门槛不降低、排放标准不放松，杜绝高耗能、高污染和资源型企业落户园区；严禁制革、漂染、电镀、化工、造纸等重污染行业的企业入园。停止寨头河流域范围内新建、扩建畜禽养殖项目的审批

②主要污染物削减效果分析。

根据现场调查，寨头河流域入河污染物排放量构成如图 6-4 所示。工业源 COD_{Cr}、NH_3-N 和 TP 入河量仅分别占流域 COD_{Cr}、NH_3-N 和 TP 入河排放总量的 3.56%、3.76%和 1.90%。

经分析，寨头河水环境综合整治方案实施后，可削减寨头河流域 COD_{Cr}、NH_3-N 和 TP 入河排放量分别为 689.9 t/a、107.06 t/a 和 17.48 t/a，具体见表 6-19，届时周边水环境对工业园发展的制约将有所减缓。

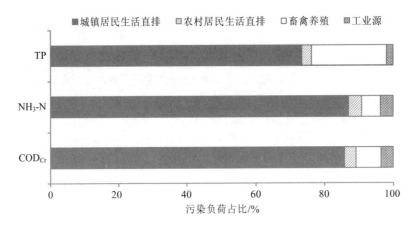

图 6-4　寨头河流域现状水污染负荷构成

表 6-19　寨头河水环境综合整治方案削减效果汇总   单位：t/a

污染源	COD$_{Cr}$ 削减入河量	NH$_3$-N 削减入河量	TP 削减入河量
城镇居民生活源	584.73	77.05	12.69
农村居民生活源	55.88	7.62	1.27
畜禽养殖源	49.29	4.34	3.46
工业源	—	18.05	0.06
合计	689.90	107.06	17.48

6.4.3　地下水环境影响预测与评价

根据水文地质条件分析，工业园所在区域主要含水岩组为不连续松散岩类孔隙水和块状岩类裂隙水，其中上部松散岩类孔隙水与下部强中风化块状岩类裂隙水之间存在一层或几层透水性较差的相对隔水层，含水层间水力联系不密切。上部松散岩类孔隙水分布极不连续，富水性及透水性较差，此外，参照《广东省地下水功能区划》（粤办函〔2009〕459 号），规划区属于地下水分散式开发利用区，地下水水质保护目标均为III类，规划区及周边不存在集中式地下水水源地，规划区地下水环境不敏感；根据对规划区及周边走访调查，规划区及周边居民敏感点普遍采用自来水作为生活饮用水水源，没有开发利用地下水的现象，规划实施不会影响周边敏感点饮用水安全。

根据水污染源分析,对地下水环境威胁较重的区域包括珠宝产业地块生产车间和污水处理池、生产车间等。根据珠宝产业地块防渗方案,一般生活办公区域采用抗渗混凝土施工,厚度大于 50 mm,上部铺设防水瓷砖,防渗系数一般可达到 10^{-7} cm/s 数量级及以下;对珠宝产业地块生产车间含重金属区域,地基需采用黏土衬层铺设夯实,并采用抗渗等级较高的混凝土施工,特殊地段表面铺设 2 mm 厚 HDPE 膜,上部刷防水砂浆,防渗系数须达到 10^{-11} cm/s 数量级以下,所有涉重金属及持久性有机污染物的池子应建于地面以上。对于有危险化学品存储的物料存储区及危险废物暂存区域,严格按照《危险废物贮存污染控制标准》(GB 18597—2001)的相关要求进行设计并采取相应的防渗措施,防渗系数须达到 10^{-11} cm/s 数量级。规划区域工程建设地下水防渗层能有效阻止污染物下渗带来的环境影响。结合表面土层为粉质黏土的天然防渗条件,正常情况下,该区域污染物对地下水的影响较小。根据现状地下水环境取样分析,现状条件下,规划区未出现地下水明显超标的现象,说明现有地下水防渗体系能够较好地防护污染物向地下水中的渗漏。规划实施基本不会对地下水环境产生影响,但规划实施后应加强工业园地下水环境监测,防止规划建设对地下水环境产生不利影响。

6.4.4　声环境影响预测与评价

(1)工业噪声

工业噪声主要为高噪声生产设备产生的噪声。工业园企业高噪声生产设备声级值多为 75～105 dB(A),主要集中分布在厂房区域,在生产过程各类设备运转发出噪声。企业须对高噪声设备进行降噪治理,降至 85 dB(A),满足《工业企业设计卫生标准》85 dB(A)的限值要求。采用噪声预测模式计算噪声源随距离的衰减情况,以设备发出的噪声为 85 dB(均按距离设备处 1 m 计)为例,当经过 32 m 距离的衰减,其噪声值为 55 dB,符合厂界 3 类夜间标准 55 dB;当经过 57 m 距离的衰减,其噪声值为 50 dB,符合厂界 2 类夜间标准 50 dB。这就要求工厂发出的噪声为 85 dB 或以上时,声源必须离敏感目标 57 m 或以上。工业园应对高噪声设备进行降噪处理,满足《工业企业设计卫生标准》85 dB(A)的限值要求。考虑厂房建筑隔声、绿化带等的衰减作用,工业噪声不对周边敏感点造成明显不利影响。

（2）交通噪声

交通噪声声源主要有：发动机噪声，进、排气噪声，车体振动噪声，轮胎噪声等。规划实施后，主要的交通噪声源是辖区内机动车行驶时的噪声（匀速、7.5 m处），噪声级范围为 68～81 dB（A）。

工业园周边主干道绿城大道、环市路近期在道路中心线两侧 51 m、中期在道路中心线两侧 81 m、远期在道路中心线两侧 131 m 处昼间、夜间噪声可达到 2 类标准。园区次干道（科技一路等）近期、中期在道路中心线 30 m，远期在道路中心线 60 m 可衰减达到 2 类标准。园区支路（梅芳、梅香、梅秀、纵二路、纵三路）近期、中期、远期分别在 30 m、40 m、50 m 处可衰减达到 2 类标准。

工业园规划在环市路两侧布置有 4 个地块的居住用地，在绿城大道沿线布置有 3 个地块的二类居住用地，考虑到绿城大道、环市路中期、远期在 80～130 m才能衰减达到 2 类标准，建议道路两侧各设置 15 m 绿化带，同时对居住区采取声屏障、安装隔声窗、绿化等措施，改变临街建筑功能等措施，在此前提下，园区道路建设不会对沿线声环境敏感点产生明显不利影响。

6.4.5 固体废物影响预测与评价

工业园固体废物主要包括生活垃圾、一般工业固体废物、危险废物、污水处理厂污泥，规划调整前后变化情况见表 6-20。

表 6-20 规划调整前后固体废物产生量变化

固体废物类型	调整前现状产生量/（t/a）	规划实施后总产生量/（t/a）	处置方式
生活垃圾	2 237.45	5 858.25	由环卫部门统一收集处理
一般工业固体废物	1 554.08	4 663.20	可回收部分交废物回收单位回收利用，不能回收的统一运至垃圾填埋场填埋
危险废物	1.16	55.88	交有资质的单位安全处置
污泥	3 887.25	16 087.76	脱水压缩后外运至垃圾填埋场

规划实施后，工业企业产生的一般工业固体废物均进行回用或委托相关单位进行处置；园区内的生活垃圾由环卫部门同一收集，运至垃圾填埋场填埋处理；污水处理厂产生的污泥应委托有资质的单位进行处置；工业危险固体废物由持有广东省危险废物经营许可证的单位处置。通过这些处置方式，园区固体废物可得到妥善处置，对环境的影响较小。

6.4.6　环境风险影响预测与评价

（1）风险识别

①物质危险性识别。

工业园珠宝产业生产过程涉及少量有毒有害化学品的使用，存在有毒有害物质泄漏风险，主要包括珠宝加工清洗、制模过程原辅料中使用的氢氧化钠等腐蚀物质，浓硫酸等强氧化物质，丙酮、天那水等易燃物质；水产品加工生产过程涉及液氨的使用；香精香料加工生产过程使用丙二醇进行提取；乳胶制品行业生产过程涉及的危险物质有硫黄（易燃物质），氢氧化钠（腐蚀性腐蚀）和二乙基二硫代氨基甲酸锌（可燃物质）。

②生产过程危险性识别。

根据工业园产业定位，纺织制衣主要为服装、服饰及辅料、纺织品加工，不含印染、洗水、印花等工艺，医药产业主要为中药饮片加工，生产车间一般无易燃易爆物品，生产过程危险性很小，食品加工、医疗制药、纺织制衣等行业生产过程潜在风险概率较小，可能发生的风险主要为火灾事故。水产品加工冷冻过程使用的冷冻剂主要为液氨，液氨在使用过程中存在风险。根据同类项目的类比调查分析，该类事故风险类型确定为毒物泄漏，一旦发生事故会对周围环境造成影响。香精香料生产企业使用丙二醇等可燃物质，若输送时流速过快、搅拌速度过快可造成静电积聚引起火灾、爆炸事故。乳胶制品行业生产过程涉及的危险物质有硫黄（易燃物质）、氢氧化钠（腐蚀性腐蚀）和二乙基二硫代氨基甲酸锌（可燃物质），在运输、使用、贮存过程中存在一定的事故风险隐患。珠宝加工行业生产设施风险主要存在涉及化学危险品的煅烧工段、消化陈化工段、炭化工段、表面处理工段；生产过程使用的浓硫酸、氢氧化钠有腐蚀性，有机溶剂（含丙酮）可燃烧。

③基础设施环境风险识别。

基础设施环境风险包括生产废水事故性排放风险、天然气管线泄漏风险、企业自备供热锅炉柴油储存和使用过程可能发生的爆炸或火灾风险、水产品加工企业液氨储存和使用过程可能发生爆炸或火灾风险等。

（2）事故后果预测（略）

（3）环境风险影响评价

根据后果分析可知，园区污水处理厂污水事故排放时，安乐河、寨头河受影响较大，而排污口下游河段将出现一定的超标区域。工业园后续规划实施应建设事故废水应急池，以储存事故排放时所产生的废水，可以有效降低事故排放时所产生的水环境风险。

针对项目存在的主要环境风险污染事故（如泄漏、火灾、爆炸、中毒等），评价提出初步的防范对策措施和突发事故应急方案。在提出的各项环保措施及应急预案落实条件下，本项目可最大限度地降低事故发生后所产生的环境风险。园区环境风险可以通过制定严格的管理规定和岗位责任制，加强职工的安全生产教育，提高风险意识，最大限度地减少可能发生的环境风险。在加强管理、确保有效的风险防范措施，发生事故后及时有效启动风险应急预案应对的情况下，产业园的环境风险是可以接受的。

6.5 资源环境承载力分析

6.5.1 土地资源承载力分析

工业园规划用地面积为 400 hm^2，其中规划工业用地为 125.86 hm^2。目前，工业用地已开发 70.2 hm^2，占园区规划工业用地总面积的 55.78%，未开发区大部分区域已经进行招商引资或有意向入园企业，剩余工业用地面积为 55.66 hm^2，但也已基本完成产地平整，主要用于水产品加工、香精香料、纺织制衣和食品加工等生产企业。

工业园主要是耕地，占 32.27%，村庄建设用地面积较少，仅为 5.24%。根据区域控制性详细规划，工业园的土地规划布局及面积是在严格控制新增建设占用耕地面积的情况下确定的，其土地资源配置是合理的。工业园 125.86 hm² 工业用地开发建设比例已经超过 55%，而剩余工业用地也已基本完成土地平整，未占用基本农田。

就土地可利用资源总量而言，区域的土地资源总量可以满足工业园区总体的占地需要，区域土地资源对本规划的实施有足够的承载能力。

6.5.2　水资源承载力分析

根据规划方案估算，工业园新鲜水用量约为 0.76 万 m³/a，较现状增加 0.39 万 m³/a。

园区现状及规划用水均由城东自来水厂供给。城东自来水厂现状供水能力为 2 万 m³/d，规划到 2030 年供水能力达到 6 万 m³/d，水源为袂花江、水库补水。根据当地城市总体规划，区域规划新建引罗供水工程和新建占鳌水厂，近期供水规模为 24.3 万 m³/d，远期供水扩建至 42 万 m³/d。

据调研，城东自来水厂现状实际供水规模约为 1.5 万 m³/d。园区规划调整后新增用水量约为 4 000 m³/d，城东自来水厂现状剩余供水能力约为 5 000 m³/d，可以完全满足园区发展的需求。远期占鳌水厂建成后，园区需水量不足鳌水厂近期和远期供水量的 5%。可见，区域供水能力可承载工业园的发展。

考虑到园区周边纳污水体水质长期超标，为减轻周边水环境压力，建议园区企业应加大水资源的综合利用，包括进一步加大对雨水、中水等的回用，以减轻区域水资源和水环境的压力。

6.5.3　水环境承载力分析

（1）水环境容量计算

采用一维稳态水质模型进行地表水环境容量测算。根据地表水环境容量核定原则，河流混合带范围不得超过 1～2 km²，宽度不得超过河宽的 1/3，长度不得超过 1 500 m，河流水环境容量选择的计算距离一般为排污口下游 500～1 000 m。安乐河属于小河，环境容量计算时混合污染带长度确定为 1 000 m。

水环境容量计算采用的设计水文条件为水体 90%保证率下最枯月的河道水文条件，流量取 0.1 m³/s；河流上游来水浓度取本次现状监测的平均值。鉴于安乐河现状水质 NH₃-N、TP 超过《地表水环境质量标准》（GB 3838—2002）Ⅴ类标准，已无环境容量，仅计算 COD_{Cr} 的环境容量。COD_{Cr} 降解系数取 0.1/d，混合区边界浓度取寨头河流域水环境整治目标，即 COD_{Cr}：40 mg/L。经计算，安乐河 COD_{Cr} 环境容量为 85.9 t/a，工业园规划调整后 COD_{Cr} 排放量占安乐河容量的 82.1%。

（2）水环境承载力分析

由于安乐河现状 NH_3-N、TP 浓度超标，工业园规划实施主要靠区域污染削减提供承载。由前述分析可知，寨头河水环境综合整治方案实施后，可削减寨头河流域 COD_{Cr}、NH_3-N 和 TP 入河排放量分别为 689.9 t/a、107.06 t/a 和 17.48 t/a。由表 6-21 可见，园区 COD_{Cr}、NH_3-N 和 TP 排放量分别占区域削减污染负荷的 12.45%、6.69% 和 5.49%。另外，规划调整后，按照评价推荐排水方案，水质净化厂出水水质提标至《城镇污水处理厂污染物排放标准》（GB 18918—2002）一级 A 标准、广东省地方标准《水污染物排放限值》（DB44/26—2001）第二时段一级标准和《地表水环境质量标准》（GB 3838—2002）Ⅴ类标准的较严者，排水浓度满足安乐河环境功能区的水质要求。因此，推进区域削减措施并将水质净化厂出水提标至《城镇污水处理厂污染物排放标准》（GB 18918—2002）一级 A 标准、广东省地方标准《水污染物排放限值》（DB44/26—2001）第二时段一级标准和《地表水环境质量标准》（GB 3838—2002）Ⅴ类标准的较严者前提下，安乐河可承载工业园的日常排污。

表 6-21　采取区域削减措施后安乐河水环境承载力分析

总量控制因子	COD_{Cr}	NH_3-N	TP
园区建成后污染物总排放量/（t/a）	85.9	7.16	0.96
区域削减污染负荷/（t/a）	689.9	107.06	17.48
排放量占区域削减污染负荷比例/%	12.45	6.69	5.49

6.5.4　大气环境承载力分析

（1）大气环境容量计算

采用 A 值法计算区域大气环境容量。工业园区总面积为 4 km²，选取当地年平均大气污染物平均浓度作为背景，即 SO_2 取 0.014 mg/Nm³，NO_2 取 0.024 mg/Nm³，烟尘为 0.034 mg/Nm^3，大气污染物按二级标准控制，即 SO$_2$ 年平均浓度为 0.06 mg/Nm^3，NO$_2$ 为 0.04 mg/Nm^3，烟尘为 0.07 mg/Nm^3。经计算，工业园 SO$_2$、NO$_2$、烟尘的容量分别为 0.092 万 t/a、0.032 万 t/a、0.072 万 t/a。

（2）大气环境承载力分析

规划实施后，工业园依托的区域集中供热设施未建成前，园区保留现有分散锅炉并进行环保改造，SO$_2$、NO$_x$、烟尘排放量分别占到规划区环境容量的 0.22%、2.67%、11.51%，规划项目大气污染物排放量均可以满足环境容量的需求。待集中供热设施建设完成后，园区分散小锅炉全部淘汰，园区削减 SO$_2$ 2.04 t/a、NO$_x$ 8.54 t/a 和烟尘 0.052 t/a，具体见表 6-22。可见，规划实施后大气污染物环境容量充足，区域大气环境可以支撑工业园的开发和建设。

表 6-22　规划调整的大气环境承载力分析

污染物	SO$_2$			NO$_2$			烟尘		
	园区/ (t/a)	环境容量/ (t/a)	占环境容量的比例/%	园区/ (t/a)	环境容量/ (t/a)	占环境容量的比例/%	园区/ (t/a)	环境容量/ (t/a)	占环境容量的比例/%
工业园	2.04	920	0.22	8.54	320	2.67	8.292	72	11.51

6.6　规划合理性综合论证

6.6.1　规划合理性论证

（1）规划调整的必要性

①规划调整是区域社会经济发展的需求。

省、市、区国民经济和社会发展第十三个五年规划纲要中都提出要"加快产业园区扩能增效，扩大产业集聚规模"，促进产业转移，大力发展园区经济，推动产业集聚发展。经过数年的建设，工业园已成为区域重要的产业集聚区和经济支柱，是当地工业快速发展和综合实力迅速提升的重要载体。因此，工业园规划调整，将进一步促进区域社会经济的发展。

工业园的开发建设，提供了数量不菲的就业岗位，员工多来自周边村镇。工业园的建设，在很大程度上提高了周边工作人员的收入水平，同时，以工业带动相关产业发展，进一步提升了区域城市化建设和经济建设的程度，改善了周边民众的生活水平。工业园规划调整后将发挥产业优势，带动产业的进一步扩展，除已有的水产品加工、香精香料、纺织服装等主导行业外，进一步带动食品加工、珠宝加工、家居建材、医疗制药等多产业并行发展，推动城市化进程，提高区域人口的生活水平。

②规划调整是提升园区及工业企业环境保护管理水平的必要条件。

工业园首期获得广东省环境保护厅批复同意建设后，园区工业有了长足进步，水产品加工、香精香料等产业颇具规模，生产产品行销各地，提供了较多的工业岗位，取得了良好的社会、经济效益。但是，园区、企业在环保措施建设方面存在一些问题，如引进的企业管理水平参差不齐，企业清洁生产水平和环保管理仍待改善；园区也未按照原环评要求建设集中供热设施，废水治理及回用尚有不足的地方。通过园区规划调整，完善和升级园区、企业的环保措施，尤其是园区依托周边产业集聚区二期用地的集中供热设施替代现有的分散式供热锅炉，对污水处理厂进行改造升级，以有效削减园区污染物排放量，为后续发展腾出环境容量，并可有效改善区域环境质量，降低环境风险。

因此，规划调整符合区域社会经济发展要求，有利于提升园区管理水平，有利于完善污染治理措施、减轻环境影响、改善环境质量。所以，规划调整是必要的。

③规划调整是促进区域环境整治的重要保障。

工业园经过几年的发展，随着周边城市化进程的加快，水污染物排放量持续增加，周边水环境质量长期处于劣V类，已无法承载园区发展的要求。另外，园区区位调整后，规划红线范围内北部的工业用地已经在开发建设珠宝加工产业。为了更好地对园区及各工业企业进行管理，结合园区区位调整，有必要实施规划调整，根据规划的要求完善区域配套的基础设施，提升园区环境管理水平，在促进产业发展的同时改进园区和工业企业环境保护治理和管理水平，促进区域开展环境（尤其是水环境）综合整治，有效削减区域污染物排放量。

（2）规划范围的合理性分析

工业园原规划用地面积为 408.85 hm²。园区经认定后又对其四至范围进行了调整，并于 2012 年通过广东省国土资源厅、广东省经济和信息化委员会对工业园

面积和四至范围的审核确认。调整后园区面积为 400 hm^2（6 000 亩），四至范围
有所调整。

从工业园所在地城市总体规划来看，工业园所处区域是区级行政、文化和商
贸中心。根据片区控制性详细规划，原规划范围内西南部规划有大量居住用地，
而调整后的规划范围内除现有的村庄用地外，居住用地规划面积明显减少，可避
免工业园区发展对周边居住区的影响。另外，原规划区范围内有当地土地利用规
划划定的 29.98 hm^2 基本农田保护区，而规划调整后园区范围内基本农田保护区面
积减少至 7.11 hm^2，可避免工业园开发建设对基本农田保护区的占用和影响。

原规划区范围内现有常住人口 1 780 人，流动人口 8 900 人，总人口达 11 680
人；而规划调整后的园区范围内现有常住人口 4 620 人，流动人口 1 500 人，总人
口达 6 120 人，人数明显少于原规划区范围。

本次规划调整范围与 2012 年广东省国土资源厅、广东省经济和信息化委员会
审核确认的四至范围保持一致。综上因素，规划调整范围有效避让了基本农田保
护区和区域规划居住区，可避免工业园发展对周边环境敏感目标的影响，且与认
定范围一致，规划范围更具有环境合理性。但规划调整后园区范围内仍保留村庄
建设用地和居住用地，园区开发应关注工业企业对周边居民区的影响，并采取有
效的环境影响减缓和风险防范措施。此外，园区西北部占用 7.11 hm^2 的基本农田，
现状虽未开发利用，规划调整后仍应严格控制用地开发规模，严禁占用基本农田。

（3）规划发展定位的合理性分析

工业园规划调整后，以水产品加工、香精香料、纺织制衣三大主导产业，努
力打造全省水产品加工业航母基地和香精香料产业基地；同时，大力推进食品加工、
珠宝加工、家居建材、医疗制药等多产业并行发展，努力打造现代综合工业园。

工业园位于粤西沿海，是省级重点开发区，规划提出"努力打造现代综合工
业园"符合区域开发的客观需要，发展目标与相关经济发展规划对该地区的经济
发展目标相符。自 2006 年认定以来，工业园已形成水产品加工业、香精香料业两
大主导产业，加上区域海洋资源丰富，水产品加工具有一定的地区资源优势，为
水产品加工业发展提供了支撑。

总的来看，园区规划调整的发展目标符合发展客观现实和需求，符合国家相
关法律法规及政策要求，总体上是合理的。

（4）规划布局的合理性分析

工业园主要引进低污染、轻污染企业，对周边大气环境影响较小；但园区范围内布置了居住用地，且主要集中在园区中部向前路以南地块。向前路以南地块规划的居住用地位于园区的下风向，南侧紧邻工业用地，工业企业生产排放的无组织废气可能对居住区造成影响。根据园区已开发区企业现状分布图，该居住用地南侧为食品、中药制剂等企业，上述工业企业生产对规划居住用地的影响较小；但居住用地东侧紧邻水产品加工企业。由环境风险影响评价结果可知，规划居住用地在液氨泄漏的影响范围内。另外，该用地毗邻现状园区污水处理厂和规划的水质净化厂，污水处理厂臭气可能影响居民日常生活。因此，建议该地块将邻近工业用地一侧调整为商业服务业设施用地或绿地与广场用地，以避免工业企业生产对人群的影响。

规划调整后，园区依托邻近产业集聚区二期用地的集中供热设施进行集中供热，区域主导风向为 E-ESE-SE，因此集中供热设施对园区居住用地的影响较小。

此外，园区东南角、环市路两侧规划的居住用地紧邻工业用地。建议该地块优先布置物流仓储或一类工业，同时规划调整后应确保工业企业与周边居住用地之间保留足够的缓冲距离，并严格限制水产品加工等环境风险较大的产业布局在两侧工业用地，减缓对周边居民的影响。

园区规划范围内分布有公塘、长山仔、田头村、盐灶村、大稔田等自然村，规划区周边村庄较多，且园区西侧为规划的居住用地，规划实施过程应加强既有村庄保护，做好与邻近城市发展区域的协调，规划区内靠近村庄和邻近规划居住用地的工业用地应优先调整为商业服务业设施用地或绿地与广场用地，确实无法调整用地性质的应优先布置物流仓储或一类工业，并在居住区或村庄与工业企业之间应保留足够的缓冲距离。

总之，园区布局结合现状工业企业开发现状，将工业用地集中布局在园区南部和北部，基础设施集中在安乐河两侧的园区中心，功能分区基本合理。但园区中部向前路以南地块因毗邻污水处理厂和水产品加工企业，且位于园区下风向，为避免工业企业生产和污水厂臭气对人群的影响，建议该地块邻近工业用地一侧调整为商业服务业设施用地或绿地与广场用地。因园区东南角、环市路两侧规划的居住用地紧邻工业用地，建议规划居住区与工业企业之间应保留足够的缓冲距离，并严格限制水产品加工等环境风险较大的产业布局。规划方案按上述意见优化调整布局方案后方具有环境合理性。

（5）规划规模的合理性分析

①人口规模的合理性。

根据规划，工业园规划调整后用地规模 400 hm²，规划人口规模 2.0 万人。根据园区已有企业（已建和在建）的员工数量统计，园区工业用地全部开发后，预计产业人口数量将达到 0.79 万人左右。此外，由于园区位于城市建成区，是城区未来主要的商贸区，居住用地开发将较迅猛，因此可按已建城镇居住用地人口密度估算未建居住地的人口规模，规划调整后居住用地可容纳人口 1.21 万人。园区范围内现有田头村、盐灶村、长山仔、公塘四个自然村，工业园职工有较大比例来自周边村镇，随着园区发展未来，村庄居住的人口将略有上浮。综上因素考虑，工业园规划调整后总人口规模将达到 2.0 万人，其中常住人口为 1.21 万人，产业人口为 0.79 万人是合理的。

由于园区纳污水体安乐河水质现状已超过《地表水环境质量标准》（GB 3838—2002）Ⅴ类标准，园区发展需要通过区域水环境污染整治和污水处理厂提标方可承载。另外，按上述调整园区中部向前路以南规划居住用地的用地属性后，园区可开发居住用地面积将显著减少，因此建议严格控制并减少园区人口规模。

②产业规模的合理性。

工业园发展规模对水环境承载能力的影响主要体现在水和大气污染物排放量方面。规划调整后，园区拟依托邻近产业集聚区规划新建的集中供热设施供热，本园区在集中供热项目半径内，待集中供热设施建设完成后，分散小锅炉全部被淘汰，园区将削减 SO_2 2.04 t/a、NO_x 8.54 t/a 和烟尘 0.052 t/a。在邻近产业集聚区集中供热设施未建成前，本园区现有分散锅炉保留并进行环保改造。过渡期内，园区 SO_2、NO_x、烟尘排放量分别占规划区大气环境容量的 0.22%、2.67%、11.51%，规划区的大气环境可以支撑规划项目的开发和建设。

由于园区分散生物质、燃油锅炉环保措施简陋，SO_2 和烟尘处理效率低，NO_x 几乎未处理排放，不能达到相应的排放标准要求，必须进行淘汰取代。目前园区规划 125.86 hm² 工业用地中，未开发工业用地为 55.66 hm²。由于本园区在邻近产业集聚区的集中供热项目供热半径内，亦可利用集中供热项目热源。邻近产业集聚区未开发工业用地为 75.73 hm²，园区和邻近产业集聚区未开发工业用地总计 131.39 hm²，估算未开发工业用地需热负荷 53.61 t/h，加之现有企业 15 t/h 热需求，则未来平均热需求约为 68.61 t/h。根据园区规划及当地环保需求，保持供热能力 80 t/h 可适应发展需求。根据《广东省工业园区和产业集聚区集中供热实施方案（2015—2017 年）》，园区应于 2016—2017 年建设 4×25 t/h 燃煤集中供热设施。邻近产业集聚区集中供热设施设计热负荷约 100 t/h，平均负荷 80 t/h，同时建成后全面淘汰工业园区现有的分散锅炉。根据初步设施，考虑到环保监管要求，邻近产业集聚区集中供热设施拟采用燃气分布式能源站项目，规模为 2×21 MW，并根据实际热需求分期进行建设。

工业园周边纳污水体安乐河和寨头河水质长期属于《地表水环境质量标准》（GB 3838—2002）劣Ⅴ类，已无环境容量承载园区发展。目前，寨头河流域整治已被列入当地水环境整治任务。工业园污水处理厂已完成扩容改造，现状污水处理能力已提升至 5 000 m³/d，有利于更好地处理园区工业企业废水；区域水质净化厂建成运行后可进一步削减区域生活污染负荷。由 6.4.2 节和 6.5.3 节的分析可知，采取区域水环境削减措施、如期建设水质净化厂并提高污水排放标准至《城镇污水处理厂污染物排放标准》（GB 18918—2002）一级 A 标准、广东省地方标准《水污染物排放限值》（DB44/26—2001）第二时段一级标准和《地表水环境质量标准》（GB 3838—2002）Ⅴ类标准的较严者后，方可承载工业园规划实施。

综上所述，工业园发展规模未超出当地大气环境容量的要求，园区集中供热方案和污水排放方案的规模是合理的，符合园区发展、园区建设及环保监管要求；但由于纳污水体现状已超标，只有在采取区域削减措施和如期建设区域水质净化厂并提标的前提下，水环境方可承载园区人口和产业发展。为实现园区长远的发展目标，园区应协同当地人民政府推动寨头河流域水环境综合整治方案，加快建设区域水质净化厂，建设集中供热设施实施清洁能源替代和逐步淘汰园区现有分散式锅炉。

（6）规划结构的合理性分析

根据工业园产业发展规模，规划调整后工业园以水产品加工、香精香料、纺织制衣三大主导产业，同时大力推进食品加工、珠宝加工、家居建材、医疗制药等多产业并行发展。园区水产品加工、香精香料、纺织制衣等产业发展已具备相当规模，规划主导产业与园区产业基础和发展优势吻合。

根据产业政策和产业发展规划的协调性分析可知，工业园产业定位符合《产业结构调整指导目录（2011 年本，2013 年修正）》《广东省产业结构调整指导目录（2007 年本）》的相关要求，无限制类或淘汰类项目，与《广东省主体功能区产业发展指导目录》（粤发改产业〔2014〕210 号文）相符，规划的产业定位与广东省政府批准的产业定位一致，

根据环境影响预测，规划产业结构对区域大气环境影响不大；采取区域水环境削减措施、如期建设区域水质净化厂并提高污水排放标准至《城镇污水处理厂污染物排放标准》（GB 18918—2002）一级 A 标准、广东省地方标准《水污染物排放限值》（DB 44/26—2001）第二时段一级标准和《地表水环境质量标准》（GB 3838—2002）V 类标准的较严者后，园区最终入河污染物对地表水环境的影响在可接受程度内。

因此，工业园规划调整的产业结构基本合理。

6.6.2　评价指标的可达性

逐一分析环境目标的可达性（表 6-23）可知，评价环境目标基本可达，说明规划的实施基本可以达到各环境目标。

表 6-23　环境目标可达性分析

环境目标	主题	评价指标	规划目标	目标可达性分析
园区发展规模控制在区域主要资源环境可承载范围内	资源环境承载力	水资源环境承载力	不超载	区域供水条件可承载产业发展，目标可达
		土地资源承载力	不超载	区域土地资源总量可以满足工业园区总体的占地需要，目标可达
		水环境承载力	不超载	区域已无 NH_3-N 环境容量。只有在采取区域削减措施和强化园区水污染治理措施的前提下，安乐河方可纳园区的日常排污，环境目标方可达
		大气环境承载力	不超载	园区依托邻近产业集聚区二期用地的集中供热设施并逐步替代园区现有分散锅炉，园区 SO_2 排放量较现状进一步减少。根据大气环境承载力分析，园区大气污染物排放量不大，在区域大气环境容量范围内，可承载园区发展，环境目标可达

环境目标	主题	评价指标	规划目标	目标可达性分析
有效控制环境污染，改善环境质量	水污染控制	工业废水集中处理率/%	100	园区污水处理厂现已扩容改造，处理能力可满足园区工业企业废水处理要求；园区规划调整后，在如期建成珠宝产业地块配套污水处理站的前提下，珠宝加工企业废水可实现100%集中处理，环境目标可达
		中水回用率/%	30	园区规划调整后绿化与广场用地浇洒用水、道路与交通设施浇洒用水与集中供热设施冷却需水共计 4 221.7 m³/d，该部分用水采用中水后，园区中水回用率达62.38%，环境目标可达
		污水处理厂达标排放率/%	100	规划近期园区污水处理厂完成改造扩容后可提高园区污水的处理能力，确保尾水达标排放；规划远期园区污水全部引入区域水质净化厂，从水量、水质上均具有可依托性。通过加强污水处理厂的环境管理和监控监督，可实现污水处理厂稳定达标排放，环境目标可达
		安乐河、寨头河水质劣V类断面比例/%	0	污水处理厂正常排放时园区废水排放对安乐河、寨头河的影响较小，污水处理厂出水水质优于V类标准，不增加区域水污染负荷。但安乐河、寨头河现状水质均为劣V类，在采取区域削减措施和强化园区水污染治理措施的前提下规划目标方可能实现
	大气污染控制	集中供热覆盖率/%	100	园区离邻近产业集聚区规划集中供热项目最远距离约 5 km，在合理的供热半径范围内，供热效率不会大幅下降。邻近产业集聚区集中供热设施平均供热能力 80 t/h，可满足本园区和产业集聚区的用热需求，具有可依托性。因此，本项目供热范围内需热企业集中供热率可以达到 100%，环境目标可达
		工业废气污染物达标率/%	100	规划实施后通过对现有分散锅炉除尘设施进行改造，园区建设集中供热设施后替代现有分散锅炉，通过加强环境管理和监控监督，可确保工业废气稳定达标排放，环境目标可达
		环境空气质量达标率/%	100	区域大气环境均可承载园区排放的大气污染物，环境目标可达

环境目标	主题	评价指标	规划目标	目标可达性分析
有效控制环境污染，改善环境质量	噪声污染控制	声环境质量达标率/%	100	工业园开发建设后不会对敏感目标声环境质量产生明显影响，环境目标可达
	固体废物污染控制	城镇生活垃圾无害化处理率/%	100	园区生活垃圾均得到妥善处置，处理率 100%，环境目标可达
		一般工业固体废物处理处置率/%	100	园区一般工业固体废物均得到妥善处置，处理率 100%，环境目标可达
		危险废物安全处理处置率/%	100	园区危险废物均得到妥善处置，处理率 100%，环境目标可达
维持区域生态环境安全	生态保护	规划区占用自然保护区面积/hm²	0	工业园范围内不涉及自然保护区，环境目标可达
		生态环境影响程度	不显著	规划调整后在严格执行各项环保措施的前提下，规划实施对生态环境的影响较小，环境目标可达
提高区域资源综合利用水平和清洁化水平	资源综合利用	工业固体废物综合利用率/%	>90	通过企业内部回用、配套加工行业加工回用、回填等方式，大部分工业固体废物都得到回用，环境目标可达
		万元工业增加值用水量/m³	持续下降	2016 年工业园万元工业增加值用水量为 4.72 m³，远高于茂当地平均水平（18 m³）。若工业园用水效率维持现有水平，仍低于当地 2020 年万元工业增加值用水量控制目标值（13.14 m³）。规划实施后，通过加大工业用水重复利用，逐步开展中水回用可进一步降低用水量，环境目标可达
	企业清洁生产水平	进驻企业清洁生产水平	达清洁生产二级及以上水平	园区现有工业企业基本达到清洁生产二级水平，未来企业要求达到清洁生产二级水平，环境目标可达
促进区域经济社会发展	社会经济	社会经济水平	显著提高	根据社会经济影响分析，随着产业园的建设，创造了大量的就业岗位，带动了城镇发展，对区域社会经济水平有明显的带动效果，环境目标可达

6.7 规划方案的优化调整建议及减缓措施

6.7.1 规划方案的优化调整建议

规划优化调整建议见表 6-24。

表 6-24 规划优化调整建议

规划内容		规划优化调整建议	调整原因
用地布局规划	园区范围内规划 125.86 hm² 二类工业用地	园区东南角、环市路两侧规划的居住用地紧邻工业用地，优先布局物流仓储或一类工业，规划居住区与工业企业之间应保留足够的缓冲距离，并严格限制水产品加工等环境风险较大的产业布局	工业用地紧邻规划居住用地，对居住区环境影响较大
	园区范围内规划 54.65 hm² 防护绿地	园区范围内 7.11 hm² 基本农田全部列入禁止建设区，用地性质保留为耕地，建议用地类型调整为农林用地，并禁止开发建设	园区西北部涉及 7.11 hm² 基本农田保护区，但规划为防护绿地
	园区范围内规划 33.6 hm² 二类居住用地	园区中部向前路以南地块调整邻近工业用地一侧的居住用地建议调整为商业服务业设施用地或绿地与广场用地	因毗邻污水处理厂和水产品加工企业，且位于园区下风向，为避免工业企业生产、污水厂臭气以及企业液氨泄漏风险事故对人群的影响
人口规模	规划调整后总人口规模将达到 2.0 万人，其中常住人口为 1.21 万人，产业人口为 0.79 万人	严格控制并适度减少园区人口规模	园区纳污水体安乐河水质现状已超过 V 类标准，水环境难以承载；园区中部向前路以南规划居住用地的用地属性调整，规划居住用地面积减少

规划内容	规划优化调整建议	调整原因
排水工程规划	工业废水和生活污水经管道收集后全部排入安乐水质净化厂，处理达到《城镇污水处理厂污染物排放标准》（GB 18918—2002）一级A标准和广东省地方标准《水污染物排放限值》（DB44/26—2001）第二时段一级标准的较严格标准后排入安乐河	细化水质净化厂建成前的排水方案，并对安乐水质净化厂出水标准提标升级。具体如下： 水质净化厂建成前，园区污水采用分散排放方式。其中，园区北部的珠宝产业地块的生产和生活污水由自建污水处理站处理达到《地表水环境质量标准》（GB 3838—2002）Ⅳ类标准要求后，排入安乐河支流；园区其余工业企业生产废水和生活污水全部纳入园区污水处理厂，处理后达到《城镇污水处理厂污染物排放标准》（GB 18918—2002）一级A标准、广东省地方标准《水污染物排放限值》（DB44/26—2001）第二时段一级标准和《地表水环境质量标准》（GB 3838—2002）Ⅴ类标准的较严者排入安乐河。水质净化厂建成运行后，园区污水采用集中排放方式。珠宝产业地块和园区内其他工业企业的生产和生活污水经预处理达到接纳标准后，与居民生活污水一并接入水质净化厂，处理达到《城镇污水处理厂污染物排放标准》（GB 18918—2002）一级A标准、广东省地方标准《水污染物排放限值》（DB44/26—2001）第二时段一级标准和《地表水环境质量标准》（GB 3838—2002）Ⅴ类标准的较严者排入安乐河	园区纳污水体安乐河水质现状已超过Ⅴ类标准，水环境难以承载，需对污水排放标准提标升级；安乐水质净化厂计划于2018年年底前建成，建成运行前需完善污水排放方案
		明确加快推进区域水环境综合整治方案，推进水质净化厂及配套管网建设，加快寨头河截污管网工程建设，开展寨头河禁养区禽畜养殖清理整治工作和加快推进农村生活污水治理工程建设，促进区域水环境质量改善
		园区周边纳污水体现状已无环境容量，必须通过区域水环境综合整治，削减区域水环境污染负荷，方可为园区发展腾出容量空间
		加快建设珠宝产业地块配套生活、生产污水处理站，确保环保设施与主体工程同步投入运行
		珠宝产业地块生产废水含有重金属，必须预处理后方可排入规划的水质净化厂。目前，珠宝产业地块主体工程六韬大厦于2016年9月建成，但珠宝产业地块自建污水处理站因用地未落实尚未开工建设

	规划内容	规划优化调整建议	调整原因
集中供热工程规划	规划依托邻近产业集聚区的集中供热设施，设计热负荷约 100 t/h，平均负荷 80 t/h	推进邻近产业集聚区集中供热设施建设，明确集中供热设施的建设用地	《广东省发展改革委关于印发推进我省工业园区和产业集聚区集中供热意见的通知（2013 年）》要求，到 2017 年，全省具有一定规模用热需求的工业园区和珠三角产业集聚区实现集中供热，集中供热范围内的分散供热锅炉全部淘汰或者部分改造为应急调峰备用热源，不再新建分散供热锅炉，力争全省集中供热量占供热总规模达到 70% 以上。园区需实现集中供热
		细化邻近产业集聚区集中供热设施建成并向本园区供热前的供热方案，具体如下：分布式能源站建成前，园区各用热企业可保留现有自备供热锅炉，但需做好相应环保措施改造。以柴油为燃料 4 家工业企业需进行环保设施改造，建设水膜除尘脱硫设施。生物质为燃料的 2 家企业进行袋式除尘改造	邻近产业集聚区集中供热设施的建设需要一定的时间，在过渡期内需完善供热方案，且现有工业企业自备供热锅炉配套环保设施不符合要求

6.7.2 减缓不良环境影响的措施

（1）强化空间、总量、准入管控要求

①严格空间管制。

评价时当地尚未发布生态保护红线划定方案，故参照《生态保护红线划定技术指南》《"三线一单"编制技术指南》，结合园区环境敏感性、环境影响评价结果，将工业园共划分重点保护、治理防护区域面积共计 46.4 hm^2。其中，基本农田类重点保护区 6 处，面积共计 7.11 hm²；治理防护区 39.29 hm²。从保障人居环境安全角度，将规划居住用地周边 100 m 范围划入限制建设区，严格控制大气污染及环境风险，该类区域面积为 12.42 hm²，具体见表 6-25。

表 6-25　工业园空间管控要求

空间类型	空间范围	面积/hm²	空间保护与管控要求
禁止建设区	重点保护区（基本农田保护区）	7.11	实行最严格的管控措施，禁止一切有损主导生态功能的、对生态系统造成影响和破坏的开发建设活动。同时，应遵守保护地属性对应的法律法规要求
限制建设区	治理防护区（规划划定的生产防护绿地、农林用地、水域等）	39.29	积极落实水土保持规划，统筹研究并实施水土流失综合措施；针对水资源开发导致的水质污染问题，研究并实施治理措施
	主要敏感点（规划居住用地及周边 100 m 范围）	12.42	严格控制大气污染问题，有效防范环境风险

②严格总量管控。

依据区域水环境控制目标（寨头桥控制断面水质目标应不低于Ⅴ类），在采取区域削减措施和强化园区水污染防治措施的前提下，评价建议将规划实施后园区的总污染物排放量，作为园区的水污染物总量控制指标，即 COD_{Cr} 85.9 t/a、NH_3-N 7.16 t/a、TP 0.96 t/a。

根据区域大气环境质量目标，在进行现有锅炉环保设施改造的前提下，建议工业园大气污染物总量控制指标值为 SO_2 2.04 t/a、NO_2 8.54 t/a、PM_{10} 8.29 t/a、TVOC 6.32 t/a。邻近产业集聚区集中供热设施建成后，园区现有分散小锅炉全部替代，总量控制指标纳入邻近产业集聚区统一管理。

③严格环境准入。

根据环境管控单元涉及的限制性因素，统筹生态环境空间管控、环境质量底线管理、资源利用上线约束等管理要求，提出空间布局、行业类别等禁止和限制的分类准入要求，具体见表 6-26 和表 6-27。

表 6-26　工业园基于空间单元的环境准入负面清单

区域	禁止事项	空间范围
重点保护区	1）不得改变或占用；国家能源、交通、水利、军事设施等重点建设项目选址确实无法避开基本农田保护区，需要占用基本农田，涉及农用地转用或者征用土地的，必须经国务院批准； 2）禁止任何单位和个人在基本农田保护区内建窑、建房、建坟、挖砂、采石、采矿、取土、堆放固体废物或者进行其他破坏基本农田的活动； 3）禁止任何单位和个人占用基本农田发展林果业和挖塘养鱼	园区内基本农田保护区控制范围
人口集聚区	1）禁止在居住用地及其边界外 100 m 范围内建设家具、制鞋、印刷（含长台丝印）、表面涂装（含金属及塑料表面涂装）等新增 VOCs 排放或其他排放特征大气污染物的项目； 2）禁止建设危险化学品生产、储存等可能引发环境风险的项目	各居住用地及周边 100 m 控制范围
水环境质量超标区	1）禁止建设截污管网外的耗水性项目； 2）在纳污水体安乐河整治达到水环境功能目标前，不得审批工业园内有水污染物排放的建设项目	园区安乐河、寨头河流域范围

表 6-27　工业园基于行业的环境准入负面清单

项目		禁止事项
总体要求		1）禁止建设《产业结构调整指导目录（2011 年本，2013 年修订）》《广东省重点发展区产业发展指导目录（2014 年本）》《广东省工业产业结构调整实施方案（修订版）》等相关产业政策要求的限制类、淘汰类项目； 2）禁止建设印染、鞣革、电镀、化学制浆、有色冶炼、重化工、钢铁、农药、危险废物综合利用或处置、酿造、石棉、水泥、玻璃、火电、铅酸蓄电池以及其他严重污染水环境的生产项目； 3）禁止引入水污染物排放量大或排放一类水污染物、持久性有机污染物的项目； 4）在集中供热管网覆盖地区，禁止新建、扩建分散燃煤供热锅炉； 5）限制列入《环境保护综合名录》的高污染、高环境风险产品的生产
分行业具体要求	水产品加工	禁止引入排水量大，加工过程散发臭气大的企业
	香精香料	禁止建设糖精等化学合成甜味剂生产线
	纺织制衣	1）不得包括洗毛、染整、脱胶、湿法印花、染色、漂染、洗水等生产工艺； 2）禁止建设产生缫丝废水、精炼废水的建设项目
	食品加工	不得包括发酵、提炼等生产工艺
	珠宝加工	1）禁止在茂名六韬珠宝创意产业园外建设排放第一类污染物的珠宝加工项目； 2）不得包括电镀、磷化、酸洗等生产工艺

项目		禁止事项
分行业具体要求	家居建材	不得包括电氧化、化学镀、酸洗、磷化、蚀刻、钝化、电泳等生产工艺
	医疗制药	禁止建设化学药品制造，生物、生化制品制造等项目
	金属制品	1）不得包括电氧化、化学镀、酸洗、磷化、蚀刻、钝化、电泳等生产工艺；2）不得包括喷漆工艺
	化工	禁止建设除单纯混合和分装外的化工项目
	橡胶和塑料制品	禁止建设涉及有毒原材料、以再生塑料为原料、有电镀工艺的塑料制品制造项目

注：1. 单纯混合为不发生化学反应的物理混合过程；分装指由大包装变为小包装；

2. 列入"负面清单"的项目包括新建和增加污染物排放的改、扩建。

（2）环境影响减缓措施

①大气环境影响减缓措施。

制定合理的能源政策。园区应以电及天然气为主要能源。

进入产业转移工业园的企业，应采取国内先进的工艺技术水平、加强清洁生产，严格执行污染治理措施，在污染物达标排放的基础上，减小工艺过程中 SO_2、NO_x 和烟尘的排放量。

严格控制特征大气污染物的排放。在开展入园项目环评时，应关注具体项目大气污染物特征，严格按照对应行业的卫生防护距离标准设置卫生防护距离，保护周边环境敏感目标。TVOC 需采取催化燃烧或活性炭吸附等方法进行处理，加强重点行业工艺过程无组织排放控制和废气治理。

②水环境影响减缓措施。

加快建设珠宝产业地块自建污水处理站，出水水质达到《地表水环境质量标准》（GB 3838—2002）Ⅳ类标准要求后，排入安乐河支流，并按要求完成废水在线监控设施建设，确保珠宝加工企业所有的生产废水、生活污水统一收集。待水质净化厂建成后，珠宝产业地块生产和生活污水经预处理达到接纳标准后接入水质净化厂处理。

加快完善园区污水处理厂污水管网及雨污分流设施的建设。确保企业排放的污染物经处理设施处理，全面提高区内的污水处理率，使污染物达标排放。

提高园区污水处理厂和水质净化厂排水标准。安乐水质净化厂及其配套管网投入运行后，工业园工业废水和生活污水全部纳入水质净化厂处理，出水水质须达到《城镇污水处理厂污染物排放标准》（GB 18918—2002）一级 A 标准、广东省地方标准《水污染物排放限值》（DB44/26—2001）第二时段一级标准和《地表水环境质量标准》（GB 3838—2002）Ⅴ类标准的较严者后方可排入安乐河。若水质净化厂及其配套管网未按期建成，工业园污水仍纳入园区污水处理厂处理，出水水质须达到《城镇污水处理厂污染物排放标准》（GB 18918—2002）一级 A 标准、广东省地方标准《水污染物排放限值》（DB44/26—2001）第二时段一级标准和《地表水环境质量标准》（GB 3838—2002）Ⅴ类标准的较严者后方可排入安乐河。

全面推进寨头河流域水环境综合整治工作，以加快园区污水处理设施扩容提质和城区生活污水处理工程建设为重点，以严格依法取缔禁养区内畜禽养殖场为关键，切实加强寨头河流域及其支流工业、养殖业等重要污染源的综合整治工作。

大力提倡清洁生产，提高对水资源的循环利用率，减少工业废水的排放量。推行废水资源化利用，减少园区废水的排放量。建议园区废水经处理达到回用水标准后可部分回用于园区绿化和道路清洗，提高水资源的利用率。

建议对园区污水处理厂进行深度处理并作为中水回用的建设方案，区内规划道路、广场用地、绿地和对外交通用地用水源利用中水，从总量上减少排入安乐河的水污染物负荷。

在纳污水体安乐河整治达到水环境功能目标前，不得审批工业园内有水污染物排放的建设项目。

③地下水环境影响减缓措施。

各企业固体废物堆场应结合所处场地的天然基础层防渗性能以及场地地下水位埋深情况，参照《一般工业固体废物贮存、处置场污染控制标准》（GB 18599—2001）要求采取相应的场地防渗措施，堆场周边应设导流渠，防止雨水淋滤浸泡；危险固体废物临时堆场应该严格参照《危险废物贮存污染控制标准》（GB 18597—2001）要求做好防渗等环境保护措施，危险废物堆场基础必须防渗，防渗层为至少 2 mm 厚高密度聚乙烯或 2 mm 厚其他人工材料，保证渗透系数≤10^{-10} cm/s。

各企业内污水处理站的污水处理设施底部基础及事故应急收集池必须进行防腐、防渗处理，防止污水泄漏污染地下水。所有管道系统均必须按有关标准进行良好设计、制作及安装。工艺管线的设计、安装均考虑热应力变化、管线的振动及蠕变、密封防泄漏等多种因素，并采取设置膨胀节及固定管架等安全措施；必须由当地有关质检部门进行验收并通过后方能投入使用。

④生态环境影响减缓措施。

工业园开发建设中要注意控制各类建设用地比例，合理配置公用绿地，稳定区域生态功能，大力发展公共绿地。根据工业园的功能布局，合理设置绿化林带。工业园开发建设过程中应落实水土保持相关要求。配套完善产业园路面径流水收集系统，将路面径流雨水等通过专用涵管引至耕地外按要求排放，防止路面径流雨水进入耕地和基本农田保护区，影响作物正常生长。

⑤固体废物防治措施。

对废弃边角料、残废零部件等进行回收利用，不可利用的定期外运进行综合利用。推广清洁生产，严格控制产生总量，实施全过程管理。逐步完善企业的固体废物排污申报登记的同时，将园区内产生的工业固体废物按种类、数量进行分类管理，建立固体废物数据信息管理系统，为废物相互交换、回收利用提供信息支持。

对于园区内临时存放的危险固体废物，拟设置专用堆放场所，并根据其毒性性质进行分类贮放，禁止将其与非有毒有害固体废物混杂堆放，并由专业人员管理，专用堆放场所应具有防扬散、防流失、防渗漏等措施。设置专门机构，加强有毒有害固体废物的管理，全面推行有毒有害固体废物排污申报以及排污收费制度，对废物的产生、利用、收集、运输、贮存、处置等环节都要有追踪性的账目和手续，并纳入环保部门的监督管理。

生活垃圾分类袋装，由密闭的垃圾屋收集，定时由专用环卫汽车从垃圾转运站运至垃圾处理厂处理。

污水处理厂污泥应经污泥泵送到贮泥池浓缩后经脱水机脱水，外运进行卫生填埋。

⑥噪声污染减缓措施。

严格按照功能分区规划安排项目，对于园区建成后对周围交通噪声污染的防治，应当采取综合整治的措施，以确保园区声环境质量同时加强噪声管理，在主要道路两侧设有绿化隔离带。入园企业厂房采用隔声降噪材料进行密闭减噪，从而减少噪声污染。

优化路网规划和交通组织，控制道路交通无序带来的交通噪声影响。

⑦园区现有环境问题整改措施。

严格控制开发范围。园区管理中心在后续开发过程中，应将工业园开发范围控制在《广东省国土资源厅 广东省经济和信息化委员会关于公布首批广东省产业转移工业园规划四至范围的通告》核准范围内。

严格准入条件。考虑与主导产业不符的 8 家企业污染物产生量少，且环保手续齐全，清洁生产水平达到国内先进水平，建议暂时保留，随园区发展逐步退出。

加强环境管理。完善园区环境管理系统。园区环境管理应配备专职环保技术人员，成立专门的环境管理与监测部门，专职负责园区内的环境管理；制订环境监测计划；制定环境监控体系；建立完善的风险防范措施和应急预案。

现有分散式锅炉整改。邻近产业集聚区集中供热设施建成并向本园区供热前，园区各用热企业可保留现有自备供热锅炉，但需做好相应环保措施改造。以柴油为燃料的 4 家工业企业需进行环保设施改造，建设水膜除尘脱硫设施。

完善园区污水处理厂及配套管网。按"清污分流、雨污分流、循环用水"的原则完善园区排水管网，设置地面初期雨水收集处理设施。加快配套管网建设，实现雨污分流。加强企业预处理设施建设。加快完成园区污水处理厂的调试，确保园区污水处理厂稳定达标。水质净化厂须配套建设足够容量的事故性排放缓冲池，建议事故性排放缓冲池容积不低于 6 700 m^3。

6.8　综合评价结论

工业园规划调整符合国家、省、市、区城市总体规划、土地利用规划、环境保护和产业政策。规划实施的主要制约因素为纳污水体水环境容量严重不足。规划区规划实施和区域开发活动会对区域资源、环境产生一定的压力，对区域的环境质量带来一定的影响。通过开展寨头河水环境综合整治实施区域削减，提高污水处理厂排放标准至《城镇污水处理厂污染物排放标准》（GB 18918—2002）一级 A 标准、广东省地方标准《水污染物排放限值》（DB 44/26—2001）第二时段一级标准和《地表水环境质量标准》（GB 3838—2002）Ⅴ类标准的较严者，可为园区发展腾出容量。规划调整对大气环境、地下水环境、声环境、生态环境的环境影响是可接受的,采取一系列对策和减缓措施后,区域环境质量可以满足区域环境功能区划要求。在落实本规划环评报告提出的优化调整建议和环境影响减缓措施后,严格落实空间管制、总量管控和环境准入要求,规划实施的环境影响可以接受。在开发建设中,应根据报告书要求进一步强化各项环境保护措施和风险防范措施的落实,有效预防或减缓开发建设可能带来的不利环境影响。

第7章　广东省某产业园区跟踪评价案例实证

7.1　项目背景

7.1.1　项目背景

　　广东某产业转移工业园总体规划面积为 6 358 亩，包括 GX、XC 两个片区，其中 GX 片区 1 385 亩，主导产业为家具制造和制衣行业；XC 片区 4 973 亩，主导产业为林产化工、金属加工、机械制造。经过多年的开发建设，截至 2017 年年底，DQ 产业转移工业园已累计开发面积 4 331 亩，累计投入资金为 103.56 亿元（其中基础设施投入资金为 11.24 亿元）；计划总投资额为 114.17 亿元，已投入资金为 92.32 亿元。近年来，工业园加强承接林产深加工、金属加工、机械制造等产业，形成产业优势集聚。

　　按照《中华人民共和国环境影响评价法》（2018 年修正）、《规划环境影响评价条例》和《关于加强产业园区规划环境影响评价有关工作的通知》（环发〔2011〕14 号）等相关法律法规和原规划环评审查的要求，DQ 园管理局组织开展 DQ 产业转移工业园开展规划调整跟踪环境影响评价工作。

7.1.2　评价范围

　　本次跟踪评价范围为上一轮规划环评范围，本次规划跟踪环境影响评价范围见表 7-1。

表 7-1 环境影响评价范围

评价内容		原规划环评的评价范围		本次跟踪评价范围
		GX 片区	XC 片区	
跟踪环境质量评价	大气	沿主导风向边长 20 km 的矩形区域，总面积 400 km²		与原规划环评的评价范围一致
	地表水	西江姓王村至西江青榕树，全长 15 km。大冲河洋勒坑至德大桥村，全长 3 km。马圩河社步村至河东村，全长 13 km。GX 河四村至合石村，全长 7 km		
	地下水	XC 片区为中心，边长为 3 km 的矩形区域，总面积 9 km²	GX 片区为中心，边长分别为 3 km 和 3.5 km 的矩形区域，总面积 10.5 km²	
	声	XC 片区边界向外 200 m 包络线以内的区域	GX 片区边界向外 200 m 包络线以内的区域	
	土壤	—	—	园区规划范围内
生态环境		XC 片区规划范围内	GX 片区规划范围内	与原规划环评的评价范围一致
风险评价		XC 片区场界外延 5 km	GX 片区场界外延 5 km	

7.2 规划及规划环评要点

7.2.1 产业转移工业园规划调整方案要点

（1）规划范围、期限与定位

①规划范围。

产业转移工业园规划范围分为 XC 片区和 GX 片区，两个片区直线距离 5.8 km。XC 片区规划用地面积为 333.33 hm²，GX 片区规划用地面积为 100 hm²，总面积为 433.33 hm²。

②规划期限。

一期：2011—2015 年；二期：2015—2020 年。

③规划定位。

GX 片区的产业定位仍为打火机制造业、家具业和制衣业；XC 片区则以林产化工、金属加工机械制造为主导产业，在保留现有企业的基础上，将 DQ 县范围现有 5 家林产化工企业搬迁入园整合发展，并重点发展林产化工及下游产业、金属加工机械制造业。

（2）规划布局结构

①空间结构。

工业园 XC 片区形成"两轴两区"的整体空间结构。

两轴：一轴是国道 321 线。二轴是园区主干道。受现状条件制约，它们穿越产业工业园而过，产业工业园沿着这两条交通轴呈轴向发展。

两区：被园区主干道一分为二的东西两个片区。东片区包括产业用地，西片区包括产业、配套服务设施用地。

工业园 GX 片区形成"两轴两区"的整体空间结构。

两轴：一轴是省道 352 线。二轴是园区主干道。受现状条件制约，它们穿越产业工业园而过，产业工业园沿着这两条交通轴呈轴向发展。

两区：被省道 352 线一分为二的东西两个片区。东片区包括产业用地，西片区包括产业、配套服务设施用地。

②产业布局。

园区总体规划分为 6 个组团，分别为林产化工区，已有木林、建材企业区，金属加工机械制造区，打火机区，制衣区，家具区。见表 7-2 和图 7-1。

表 7-2　园区整体产业分区

	类别名称	面积/亩	面积/hm²	比例/%
	工业用地	4 824.28	321.62	100
1	林产化工区	2 081.50	138.77	43.1
其中	已有林产化工企业	1 263.80	84.25	26.2
	拟搬迁入园区	466.30	31.09	9.7
	待开发区	351.40	23.43	7.3
2	已有木业、建材企业区	629.47	41.96	13.0
3	金属加工机械制造区	1 115.81	74.39	23.1
4	打火机区	205.50	13.70	4.3
5	制衣区	420.00	28.00	8.7
6	家具区	372.00	24.80	7.7

图 7-1 园区产业分区

（3）基础设施规划

①给水工程规划。

园区新鲜用水量为 72.253 万 t/a（XC 片区 62.313 万 t/a、GX 片区 9.94 万 t/a）；道路、绿化需中水量为 38 万 t/a。

XC 片区采用 XC 自来水厂作为水源。目前水厂供水能力达到 6 万 m³/d，建成相应给水泵站，能保证 XC 片区现状生活、生产用水；GX 片区采用金林水库作为水源。该水库有效库容 835 万 m³，年产水量 2 995 万 m³，能保证 GX 片区 9.94 万 t/a（0.033 万 t/d）供水需要。

为供水安全性和可靠性，供水管网采用环状管网，统一规划，分期实施。前期先建设管径 DN250～DN600 管径的主干管和主环网，其余管道先建成枝状管，并预留好接口，后期将其连成环状管网。管网采用生产、生活、消防合用管网。

②污水工程规划。

XC 片区设置集中污水处理厂，外排生产废水经各企业内预处理达到广东省《水污染物排放限值》（DB 4426—2001）第二时段的三级标准后排入园区污水处理站集中治理达到《地表水环境质量标准》（GB 3838—2002）Ⅳ类标准及广东省《水污染物排放限值》第二时段一级标准的严者后排往大冲河，外排生产废水量不超过 200 m³/d；生活污水排往 DQ 县污水处理厂处理。

GX 片区生产废水不得排放；生活污水通过园区自行投资建设的含人工湿地的小型污水处理站，在非雨期将废水（主要为生活污水，不超过 300 t/d）处理至绿化回用标准后，作为园区及周边绿化用水，全面实现废水零排放。在雨期由于不需绿化浇水，GX 片区生活污水经园区含人工湿地的小型污水处理站处理达到《城市污水处理厂污染物排放标准》（GB 18918—2002）一级 A 标准及广东省《水污染物排放限值》（DB 4426—2001）第二时段一级标准的严者后排往马圩河。

GX 片区污水处理设施设计规模为 400 m³/d，采用"接触氧化+人工湿地+生态稳定塘"工艺；XC 片区污水站设计处理规模大于 300 m³/d，采用"水解酸化池+MBR +Fenton 反应+BAF+活性炭吸附"工艺，污水管网预计分两期建设，已经与入驻企业同步，于 2017 年铺设完成。

③雨水工程规划。

园区规划排水制采用雨、污分流排水体制。XC 片区初期雨水经收集后排往园区污水处理站集中处理达地表水Ⅳ标准后排放,其余雨水通过专门的雨水管网直接排入大冲河。GX 片区雨水排往马圩河。

园区防洪标准为 50 年一遇,区内设计地面标高均于西江 50 年一遇防洪水位。

沿道路布置管道,雨水集中排入附近的河流。在满足最小坡度的要求下,尽量减少埋深,以节省工程造价。管道竖向覆土一般不小于 1.2 m。

规划雨水管在人行道下敷设,管径为 600 mm、800 mm、1 200 mm;埋深一般为 0.7~3.0 m。

初期雨水在降水初期打开污水阀门,将初期雨水通过自动切换系统切换到污水管线进入污水处理厂治理。一段时间后(取 15 min)关闭污水阀,开启清水阀,将后期清净雨水切换到雨水管线内排入附近的河流。

④供热工程规划。

园区主要是精细化工企业用热,其对蒸汽的消耗大部分属于间歇式,且总消耗量不大,因此将园区不设置集中供热工程。对于园区内需要供热的企业,规划其优先考虑采用导热油炉和电加热的方式满足生产要求。目前本转移园范围内无燃煤锅炉,今后不增加、不使用燃煤锅炉。如需园区企业设置锅炉供热,则推荐园区企业使用燃轻质柴油、燃气锅炉或燃生物燃料锅炉。

⑤电力工程规划。

XC 片区 110 kV 变电站电源由 110 kV 香山站供给,保证本转移园用电计划,不过负荷,不限电。GX 片区规划建设 1 座 110 kV 的变电站,110 kV 变电站的安装容量均为 6×6.3 万 kW,在规划区的每个工厂均需设立 1~2 个开关站。

简化电压等级采用 110 kV、10 kV、0.4 kV 三级电压等级,中、远期取消 35 kV 电压等级。对转移园范围内的 10 kV 电力线路一律采用地下电缆。

⑥绿地系统规划。

公共绿地:规划在布置以小型公园为主的公共绿地,以满足居民日常游憩的需要。

防护绿地:规划在主干道两旁预留 20 m 工业用地与生活用地的绿化隔离带。

道路绿化:为了营造规划区良好的景观,沿规划区的主要道路布置景观绿地。

厂区绿化:规划中对每一地块的绿地率进行控制,厂区绿地宜与厂区内部的道路、广场、生产区、办公区等协调配合,营建良好的环境,提供恬静、舒适的活动空间。

7.2.2 规划环评要点

（1）规划实施优化调整建议

①产业布局建议。

由于 XC 片区西北面较为靠近敏感点，建议园区西北侧主要布局无喷漆废气产生的不锈钢件加工企业，减少有机废气对敏感点的影响。

由于 XC 片区选址较为敏感，建议园区林产化工待开发区以发展林产化工为主。

XC 片区的林产化工区、金属加工机械制造区，应做好厂区无组织废气处理，设置足够的卫生防护距离，避免恶臭扰民。

②园区人口发展规模调整建议。

按照规划，转移园最高控制人口数量规划为 0.83 万人。为减少人口需水量和污水排放量，建议控制 GX 片区的职工就近安置在片区外的 GX 镇。同时，不在 XC 片区内规划建设住宅区，仅建议在厂内设置必要的值班宿舍。

③水资源方案调整建议。

GX 片区现状及规划开发后均采用金林水库作为水源，建议通过引水工程将西湾水厂与 GX 片区的供水管网连通，解决 GX 片区至 GX 镇中心的工业和生活用水需求，减轻金林水库的供水压力以及流域的农业用水压力。

④地下水保护建议。

建议根据地下水水位、流向的勘测调查结果，在地下水流向西江的区域布局精细产业项目时，应选择对地下水污染风险小的项目。项目环评应对地下水进行深入的评价，对项目区提出合理、严格的防渗措施，确保地下水不受到污染；同时在 XC 片区周边设置地下水监测井，进行地下水长期动态监测，并制定相应的应急措施预案。

（2）环境准入要求

①产业控制及入园门槛。

XC 片区用于布置企业的土地规划主要为三类工业用地，在保留现有企业的基础上将主要承接以下产业：松香、松香树脂和松节油深加工项目。GX 片区用于布置企业的土地规划为一类工业用地和二类工业用地，将主要承接以下产业：打火机制造业、家具业和制衣业。各行业入园条件见表 7-3 至表 7-8。

表 7-3 合成树脂类行业入园条件

要求项	推荐类	禁止类
清洁生产水平	高于现有企业平均水平	低于现有企业平均水平
产品	乙烯-乙烯醇树脂（EVOH）、聚偏氯乙烯等高性能阻隔树脂，聚异丁烯（PI）、聚乙烯辛烯（POE）等特种聚烯烃开发与生产	—
污染治理	工艺废气必须配套处理净化装置，所有排放的工艺废气必须严格达到相应排放标准；企业配套生产废水处理装置；产生的固体废物得到妥善处置	不能达标排放
单位产品能源利用及污染物排放	节水型企业：单位 GDP 水耗≤150 m³/万元 节能型企业：单位 GDP 能耗≤1.2 t 标准煤/万元 低污染企业：COD 排放强度＜4.5 kg/万元（GDP），不能有一类污染物产生和排放	1. 有一类水污染物产生和排放； 2. 排放大量 VOCs； 3. 生产废水排放量大
环境管理水平	ISO 14000 认证企业或者是积极准备进行认证的企业	3 年内不通过 ISO 14000 认证的企业，同时不承诺开展清洁生产审计

表 7-4 金属加工机械制造行业入园条件

要求项	推荐类	禁止类
清洁生产水平	国内清洁生产先进水平	国内清洁生产一般水平
产品	1. 不锈钢材生产 2. 三轴以上联动的高速、精密数控机床、数控系统及交流伺服装置、直线电机制造 3. 新型传感器开发及制造 4. 大型贯流及抽水蓄能水电机组及其关键配套辅机制造 5. 清洁能源发电设备制造（核电、风力发电、太阳能、潮汐等） 6. 集散型（DCS）控制系统及智能化现场仪表开发及制造 7. 安全生产及环保检测仪器设计制造	1. 含电镀工艺的项目； 2. 热处理铅浴炉； 3. 热处理氯化钡盐浴炉； 4. TQ60、TQ80 塔式起重机； 5. QT16、QT20、QT25 井架简易塔式起重机； 6. KJ1600/1220 单筒提升绞机； 7. 300 0 kVA 以下普通棕刚玉冶炼炉； 8. 300 0 kVA 以下碳化硅冶炼炉； 9. 强制驱动式简易电梯； 10. 以氯氟烃（CFCs）作为膨胀剂的烟丝膨胀设备生产线

要求项	推荐类	禁止类
污染治理	车间粉尘（烟尘）达到劳动卫生标准情况；企业配套生产废水处理装置；产生的固体废物得到妥善处置	不能达标排放
单位产品能源利用及污染物排放	节水型企业：单位 GDP 水耗≤18.48 m³/万元 节能型企业：单位 GDP 能耗≤0.42 标吨煤/万元 低污染企业：COD 排放强度<1.77 kg/万元（GDP），不能有一类污染物产生和排放	1. 有一类水污染物产生和排放； 2. 生产废水排放量大
环境管理水平	ISO 14000 认证企业或者是积极准备进行认证的企业	3 年内不通过 ISO 14000 认证的企业，同时不承诺开展清洁生产审计

表 7-5　松节油加工行业入园条件

要求项	推荐类	禁止类
清洁生产水平	高于现有企业平均水平	低于现有企业平均水平
产品	无废水排放企业	生产废水排放企业
污染治理	工艺废气必须配套处理净化装置，所有排放的工艺废气必须严格达到相应排放标准；企业配套生产废水处理装置；产生的固体废物得到妥善处置	不能达标排放
单位产品能源利用及污染物排放	节水型企业：单位 GDP 水耗≤150 m³/万元 节能型企业：单位 GDP 能耗≤1.2 t 标准煤/万元 低污染企业：COD 排放强度<4.5 kg/万元（GDP），不能有一类污染物产生和排放	1. 有一类水污染物产生和排放； 2. 排放大量 VOCS
环境管理水平	ISO 14000 认证企业或者是积极准备进行认证的企业	3 年内不通过 ISO 14000 认证的企业，同时不承诺开展清洁生产审计

表 7-6　打火机行业入园条件

要求项	推荐类	禁止类
清洁生产水平	高于现有企业平均水平	低于现有企业平均水平
产品	丁烷气类打火机	技术落后企业
污染治理	工艺废气必须配套处理净化装置，所有排放的工艺废气必须严格达到相应排放标准；企业配套生产废水处理装置；产生的固体废物得到妥善处置	不能达标排放

要求项	推荐类	禁止类
单位产品能源利用及污染物排放	节水型企业：单位 GDP 水耗≤150 m³/万元 节能型企业：单位 GDP 能耗≤1.2 t 标准煤/万元 低污染企业：COD 排放强度<4.5 kg/万元（GDP），不能有一类污染物产生和排放	1. 有一类水污染物产生和排放； 2. 排放大量非甲烷总烃
环境管理水平	ISO 14000 认证企业或者是积极准备进行认证的企业	3 年内不通过 ISO 14000 认证的企业，同时不承诺开展清洁生产审计

表 7-7　家具类行业入园条件

要求项	推荐类	禁止类
清洁生产水平	高于现有企业平均水平	低于现有企业平均水平
产品	木制家具	1. 珠三角地区纺织、纺织服装、皮革制品、工艺品、文体用品、家具、金属制品和塑料制品等制造业人均投资额在 10 万元以下的项目； 2. 有磷化、水洗、酸化等预处理工序
污染治理	工艺废气必须配套处理净化装置，所有排放的工艺废气必须严格达到相应排放标准；企业配套生产废水处理装置；产生的固体废物得到妥善处置	不能达标排放
单位产品能源利用及污染物排放	节水型企业：单位 GDP 水耗≤150 m³/万元 节能型企业：单位 GDP 能耗≤1.2 t 标准煤/万元 低污染企业：COD 排放强度<4.5 kg/万元（GDP），不能有一类污染物产生和排放	1. 有一类水污染物产生和排放； 2. 排放大量 VOCs
环境管理水平	ISO 14000 认证企业或者是积极准备进行认证的企业	3 年内不通过 ISO 14000 认证的企业，同时不承诺开展清洁生产审计

表7-8 制衣行业入园条件

要求项	推荐类	禁止类
清洁生产水平	高于现有企业平均水平	低于现有企业平均水平
企业	无水洗环节企业	1. 水洗工序行业; 2. 有印染等产生生产废水企业
污染治理	工艺废气必须配套处理净化装置,所有排放的工艺废气必须严格达到相应排放标准;企业配套生产废水处理装置;产生的固体废物得到妥善处置	不能达标排放
单位产品能源利用及污染物排放	节水型企业:单位 GDP 水耗≤150 m³/万元 节能型企业:单位 GDP 能耗≤1.2 t 标准煤/万元 低污染企业:COD 排放强度<4.5 kg/万元(GDP),不能有一类污染物产生和排放	1. 有一类污染物产生和排放; 2. 排放大量 VOCs
环境管理水平	ISO 14000 认证企业或者是积极准备进行认证的企业	3 年内不通过 ISO 14000 认证的企业,同时不承诺开展清洁生产审计

②项目准入要求。

园区应严格限制生产工艺落后、资源消耗大、能耗大、污染物排放量大等企业进入。入园企业原则上以松香、松香树脂、松节油深加工、打火机、家具制造和制衣行业等产业为主。

综合该区域的环境现状、环境承载力、发展规划,本区适宜建设的项目类型应为节水型、清洁型、轻污染的生产型企业,对于生产工艺落后、单位产品水耗能耗大、污染物排放量大等企业应严格限制进入。

1)项目必须符合产业结构调整的政策。

《广东省工业产业结构调整实施方案》中提到,要突出抓好发展高新技术产业、改造传统产业和继续淘汰落后生产能力这三个环节,就是结构调整最终要落实到提高产业的整体素质和经济增长的质量和效益上来。

2)必须符合国家关于推广清洁生产技术的政策。

根据国家经济贸易委员会、国家环境保护总局于 2000 年 2 月 15 日、2003 年 2 月 27 日和 2006 年 11 月 27 日颁布的《国家重点行业清洁生产技术导向目录》(第一批、第二批和第三批),将来入区企业的必要条件应符合该文件规定。

3）必须符合行业清洁生产的要求。

无论引进何种企业，都必须符合国家清洁生产要求。

（3）环境监测要求

①水污染源监测。

在园区污水处理站排水口进行日常监测，安装一套自动在线监测装置，监测进排水水量和水质，设置 COD 在线监测仪。在总纳管排放口设置智能型电磁流量计以及 COD 在线监测仪，监测排放指标和水质指标。

在大冲河排污口、排污口上游 100 m 处设置断面进行监测，每年按枯水期、丰水期、平水期监测 3 次，每次监测 2 天，监测项目为流量、水温、pH、COD、BOD_5、SS、TN、TP、LAS、石油类、挥发酚、甲苯、二甲苯、硫化物等。

②水环境质量监测。

监测项目：pH、水温、DO、SS、COD、BOD_5、石油类、氟化物、NH_3-N、TP、高锰酸盐指数 11 项；

监测时间和频次：每年监测 2 次，丰水期和枯水期各 1 次。

③环境空气质量监测。

分别在新圩镇、登云小学和官车村设 3 个常规空气监测点，每年监测 2 次，每次连续监测 5 天；

监测项目：SO_2、NO_2、PM_{10}、甲苯、二甲苯、VOC_S；

监测时间和频次：每年监测 2 次，每次进行 5 天，每天至少在 18 h 以上。

④声环境质量监测。

在区内干道、区域边界和区域内敏感点布置噪声监测点，一年按季节各监测 1 次，每次分昼夜两个时段进行监测，监测因子为 L_{eq}。

7.3　规划实施情况分析

7.3.1　规划实施情况

（1）土地利用现状

经过多年发展，DQ 产业转移工业园现状已开发建设用地 169.48 hm^2，待开发用地约 254.41 hm^2，现状开发强度为 39.98%。其中，GX 片区、XC 片区现状开发强度分别为 30.27% 和 43.69%。园区工业用地规模总体略有增加，但利用率总体偏低，工业发展比预期缓慢，仓储、居住和公共设施用地均未开发建设。GX 片区、XC 片区基本按照规划进行实施，两个片区用地类型与原规划土地利用类型保持一致。

（2）产业发展情况

DQ 产业转移工业园现状已入驻 32 家工业企业（20 家已建、12 家在建）。其中，XC 片区已入驻 23 家（12 家已建、11 家在建），GX 片区已入驻 9 家（8 家已建、1 家在建）。规划调整以来，园区新入驻企业 12 家，主要产业类型为林产化工、木材板材加工、金属制品制造业、塑料制品业和家具业，除塑料制品企业外其余新引进的企业均符合园区产业定位。工业园现已发展形成以林产化工为主导、木材板材加工为辅助的产业格局。

从产业布局来看，林产化工区基本按照规划方案开发，木材建材企业区已开发完，说明木材、建材企业发展迅速。制衣企业在 GX 片区尚无发展，打火机区开发强度弱，GX 片区整体发展呈现弱势。受限于产业发展，GX 片区德塑、大一家具等原有产业停产后厂房大多租赁给塑料袋生产企业，与规划主导产业不相符；XC 片区在建的华格香料属食品企业、德通风机属金属加工类企业、皓景环保属塑料加工企业均布局在原规划的林产化工区内，与"XC 片区林产化工待开发区以发展林产化工为主"的布局要求不相符。

（3）基础设施配套及运行情况

①污水处理设施建设及运行情况。

XC 片区规划红线范围内无污水处理厂，现状工业废水和生活污水均依托 DQ 县精细化工基地污水处理厂处理，土建及相关配套设施规模 1 500 m^3/d，主要处理设备规模为 750 m^3/d。根据在线监控资料，污水处理厂现状实际日均处理水量为 60～70 m^3/d，废水达标后全部排入大冲河，无回用。目前，XC 片区正在进行生活污水管网建设，管网建成后，XC 片区生活污水全部接入 DQ 县污水处理厂处理。根据污水厂在线监控数据，DQ 县精细化工基地污水处理厂出水水质中的 COD$_{Cr}$ 浓度不能稳定达到《地表水环境质量标准》（GB 3838—2002）IV 类标准值及广东省地方标准《水污染物排放限值》（DB 44/26—2001）第二时段一级标准中较严值。

GX 片区现有工业企业无生产废水排放，办公生活污水主要经过三级化粪处理后排入 GX 河，园区未按规划环评要求建设生活污水集中处理设施。现状生活污水排放浓度未能稳定达到《城市污水处理厂污染物排放标准》（GB 18918—2002）一级 A 标准及广东省《水污染物排放限值》（DB 4426—2001）第二时段一级标准的较严者。

②供热设施建设运行情况。

GX 片区现有企业均无锅炉使用，XC 片区已建、在建项目共设置 14 台锅炉，总建设规模为 81.5 t/h，锅炉数量和规模均较 2013 年明显减少。XC 片区内无燃煤锅炉，园区企业使用燃轻质柴油、燃气锅炉或燃生物燃料锅炉，与上一轮规划一致。现有供热锅炉除天龙化工废气的氮氧化物不能稳定达标，其余企业锅炉废气中的 SO_2、NO_x 和烟尘排放浓度均能满足相应锅炉废气排放标准的要求。

③固体废物处理处置情况。

园区的生活垃圾统一送到 DQ 县生活垃圾填埋场进行处理，生活垃圾无害化处理率达 100%；DQ 县精细化工基地污水处理厂污泥由 ZQ 明智环保建材有限公司处理处置，处理率为 100%。一般工业固体废物采用综合利用方式进行处置；危险废物主要送至惠州东江威立雅环保服务有限公司、韶关绿然再生资源有限公司、珠海市斗门永兴盛环保工程废物回收综合处理有限公司等有资质单位处置。

7.3.2　资源消耗及污染物排放分析

（1）资源消耗情况

DQ 产业转移工业园 20 家已建企业工业增加值水耗平均为 2.86 t/万元。各行业中以木材加工及木、竹、藤、棕、草制品业企业的用水量最大，DQ 县德森木业有限公司和大亚木业（ZQ）有限公司的单位 GDP 水耗分别为 5.31 t/万元和 5.96 t/万元。入驻企业的单位 GDP 水耗均低于上一轮规划环评提出的行业节水条件。

2017 年工业园地均产出 84 万元/亩，较 2013 年增加 31.25%。

工业园 20 家已建企业 GDP 能耗为 0.73 t 标准煤/万元。其中，塑料制品业单位产值能耗为 0.169 t 标准煤/万元，化学原料及化学品制造也为 0.09 t 标准煤/万元，木材加工为 0.9 t 标准煤/万元，均小于规划环评总各行业产值能耗园区准入值。

（2）污染物排放

废气：根据 2017 年环统数据和在建项目环评报告，园区已建和在建企业共计排放 SO_2 104.0 t、NO_2 95.55 t、烟（粉）尘 488.68 t、VOCs 191.55 t、酸性气体 0.38 t。

废水：GX 片区无工业废水排放。根据 2017 年环统数据和在建项目环评报告，XC 片区工业源最终排入大冲河的废水量为 71 147.01 m^3/a，COD_{Cr} 为 2.10 t/a，NH_3-N 为 0.10 t/a，石油类为 0.036 t/a。工业园生活污水排放量约 41 407.5 m^3/a，COD_{Cr}、NH_3-N 和 TP 排放总量分别约为 2.54 t/a、0.17 t/a 和 0.021 t/a。

固体废物：园区内生活垃圾产生量为 444.5 t，一般工业固体废物产生量为 14 571.37 t，危险废物产生量为 344.18 t。

（3）总量控制分析

GX 片区：因企业入驻远小于预期，大气污染物和固体废物排放量远小于规划环评中的预测值。目前，片区内未建设污水处理设施，现有工业企业的生活污水经化粪池后直接排放，因此生活污水中的水污染物排放量大于上一轮规划环评的预测值。

XC 片区：因近年来对锅炉改造升级、淘汰小锅炉等，SO_2 和 NO_2 实际排放量小于预期，但粉尘和挥发性有机物分别超出预测量的 11.3 倍和 0.04 倍，主要是大亚木业的粉尘排放量大于上一轮规划环评预测值。已建企业工业废水排放量为 28.1 m^3/d，占原预测值的 14.05%；但叠加在建企业工业废水后，XC 片区工业废水排放总量将达 237.16 m^3/d，超过原预测值（200 m^3/d）的 18.6%，这主要是由于规划调整后在建的华格香料污水排放量较大。生活污水因职工人数小于预期，水污染物排放量也小于原预测值；现状片区生活污水与工业废水一并依托 DQ 县精细化工基地污水处理厂处理，SS 排放浓度高于上一轮规划环评预测值 10 mg/L。一般工业固体废物和危险废物产生量均大于原预测值，主要是由于在建的金印化工、华格香料等企业的产生量较大，其一般工业固体废物和危险废物分别占 XC 县区一般工业固体废物和危险废物产生量的 73.9% 和 87.9%。

7.3.3　环境管理执行情况

（1）环境风险分析

DQ 产业转移工业园内，仅广东天龙精细化工有限公司存在重大风险源，主要风险物质为甲醇、丙酮、柴油、双戊烯、松油、氢气、硫酸等，该企业为上一轮规划调整后新投产的企业。园区编制了《DQ 产业转移工业园环境突发事件应急预案》，并备案。

自 2013 年上一轮规划实施以来，DQ 产业转移工业园未曾发生环境风险事故。园区没有设置综合关闭阀门，当企业事故废水不受控制流入市政管网时，园区无法进行拦截，需进一步完善环境风险应急措施。

（2）规划环评要求落实情况

上一轮规划调整以来，园区采纳了规划环评的优化调整建议，执行过程存在3 个问题：①XC 片区周边尚未按环评要求设置地下水监测井进行地下水长期动态监测；②林产化工待开发区在建的华格香料、德通风机、皓景环保、恒闰建材（三期）等企业不符合规划调整建议中提出的"XC 片区林产化工待开发区以发展林产化工为主"的布局要求；③因资金、规划、财政等问题，GX 片区仍采用金林水库供水，但供水量可以满足片区用水需求。

上一轮规划环评及其审查意见中尚有以下问题待进一步解决：

①排水体系尚不完善。

目前，XC 片区生产废水和生活污水均依托 DQ 县精细化工基地污水处理厂处理，不满足环评审查意见提出的"生活污水经预处理后排放入 DQ 县污水处理厂处理"的要求，DQ 县污水处理厂正在建设区管网扩容工程，工程完成后 XC 片区生活污水接入 DQ 县污水处理厂处理。此外，GX 片区入驻企业较少，生产废水和生活污水经自建污水处理设施处理后回用，不外排。

②部分入驻企业未严格落实环境影响评价和环保"三同时"制度。

园区环境影响评价和环保"三同时"制度不足 100%，主要是由于康森工艺制品有限公司未办理环评和环境保护验收，大亚木业、GX 镇康泓塑料厂未办理环境保护验收。

③原有企业停产撤离后入驻企业的产业类型与环评要求不符。

上一轮规划环评提出"GX 片区德辉塑胶、顺冠再生、百发火机和德塑均已于停产撤离，这些厂房为政府投资，政府将按照入园准入要求，将上述企业所在厂房租赁给制衣企业"。规划调整后，GX 片区德辉塑胶、顺冠再生、百发火机和德塑等企业已按要求停产撤离，但德塑厂房租赁给塑料制造企业，与环评提出的准入要求不符。

④XC 片区已建和在建企业 COD_{Cr} 排放量将突破总量控制要求，需进一步提高中水回用要求。

城片区在建的华格香料污水排放量较大，已建和在建企业的工业废水排放量约为 237.2 m³/d，将超过原预测值（200 m³/d）的 18.6%，COD_{Cr} 排放量将超过上一轮规划环评审查意见提出的总量控制要求（1.8 t/a）的 16.7%。规划后续实施需进一步提高 XC 片区污水再生利用或中水回用要求，以减少水污染物外排量。

（3）环境管理要求落实情况

本次评价从环评及验收手续、环境监测计划等方面分析了环境管理要求落实情况。

园区内已建的 20 家企业中，环评执行率为 95%，竣工环保验收执行率为 85%。

园区环境管理基本按照规划环评要求进行，但园区未按照规划环评要求进行污染源监测和环境质量监测，仅依托市监测站对园区周边的西江、马圩河、大冲河和 GX 河开展的水环境例行监测工作，不能对园区的环境变化进行有效跟踪和管理。

园区没有因环境问题被国家、省和市挂牌督办，没有发生重大环境污染事故。

7.4 公众参与

依据《中华人民共和国环境影响评价法》（2018 年修正）、《规划环境影响评价条例》《环境影响评价公众参与办法》（生态环境部令 第 4 号）、《环境信息公开办法（试行）》等法律法规中要求，本次评价收集了工业区所在区域乡镇、企事业单位、社会团体及个人对工程建设的态度、意见和要求。本次公众参与方式包括网络公示、张贴公告和问卷调查。

本次跟踪环境影响评价的网络公示分两个阶段开展：

第一次公示：2018 年 8 月 8—20 日，在人民政府门户网（http:// www.deqing.gd.cn）上，开展跟踪评价公众参与的第一次公示，征求群众、机关、单位等前期开展建议，公示期间未收到意见反馈。

第二次公示：2019 年 5 月 15—29 日，在人民政府门户网（http:// www.deqing.gd.cn）上进行，并公开简本。公示期间未收到意见反馈。

根据公众意见调查表，环评单位将公众对 DQ 产业转移工业园规划实施的意见和建议进行了整理及分类，并采纳到本报告中，采纳情况详见表 7-9。

表 7-9　公众意见及采纳情况

意见与建议内容	是否采纳	理由
1. 加大排污设施系统建设 2. 加大资金投入加强水土流失防治，加强污水治理 3. 区加大环保基础设施投入，确保集中污水处理稳定达标排放	采纳	本次评价提出了现有问题的整改建议和"三线一单"相关要求，对公众提出的有关监督管理的意见全部予以采纳，并制定了详细的环境管理要求，将由园区管理局全面落实

7.5　环境影响对比评估及环保措施有效性分析

7.5.1　环境影响对比评估

（1）环境影响对比分析

由环境质量现状监测结果对比及地方环境主管部门反馈情况分析，规划实施基本未对区域大气、地表水、地下水、土壤和声环境等造成明显不利影响。影响对比分析见表 7-10。

表 7-10　DQ 产业转移工业园环境质量现状与上一轮规划环评情况对比

类别	上一轮规划环评		DQ 产业转移工业园及周边环境质量现状
	现状	环境影响	
大气环境	监测结果表明：评价范围内各监测点的 SO_2、NO_2、PM_{10}、$PM_{2.5}$、甲苯、二甲苯、VOCs、甲醛、非甲烷总烃等监测因子的浓度值均满足《环境空气质量标准》(GB 3095—2012) 二级标准	本项目的建设会导致周边大气环境，尤其是 SO_2、NO_2、二甲苯、VOCs 的浓度增加较大，但各污染因子叠加本底值后敏感点均可满足《环境空气质量标准》(GB 3896—2012) 二级标准及相关的空气质量标准。通过本次规划调整，建设单位及园区应进一步落实和加强大气污染防治措施，减少大气污染物排放	本次跟踪评价监测结果表明：各监测点 SO_2、NO_2 的小时浓度和日均浓度均达到《环境空气质量标准》二级标准。二甲苯、甲醛、甲醇和苯乙烯监测值满足《工业企业设计卫生标准》(TJ 36—79) 中居住区大气中有害物质的最高容许浓度，氨、甲苯、VOCs 满足《室内空气质量标准》(GB/T 18883—2002) 标准要求；非甲烷总烃经综合排放标准详解）中计算非甲烷总烃使用的环境质量标准值。园区环境空气质量总体良好。规划实施以来，NO_2 的小时均值、日平均值和非甲烷总烃现状环评监测结果高于原规划环评监测结果，其余监测因子的现状环评监测结果均低于原规划环评监测结果。某监测点 SO_2 小时均值略高于原规划环评监测结果，其余监测数据表明：XC 片区现有 6 家企业供热锅炉的现行监测数据表明：工业园现有供热锅炉除大亚木业、天龙化工企业废气中的 SO_2、NO_2 和烟尘排放浓度相应能满足相应锅炉废气排放标准的要求，其余 4 家企业的锅炉废气排放浓度不能稳定达标外，其余 4 家企业的 SO_2、NO_2 和烟尘生排放浓度均达标。其中，大亚木业供热锅炉废气分别在 2015 年 6 月和 2017 年 12 月的例行监测中出现超标，超标因子为烟生和 NO_x；天龙化工的水煤浆锅炉在 2015 年 4 月监测中出现 NO_x 超标 0.22 倍

类别	上一轮规划环评		DQ产业转移工业园及周边环境质量现状
	现状	环境影响	
地表水环境	监测结果表明：GX河现有排污口下游0.5 km监测断面的DO、COD_{Cr}、BOD_5标准指数均大于1，说明GX河水质现状已超标，不能满足《地表水环境质量标准》(GB 3838—2002) II类标准。大冲河各监测断面水环境质量均小于1，符合《地表水环境质量标准》(GB 3838—2002) III类标准。马圩河各监测断面水质标准指数值均小于1，符合《地表水环境质量标准》(GB 3838—2002) IV类标准。西江DQ段各监测断面水质标准指数值均小于1，符合《地表水环境质量标准》(GB 3838—2002) II类标准	正常排放或事故排放下，GX片区影响污水对马圩河的贡献值不大，XC片区正常排放水污染物对大冲河的贡献值不大，但由于其本底浓度偏高，因此导致预测叠加值超标率均较高，并在DQ县污水处理厂排污口下游500 m处出现NH_3-N超标3.8‰。事故排放情况下，特别是XC片区事故排放对大冲河的冲击较大，导致COD和NH_3-N均超标严重，经大冲河衰减汇入西江后对西江的贡献值较小，对西江水的影响轻微	本次跟踪评价监测结果表明：西江DQ段各监测断面水质均符合《地表水环境质量标准》(GB 3838—2002) II类标准，马圩河各监测断面水期水质均符合《地表水环境质量标准》(GB 3838—2002) III类标准，大冲河各监测断面水期水质标准指数均大于1，大冲河现状水质无法满足《地表水环境质量标准》(GB 3838—2002) III类标准，GX河各水期NH_3-N标准指数均大于1，GX河现状水质无法满足《地表水环境质量标准》(GB 3838—2002) II类标准。GX河的DO、COD_{Cr}、BOD_5等指标明显好转趋势，NH_3-N、TP污染物浓度有所上升；西江、马圩河水质基本持平，但NH_3-N、TP浓度均有上升趋势。XC片区依托的DQ县精细化工基地污水处理厂完成提标改造工程后，污水处理厂尾水达到《广东省水污染物排放限值》(DB44/26—2001)第二时段一级标准值
地下水环境	监测结果表明：转移园所在区域地下水可满足《地下水水质标准》(GB/T 14848—93)中的III类标准，说明评价范围内地下水环境质量状况良好	转移园不使用地下水，园区所有生产及生活用水均采用西湾水厂(XC片区)、金林水库(GX片区)，因此本转移园的开发利用不会对地下水位产生影响，更不会发生因采用地下水导致水位变化引发环境水文地质问题	规划实施前后，除pH、总硬度、溶解性总固体与总大肠菌群外，其余监测指标浓度变化不大。其中，规划实施前后总硬度和溶解性总固体浓度均满足《地下水质量标准》(GB/T 14848—2017)中的III类标准，而本次监测GX片区岗表村的pH均比2012年表村的pH均比2012年比监测值有所降低，且超过III类标准限值

类别	上一轮规划环评		DQ产业转移工业园及周边环境质量现状
	现状	环境影响	
声环境	监测结果表明：各监测点（生产区、办公区和道路区域）的昼间噪声值均低于60 dB（A），夜间噪声值均低于50 dB（A），符合对应的《声环境质量标准》（GB 3096—2008）2、3、4a类标准要求，表明该地区声环境质量良好	转移园规划实施后，主要设备噪声源若采取隔声、消声、吸声等措施，则在距声源10~50 m处就可以衰减达到声环境质量评价标准（3类标准）的限值要求；主要社会生活噪声源源强一般在60 dB（A），经过衰减后对周边的影响较小	本次跟踪评价监测结果表明：园区内各个监测点昼间和夜间等效声级均符合《声环境质量标准》（GB 3096—2008）中3类标准限值。规划实施前后，园区各个监测点昼间和夜间的等效声级均符合《声环境质量标准》（GB 3096—2008）中3类标准限值，且与监测值变化不大
土壤环境	监测结果表明：各监测因子现状监测值均符合《土壤环境质量标准》（GB 15618—1995）中的二级标准。总体来说，转移园所在区域的土壤环境质量状况良好	—	本次跟踪评价监测结果表明：各监测点位各指标值均低于GB 15618—2018 中的农业用地土壤污染风险筛选值的标准，说明土壤中污染物含量对农产品质量安全、农作物生长或土壤生态环境的风险低。规划实施以来，各采样点中铅的含量较2012 年监测时增幅较大，汞含量略有上升，铬含量明显下降，其余指标的含量差异不大，但规划实施前后规划前后各监测前后农用地土壤污染风险均在农业用地土壤污染风险筛选值以内
底泥环境	评价范围内的各监测点各指标污染指数均小于1，底泥监测点各项指标均符合《土壤环境质量标准》（GB 15618—1995）二级标准。规划涉及区域的河流底泥环境质量现状较好	—	本次跟踪评价监测结果表明：各点位各指标均低于GB 15618—2018 中的农业用地土壤污染风险筛选值的标准，说明土壤中污染物含量对农产品质量安全、农作物生长或土壤生态环境风险低。规划实施以来，各采样点底泥中的铅和汞含量均较2012 年有所下降，铜和铬含量均有所上升，其余指标与2012 年监测值均低于农用地土壤污染风险筛选值以内

（2）环境影响变化原因分析

DQ 产业转移工业园现状与上一轮规划环评相比，规划范围未发生改变。规划区用地空间布局和用地类型局部发生了变化，主要是部分行业（如制衣、打火机、家具等）发展相对滞后或仍属空白，原规划产业分区发展出现弱势或现状布局的产业与规划产业类型不完全相符。园区产业定位和实际发展情况基本吻合，但部分入驻企业与园区主导产业方向的吻合度不高。

从污染物排放量来看，现状废气、固体废物排放量均小于规划环评的预测值，主要是规划环评选取的排污系数、燃料预计使用量与实际差异较大导致的，且由于工业园尚未完全开发。但 XC 片区已建和在建企业工业废水和水污染物排放量均大于原预测值，主要是在建的华格香料污水排放量较大（约占片区工业废水排放量的 57.2%），且 XC 片区生活污水与工业废水一并依托 DQ 县精细化工基地污水处理厂，SS 排放浓度高于原预测值。

从环境影响上来看，上一轮规划环评至今，大气、地下水、声、土壤环境与上一轮规划环评时的现状相比未有显著改变；现状大气、噪声、地下水和土壤环境质量与原环评规划中预计的"规划实施后环境质量可以满足环境质量标准要求"的结论一致。XC 片区纳污水体——大冲河水质恶化，本次跟踪评价大冲河各监测断面 NH_3-N 浓度均超过《地表水环境质量标准》（GB 3838—2002）Ⅲ类标准。

据分析，大冲河水质超标主要有以下原因：

①城区配套雨污管网铺设不完善。

城区未配套建设管网，部分居民生活污水直接排入大冲河流域。

②大冲河流域城镇、农村生活垃圾堆放。

大冲河流域内的城镇、农村生活垃圾堆放点大多位于河涌两侧，长时间露天堆置未能得到及时清理，其渗漏液直接流入水体造成水质恶化，部分河段河面上甚至漂浮有生活垃圾。

③农业面源污染。

大冲河小流域沿岸部分家庭式养殖户或养殖场管理水平低下，未配备相应的污染防治措施，采用水冲粪技术，禽畜的粪便、尿液、冲栏水、冲身水都没有经过处理而直接排放到河涌内；当前农户对化肥、农药的过量和不合理施用，使氮、磷化合物随农田灌溉排水或雨后地表径流流入大冲河。

根据《DQ 县大冲河小流域整治方案（2017—2020 年）》，大冲河入河污染物量合计 COD 为 637.32 t/a，BOD_5 为 297.16 t/a，NH_3-N 为 57.93 t/a。

7.5.2 环境影响减缓措施有效性分析

（1）环境保护措施有效性分析

①大气环境保护措施的有效性分析。

规划调整以来，工业区内的食堂油烟进行了净化处理，工业企业供热锅炉废水采取了脱硫、除尘措施。本次跟踪评价监测结果表明：SO_2、NO_2 的小时浓度和日均浓度，以及 PM_{10}、$PM_{2.5}$ 日均浓度均达到《环境空气质量标准》二级标准。二甲苯、甲醛、甲醇和苯乙烯监测值满足《工业企业设计卫生标准》（TJ 36—79）中居住区大气中有害物质的最高容许浓度，氨、甲苯、VOCs 满足《室内空气质量标准》（GB/T 18883—2002）标准要求；非甲烷总烃满足《大气污染物综合排放标准详解》中计算非甲烷总烃排放量标准时使用的环境质量标准值，环境空气质量与上一轮规划环评监测时差异不大。此外，XC 片区现有 6 家大气污染源监督性监测结果亦表明：工业园现有供热锅炉除某两家废气排放浓度不能稳定达标外，其余 4 家企业的锅炉废气中的 SO_2、NO_x 和烟尘排放浓度均能满足相应锅炉废气排放标准的要求。规划后续实施应加强供热锅炉废气排放的监督管理，确保废气达标排放。

②地表水环境保护措施的有效性分析。

规划调整以来，区域排水系统进一步完善，XC 片区工业废水和生活污水目前全部纳入 DQ 县精细化工基地污水处理厂排放，且污水处理厂排放标准由上一轮规划环评时的广东省地方标准《水污染物排放标准》（DB 44/26—2001）第二时段一级标准提高到《地表水环境质量标准》（GB 3838—2002）IV 类标准值及广东省《水污染物排放限值》（DB 44/26—2001）第二时段一级标准较严值。由规划实施前后的地表水水质监测结果对比分析可知，XC 片区纳污水体——大冲河水质中的 NH_3-N 浓度有所增加，已无法满足《地表水环境质量标准》（GB 3838—2002）III 类标准。由 DQ 县精细化工基地污水处理厂在线监测的出水水质来看，污水处理厂出水水质未能稳定达到《地表水环境质量标准》（GB 3838—2002）IV 类标准值及广东省《水污染物排放限值》（DB 44/26—2001）第二时段一级标准较严值的要求。

　　根据《DQ 县大冲河小流域整治方案（2017—2020 年）》（DQ 县人民政府、ZQ 市环科所环境科技有限公司，2017 年 12 月）的分析结果，大冲河水质超标的原因主要有：①生活污水直排、环保基础设施建设滞后，城区生活污水纳管率60%～70%，新圩镇区和偏远农村地区的生活污水直接排入大冲河流域；②岸边垃圾、河道内生物残体及漂浮物未能及时处理，渗漏液直接流入水体造成水质恶化；③流域内畜禽养殖废水和农业种植农药化肥流失造成污染；④XC 片区污水处理厂因系统设备设施存在问题，处理水量不足，出水水质未能稳定达标。另从河流底泥监测结果来看，规划实施以来，底泥中的污染物含量变化不大。DQ 县精细化工基地污水处理厂自 2019 年 7 月以后出水已经达标，考虑大冲河水质超标及流域污染现状，建议规划后续实施应加强对 DQ 县精细化工基地污水处理厂的监督管理，继续确保污水处理厂尾水稳定达标排放，并推进区域水污染整治工作，有效削减大冲河流域水污染负荷。

　　GX 片区工业废水全部零排放，但生活污水未按规划环评审查意见要求建设片区污水集中处理设施，各企业的生活污水经化粪池后回用绿化。规划调整前后，GX 片区纳污水体——GX 河水质与上一轮规划环评时基本持平，但 NH_3-N 浓度均超过《地表水环境质量标准》（GB 3838—2002）Ⅱ类标准。由 GX 片区企业自建污水处理设施的废水监测结果来看，企业生活污水经化粪池处理后尾水中的NH_3-N、TP 浓度无法满足广东省地方标准《水污染物排放限值》（DB 44/26—2001）第二时段一级标准要求。考虑纳污水体水质超标，建议规划后续实施应推进 GX 片区生活污水集中处理设施建设或者依托 GX 镇污水处理厂处理。

　　③地下水环境保护措施的有效性分析。

　　DQ 产业转移工业园不使用地下水。本次跟踪评价监测结果表明：除 GX 片区峒表村的 pH 出现超标外，其余各监测因子均符合《地下水质量标准》（GB/T 14848—2017）中的Ⅲ类标准。规划实施前后总硬度和溶解性总固体浓度均满足《地下水质量标准》（GB/T 14848—2017）中的Ⅲ类标准。

　　工业园区毗邻西江干流，按照《广东省西江水系水质保护条例》和上一轮规划环评审查意见的要求，园区应建设地下水水质监测井，但目前尚未建设。规划后续实施应完善园区的地下水水质监测井建设。

④声环境保护措施的有效性分析。

DQ 产业转移工业园主要声源为工业噪声和交通噪声。本次跟踪评价监测结果表明：园区内各个监测点昼间和夜间等效声级均符合《声环境质量标准》（GB 3096—2008）中 3 类标准限值，声环境现状与上一轮规划环评监测结果基本持平，表明园区开发建设没有对声环境质量产生明显影响。

⑤固体废物处理处置措施的有效性分析。

工业园生活垃圾目前已全部送 DQ 县生活垃圾填埋场进行处理，无害化处理率达 100%；一般工业固体废物采用综合利用和安全处置方式，危险废物送惠州东江威立雅环保服务有限公司、韶关绿然再生资源有限公司、珠海市斗门永兴盛环保工程废弃物回收综合处理有限公司等有资质单位处置。本次跟踪评价监测的土壤环境质量总体良好，土壤环境所有监测指标均满足《土壤环境质量 建设用地土壤污染风险管控标准（试行）》（GB 36600—2018）中的风险筛选值，规划实施前后土壤中污染物含量差异不大，表明园区现有固体废物处理处置措施有效。

82%的居民认为环境质量将有所改善，73%的居民认为园区开发对周边环境生活没有影响，且 100%的受访公众认为园区发展对于周边经济发展有利。

⑥小结。

总体来说，规划实施以来原规划环评提出的大气、水、声、固体废物等环境减缓措施总体有效，区域大气、地下水、声、土壤、底泥环境质量均满足相应标准要求，且与上一轮规划环评基本持平，大冲河流域 $NH_3\text{-}N$ 浓度较上一轮规划环评有所增加，且不能满足水环境功能区要求，其原因可能与大冲河流域生活源、农业源的排放有关。GX 河水质与上一轮规划环评差异不大，但规划调整前后 $NH_3\text{-}N$ 浓度均不能满足水环境功能区要求。围绕环境质量改善的目标，规划后续实施应重点加强园区污水集中处理设施和地下水水质监测井的建设，并推进区域水环境综合整治，以保障西江流域水环境安全。

（2）生态保护措施有效性分析

上一轮规划环评提出要落实园林绿化建设，保证绿地面积。从工业园土地利用现状图来看，GX 片区的开发建设主要集中在片区南部和北部，中部和东部现状多为裸地和园地，规划实施以来绿地面积增加 0.84 hm^2，占片区总面积的 0.91%；XC 片区的开发建设主要集中在片区的中部，北部和南部现状多为裸地和农林用地，规划实施以来绿地面积增加 1.91 hm²，占片区总面积的 0.58%。总的来看，DQ 产业转移工业园的开发建设对周边山体林地和原有植被的破坏较小，且开发过程中重视落实绿化建设，园区现状绿地总面积较上一轮规划环评时有所增加。可见，上一轮规划环评提出的生态环境保护措施得到有效落实，规划后续实施应随着园区的开发建设持续加强绿化隔离带和园林绿化建设。

7.6　规划后续实施方案分析

7.6.1　发展趋势与情景方案设计

（1）未开发利用土地情况

根据规划区内用地开发现状，对照园区土地利用规划中的规划用地性质，本规划区范围内尚未开发的建设用地汇总见表 7-11 和图 7-2、图 7-3，目前规划区内尚有约 254.41 hm² 建设用地未开发利用，其中未开发的用地以工业用地面积最大，为 179.65 hm²，占未开发用地面积的 70.6%。

表 7-11　DQ 产业转移工业园未利用地统计

编号	规划用地类型	GX 片区面积/hm²	XC 片区面积/hm²	合计/hm²
1	工业用地	42.72	136.93	179.65
2	仓储用地	4.30	0	4.30
3	居住用地	3.70	0	3.70
4	公共设施用地	3.40	0	3.40
5	市政公用设施用地	0.53	2.67	3.20
6	道路广场用地	8.61	35.61	44.22
7	绿地	1.12	14.82	15.94
	合计	64.38	190.03	254.41

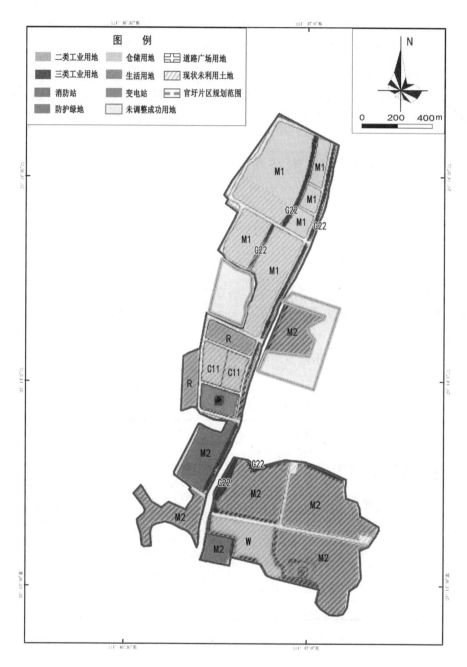

图 7-2 GX 片区未开发建设用地规划

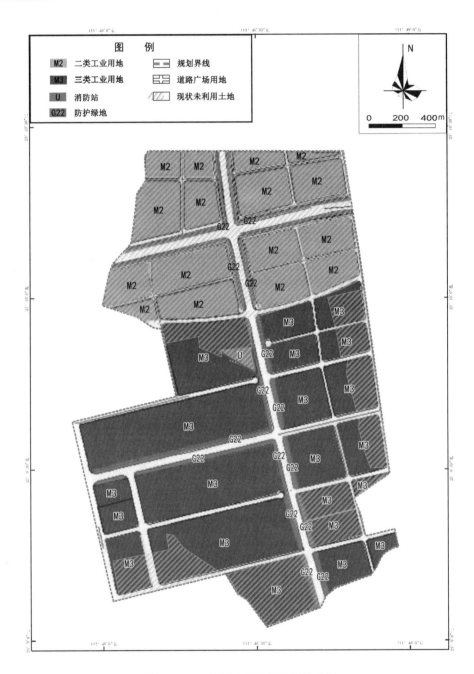

图 7-3 XC 片区未开发建设用地规划

（2）规划后续实施的制约因素分析

规划后续实施存在的主要问题与制约有：

①县城污水处理厂管网仍在建设完善中，XC 片区生活污水仍需依托县城精细化工基地污水处理厂处理；GX 片区污水处理设施尚未建设，工业企业废水经企业化粪池处理后直接排入周边环境。

②XC 片区已建、在建企业污染物排放量已突破总量控制要求，园区需进一步提高工业节水效率，减少废水排放。

③某河已无环境容量，区域水污染综合整治措施有待完善。

7.6.2　规划后续实施的资源环境压力分析

（1）水污染源

①GX 片区。

1）工业废水。

GX 片区已投产的打火机企业使用少量的水用于检查打火机成品是否漏气，经沉淀后可循环使用不外排。按照上一轮规划环评审查意见要求，GX 片区生产废水应经企业处理后回用，不外排。片区未利用地主要引进打火机、成衣加工和家具加工企业。园区不得引进含洗水工序的制衣企业，成衣加工生产工序简单，无生产废水产生。根据类比全市多家木制家具生产企业排污情况，木制家具生产企业的生产废水污染源主要为喷漆工序水帘柜废水，废水较少且经沉淀处理后循环使用、定期更换。规划后续实施无工业废水排放。

2）生活污水。

GX 片区主要水污染源为企业办公人员生活污水。GX 片区未投产用地 64.38 hm^2，按片区现状人均用地面积约 20 人/hm^2 估算，预计员工达 1 288 人。根据园区规划，GX 片区不建设生活区，预计企业办公人员生活用水量按 50 L/（d·人），排污系数取 0.9，则生活污水产生量为 17 388 m^3/a。GX 片区目前无污水处理设施，后续开发建设考虑按照上一轮规划环评要求建设集中污水处理设施，现有生活污水和新增生活污水全部经园区污水处理设施处理，非雨期尾水回用作绿化不外排，雨期处理达到《城市污水处理厂污染物排放标准》（GB 18918—2002）一级 A 标准及广东省《水污染物排放限值》（DB 4426—2001）第二时段一级标准的严者后排往 GX 河。

根据气象资料显示，DQ 县全年 365 天中有降水日数 156 天，即在园区企业 300 d 生产运营期间大约有 128 天为降水日，则 GX 片区水污染物产排情况见表 7-12。

表 7-12　GX 片区生活源水污染物产排情况

来源			废水量/（m³/a）			污染物量/（t/a）				
			现有	新增	合计	COD$_{Cr}$	BOD$_5$	SS	NH$_3$-N	TP
生活污水	产生	产生浓度	5 926.5	17 388	23 314.5	250.00	100.00	120.00	20.00	2.500
		产生量				5.83	2.33	2.80	0.47	0.060
	排放	排放浓度	2 528.6	7419	9 947.6	50.00	10.00	10.00	5.00	0.500
		排放量				0.50	0.10	0.10	0.05	0.005

②XC 片区。

1）工业废水。

根据上一轮规划环评评价结果，园区主要引进风机类或不锈钢件加工企业，生产过程不设置表面处理工序，无表面处理废水产生。风机类加工企业产生的水帘柜废水含有大量漆料，经企业沉淀等预处理后循环使用，并定期交有资质单位处置，不得外排。XC 片区后续开发的工业废水主要来自林产化工企业产生的废水。

XC 片区未开发利用的林产化工区 64.3 hm² 和金属加工机械制造区 72.63 hm²。类比现有林产化工企业废水产排情况，林产化工企业单位面积废水排放量约 26.3 m³/亩，则林产化工区工业废水产生量约为 25 366 m³。该部分废水依托 DQ 县精细化工基地污水处理厂处理达到《地表水环境质量标准》（GB 3838—2002）IV 类标准值及广东省《水污染物排放限值》（DB 44/26—2001）第二时段一级标准中的较严格值后排入大冲河，水污染物产排情况见表 7-13、表 7-14。

表 7-13　XC 片区现有林产化工企业排水系数

企业名称	面积/亩	废水排放量/（m³/a）	单位面积废水排放量/（m³/亩）
DQ 县银龙实业有限公司	224	4 871.2	21.7
DQ 县明亮树脂有限公司	30	874.4	29.1
广东天龙精细化工有限公司	95	2 672.44	28.1
平均			26.3

表 7-14　XC 片区工业源水污染物排放情况

指标	废水量/（m³/a）	污染物排放量				
		COD$_{Cr}$	BOD$_5$	SS	NH$_3$-N	TP
排放浓度/（mg/L）	25 366	30	6	60	1.5	0.3
排放量/（t/a）		0.76	0.15	1.52	0.04	0.01

2）生活污水。

XC 片区主要水污染源为企业办公人员生活污水。由表 7-11 可知，XC 片区未投产用地 190.03 hm²，按片区现状人均用地面积约 10 人/hm² 估算，预计员工 1 903 人，预计企业办公人员生活用水量按 50 L/（d·人），排污系数取 0.9，则生活污水产生量为 25 690 m³/a。XC 片区目前依托 DQ 县精细化工基地污水处理厂处理达到《地表水环境质量标准》（GB 3838—2002）Ⅳ类标准值及广东省《水污染物排放限值》（DB44/26—2001）第二时段一级标准中的较严格值后排入大冲河，后续待 DQ 县污水处理厂建成区管网扩容工程完成后，将接入 DQ 县污水处理厂处理达到《城镇污水处理厂污染物排放标准》（GB 18918—2002）一级 B 标准及广东省地方标准《水污染物排放标准》（DB 44/26—2001）较严值后排入大冲河。XC 片区生活污水分别考虑依托 DQ 县精细化工基地污水处理厂（情景一）和依托 DQ 县污水处理厂（情景二）两种情景，水污染物排放情况见表 7-15。

表 7-15　XC 片区生活源水污染物排放情况

情景	指标	废水量/（m³/a）	污染物				
			COD$_{Cr}$	BOD$_5$	SS	NH$_3$-N	TP
情景一	排放浓度/（mg/L）	25 690	30	6	60	1.5	0.3
	排放量/（t/a）		0.77	0.15	1.54	0.04	0.01
情景二	排放浓度/（mg/L）		40	20	20	8	1.0
	排放量/（t/a）		1.03	0.51	0.51	0.21	0.03

（2）大气污染源

①工艺废气。

GX 片区规划产业以打火机、家具和制衣为主，目前仅有一家打火机企业，家具和制衣产业发展尚处于空白阶段。打火机制造业无工业废气产生。制衣企业污染源估算参考上一版规划环评报告进行，家具企业参考园区内典型企业进泯装饰的污染源进行估算，详见表 7-16。

表 7-16　DQ 产业转移工业园工艺废气污染物产生量

| 区域 | 主导产业 | 占地面积/hm² | 类比企业 | | 排污系数/[t/(a·hm²)] | | 污染物产生量/（t/a） | |
			企业名称	占地面积/hm²	粉尘	TVOC	粉尘	TVOC
GX 片区	制衣	23.18	规划环评	—	0.60	—	13.91	—
	家具建材	16.1	建泯装饰	1.4	6.27	0.89	100.91	14.38
XC 片区	金属加工	72.63	德通风机	10.90	0.566	1.183	41.130	85.946
	林产化工	64.3	天龙化工	4.6	—	0.783（工艺废气）	—	25.17（工艺废气）
					—	0.709（罐区）	—	22.79（罐区）
	小计	176.21					155.95	148.29

制衣企业大气污染源主要为布料检验、剪裁工序无组织排放的粉尘。根据上一轮规划环评报告，制衣企业粉尘产生量按 2 kg/t 产品、产能 0.03 t/m² 估算，集尘器收集效率按 80%、除尘效率按 90% 估算。

家具建材企业排放的废气主要为木材加工、打磨工序产生的粉尘废气，喷漆、自然晾干工序产生的有机废气以及涂胶、晾干产生的有机废气等。车间工艺废气由集气罩收集，经相应的治理设备处理后达标排放。集气罩收集率按 80% 计算，则工艺废气污染物中 90% 为有组织排放，10% 为无组织排放。有机废气一般采用活性炭、UV 光解等方式去除。参考园区内同类项目的除尘效率选 90%。粉尘采用袋式除尘器进行处理，去除效率按 90% 计算。

XC 片区规划产业以金属加工、林产化工企业为主。金属加工企业产生的废气主要包括焊接废气、粉末喷涂工序产生的粉尘、喷漆工序产生的废气等；林产化工产生的废气主要是冷凝、分馏工序产生的不凝尾气以及原料罐和成品罐区的大小呼吸。

金属加工企业的车间工艺废气经集气罩收集，经相应的治理设备处理后达标排放。集气罩收集率按 80% 计算，则工艺废气污染物中 90% 为有组织排放，

10%为无组织排放。有机废气一般采用活性炭、UV 光解等方式去除。参考园区内同类项目的除尘效率选 90%。粉尘采用袋式除尘器进行处理，去除效率按 90% 计算。

林产化工企业一般为分馏工序产生的有机废气，经循环水及冷冻水二级冷凝后，处理效率可达 80%；经水环泵抽吸进入油水分离器进行油水分离，处理效率可达 25%，不凝尾气经活性炭吸附装置处理，处理效率可达 90%。综合来看，化工企业有机废气处理效率达 98.5%，按 98%计。储罐区的大小呼吸作为无组织面源直接排放。

根据预测，GX 片区粉尘排放量 32.15 t/a，TVOC 排放量 4.03 t/a；XC 片区粉尘排放量 11.52 t/a，TVOC 排放量 47.36 t/a，详见表 7-17a、表 7-17b。

表 7-17a　GX 片区未开发区域工艺废气污染物排放情况　　　　单位：t/a

污染物		主导产业	制衣	家具建材	合计
粉尘		产生量	13.91	100.91	114.82
	排放量	有组织	1.11	8.07	9.19
		无组织	2.78	20.18	22.96
		合计	3.89	28.25	32.15
TVOC		产生量	—	14.38	14.38
	排放量	有组织	—	1.15	1.15
		无组织	—	2.88	2.88
		合计	—	4.03	4.03

表 7-17b　XC 片区未开发区域工艺废气污染物排放情况　　　　单位：t/a

污染物		主导产业	金属加工	林产化工	合计
粉尘		产生量	41.13	—	41.13
	排放量	有组织	3.29	—	3.29
		无组织	8.23	—	8.23
		合计	11.52	—	11.52
TVOC		产生量	85.95	47.97	133.91
	排放量	有组织	6.88	0.5	7.38
		无组织	17.19	22.79	39.98
		合计	24.06	23.30	47.36

②燃料燃烧废气。

GX 片区的各企业不涉及用热，不新建锅炉。

XC 片区金属加工企业在生产过程中需要用热进行表面处理；林产化工企业在生产过程中需要蒸汽进行分馏、蒸馏等工序。XC 片区现有锅炉 14 台，除某木业企业为 30 t/h 的生物质锅炉，其余均为 10 t/h 以下的锅炉，主要燃料为生物质、柴油、天然气等。考虑到园区天然气管网铺设工程正在推进，后续入驻企业均以天然气作为燃料。

情景 1：分散供热。

各企业自建用热设备，类比德通风机用热企业现状，判断剩余工业用地天然气耗量及污染物排放量。

未来金属加工企业和林产化工企业的天然气耗量，类比德通风机单位占地面积（10.9 hm²）的天然气耗量（70 000 m³/a），可得 DQ 产业转移园金属加工和林产化工用地单位面积天然气耗量为 6 422 m³/（a·hm²）。预计剩余工业用地中金属加工企业和林产化工各企业的天然气耗量。根据《环境统计手册》中的产污系数，天然气烟尘的产生系数为 2.86 kg/万 m³-原料，SO_2 产污系数为 0.02 skg/万 m³-原料，s 取值 200 mg/m³，NO_x 产污系数为 18.7 kg/万 m³-原料。未开发区域大气污染物排放量见表 7-18。后续开发用地新增 SO_2 排放量 0.35 t/a，NO_x 1.64 t/a，烟尘 0.25 t/a。

表 7-18　XC 片区分散供热污染物排放量

产业类型	占地面积/hm²	天然气耗量/（m³/a）	污染物排放量/（t/a）		
			SO_2	NO_2	PM_{10}
金属加工	72.63	466 431	0.19	0.87	0.13
林产化工	64.3	256 881	0.17	0.77	0.12
合计	136.93	723 312	0.35	1.64	0.25

情景 2：集中供热。

根据《关于进一步加强工业园区环境保护工作的意见》（粤环发〔2019〕1 号），园区需要加快设施建设，提升污染治理能力，"鼓励园区推行集中供热"。因此预估在集中供热情境下的污染源排放情况。

1）新增污染源。

DQ 产业转移工业园现状共设置 14 台锅炉，总建设规模为 81.5 t/h。考虑到未开发用地未来供热需求，预估园区总供热需求量为 100 t/h。类比《中新广州知识城北起步区分布式能源站项目（一期工程）环境影响报告书（2015 年）》，中新广州知识城北起步区分布式能源站项目（一期）为 2×21MW 多轴"一拖一"燃气蒸汽联合循环热电联产机组，能够提供最大蒸汽量为 58.2 t/h。项目一期年用气量约 0.6 亿 Nm^3。烟气量 105 381 Nm^3/h，SO_2 排放量 2.82 t/a，NO_x 排放量 70.54 t/a，烟尘排放量 5.64 t/a。类比可得，若 DQ 产业转移工业园进行集中供热，SO_2 排放量 4.7 t/a，NO_x 排放量 150.9 t/a，烟尘排放量 9.4 t/a。

2）削减污染源。

集中供热项目的实施，可替代园区范围内 9 家企业涉及的 14 台锅炉，可削减 SO_2 90.28 t/a、NO_x 80.58 t/a、烟尘 71.12 t/a。

综上，若园区实施集中供热项目，可减少园区 SO_2 85.58 t/a、烟尘 61.72 t/a，增加 NO_x 排放量 70.32 t/a。

3）生活源。

由表 7-19 可知，GX 片区未投产用地 64.38 hm^2，按片区现状人均用地面积约 20 人/hm^2 估算，预计员工达 1 288 人；XC 片区未投产用地 190.03 hm^2，按片区现状人均用地面积约 10 人/hm^2 估算，预计员工达 1 903 人。人均热指标按 2 300 MJ/a，天然气热值为 35 588 kJ/m^3。按照每一百人设置一个炉头，则 GX 片区将设置 12 个炉头，XC 片区将设置 19 个炉头。

GX 片区：12 个炉头×2 000 m^3/h×2 h=48 000 m^3/d=1.58×10^7 m^3/a；

XC 片区：19 个炉头 2 000 m^3/h×2 h=76 000 m^3/d=2.51×10^7 m^3/a。

企业配套员工食堂的油烟废气执行《饮食业油烟排放标准（试行）》（GB 18483—2001），油烟最高允许浓度 2 mg/m^3，生活源大气污染物排放情况见表 7-19。

表 7-19 生活源污染物排放量

片区	SO₂		NOₓ		烟尘		油烟
	排放系数/ (kg/10⁶m³)	排放量/ (t/a)	排放系数/ (kg/10⁶m³)	排放量/ (t/a)	排放系数/ (kg/10⁶m³)	排放量/ (t/a)	排放量/ (t/a)
GX 片区	630	0.052	1 843.24	0.153	302	0.025	0.03
XC 片区		0.077		0.226		0.037	0.05
排放系数选用《环境统计手册》(四川科学技术出版社) 推荐值							—

（3）固体废物污染源

①GX 片区。

1）工业固体废物。

规划后续实施，GX 片区的固体废物污染源主要来自打火机制造企业产生的废料、制衣企业产生的废碎布和家具企业产生的漆渣、废机油、废木料、废板材等。类比卓业打火机现状，一般工业固体废物的产污系数为 0.19 t/hm²；按上一轮规划环评报告，家具业一般工业固体废物按 2.07 kg/套家具，危险废物按 1.653 kg/套家具计，制衣业布碎按 50 kg/t 产品计，则规划后续开发预计产生一般工业固体废物 1 681.5 t，危险废物 1 064.5 t，具体见表 7-20。

表 7-20 GX 片区工业源固体废物产生及排放情况

固体废物类型	行业类别	产生量/ (t/a)	处置去向	排放量/ (t/a)
一般工业固体废物	打火机	0.7	综合利用或交废品回收商处置	0
	家具制造	1 333.1		0
	制衣	347.7		0
危险废物	家具制造	1 064.5	委托有资质单位收集处理	1 064.5

2）生活垃圾。

规划后续实施，GX 片区生活垃圾主要来自未投产用地员工生活垃圾。GX 片区未投产用地 64.38 hm²，按片区现状人均用地面积约 20 hm² 估算，预计员工 1 288 人，生活垃圾按 0.5 kg/（d·人），约 193.2 t/a。

②XC 片区。

1）工业固体废物。

规划后续实施，XC 片区的固体废物污染源主要来自林产化工企业产生的炉渣、灰渣等，金属制品加工企业产生的废机油及废乳化液等。类比现有林产化工企业，一般工业固体废物的产污系数为 93.4 t/hm²，危险废物产污系数为 0.2 t/hm²。按上一轮规划环评报告，金属加工机械制造业一般工业固体废物产污系数按 0.3 t/万件不锈钢件、1 t/万台风机，危险固体废物（废机油及废乳化液等）按 60 kg/万件不锈钢件、200 kg/万台风机计算，则规划后续开发预计产生一般工业固体废物6 335.6 t，危险废物 78.9 t。

2）生活垃圾。

规划后续实施，XC 片区生活垃圾主要来自未投产用地员工的生活垃圾。XC片区未投产用地 190.03 hm²，按片区现状人均用地面积约 10 hm² 估算，预计员工达 1 903 人，生活垃圾按 0.5 kg/（d·人），约达 285.5 t/a。

（4）后续规划实施的资源环境压力变化分析

后续规划实施的资源环境压力主要来自未开发工业用地带来的污染源。后续规划实施的资源环境压力变化情况见表 7-21。规划后续实施，园区废水将进一步增加，工业废水排放总量将达 473.9 m³/d，COD_{Cr}、NH_3-N 和 TP 排放量分别达4.26 t/a、0.22 t/a 和 0.02 t/a；生活污水排放量将达 237.1 m³/d。若园区实施集中供热，园区的 SO_2、烟（粉）尘将分别减少至 18.497 t/a、426.847 t/a；NO_x、VOCs将分别增加至 166.096 t/a 和 283.21 t/a。生活垃圾、一般工业固体废物和危险废物排放量将进一步增加至 924.2 t/a、22 588.47 t/a 和 5485 t/a。

表 7-21　DQ 产业转移工业园后续规划实施资源内环境压力变化汇总

污染物类型		排放源	GX 片区/（t/a）			XC 片区/（t/a）			工业园合计
			现状排放量	变化量	小计	现状排放量	变化量	小计	
废水	水量	生活源	5 926.500	+4 021.100	9 947.600	35 481.000	+25 690.000	61 171.000	71 118.600
		工业源	—	—	—	71 147.000	+25 366.000	96 513.000	96 513.000
	COD_{Cr}	生活源	1.630	−1.130	0.500	1.060	+1.030	2.090	2.590
		工业源	—	—	—	2.130	+0.760	2.890	2.890
	NH_3-N	生活源	0.190	−0.140	0.050	0.050	+0.210	0.260	0.310
		工业源	—	—	—	0.110	+0.040	0.150	0.150

污染物类型		排放源	GX 片区/（t/a）			XC 片区/（t/a）			工业园合计
			现状排放量	变化量	小计	现状排放量	变化量	小计	
废水	TP	生活源	0.020	−0.015	0.005	0.010	+0.030	0.040	0.045
		工业源	—	—	—	—	+0.010	0.010	0.010
废气	SO₂	生活源	0.007	+0.045	0.052	0.026	0.051	0.077	0.129
		工业源	—	—	—	104.000	0.350	104.350	104.350
	NOₓ	生活源	0.020	+0.133	0.153	0.080	0.146	0.226	0.379
		工业源	—	—	—	95.550	1.640	97.190	97.190
	烟（粉）尘	生活源	0.004	+0.021	0.025	0.013	0.024	0.037	0.062
		工业源	0.150	+32.150	32.300	488.530	11.520	500.050	532.350
	VOCs	工业源	40.270	+4.030	44.300	191.550	47.360	238.910	283.210
固体废物	生活垃圾	生活源	23.290	+193.200	216.490	422.210	+285.500	707.710	924.200
	一般工业固体废物	工业源	28.800	+1 681.500	1 710.300	14 542.570	6 335.600	20 878.170	22 588.470
	危险废物	工业源	2.300	+1 064.500	1 066.800	4 339.300	78.900	4 418.200	5 485.000

7.6.3 规划后续实施的环境影响分析

（1）水资源供需平衡分析

①水资源供给分析。

XC 片区供水水源为 DQ 县供水有限公司西湾水厂，最大日供水能力 6 万 m³；GX 片区采用金林水库作为水源，年产水量 2 995 万 m³。

②水资源需求预测。

1）工业需水。

工业需水预测采用单位产值用水强度法。综合考虑产业规模、生产工艺设备、技术水平及产品结构，用水现状水平以及工业园产业准入要求，核算园区主要行业用水定额，见表 7-22。

2）生活需水。

按照人均用水定额方法测算办公人员生活需水量。预计 GX 片区、XC 片区后续发展的人口分别约为 1 288 人和 1 903 人，办公人员生活用水量按 50 L/（d·人）计，则生活需水量分别为 1.93 万 m³ 和 2.85 万 m³。

表 7-22　DQ 产业转移工业园工业需水量预测

片区	产业	单位工业产值水耗/ (t/万元)	预测工业产值/ 万元	需水量/ 万 m³
GX 片区	打火机	0.42	4 000	0.17
XC 片区	林产化工	2.78	23 000	6.39
	金属加工机械制造	18.48	100 000	184.8
合计				191.36

3）需水量汇总。

综合以上用水预测，测算工业园后续发展新增需水量为 201.14 万 m³，其中 GX 片区新增需水量 2.1 万 m³，XC 片区新增需水量为 194.04 万 m³。

③供需平衡分析。

综合需水量及可供水量计算结果，进行水资源供需平衡分析。随着 DQ 产业转移工业园后续开发建设对水资源的需求有所减少，预计园区全部开发后需水量较原规划环评降低 45.2%，规划的供水规模可以满足水资源需求。

（2）土地资源供需平衡分析

目前，DQ 产业转移工业园规划用地规模为 423.89 hm²，仍有 60.02%未建成用地。现状已建和在建项目均在规划工业用地范围内，无超出用地规划外项目。园区待开发用地面积约为 254.41 hm²，能满足规划后续实施的需求。

（3）大气环境影响分析

①燃烧性废气排放影响分析。

GX 片区企业主要耗能为电能，企业食堂使用少量液化气，对环境影响较小。

XC 片区企业，新增的林产化工和金属加工企业涉及用热。根据园区发展规划，有两种情景：

情景 1，园区不进行集中供热，未开发区域的新建企业自行建设供热设施，主要为燃气锅炉。后续开发用地新增排放量 SO_2 0.29 t/a、NO_x 1.35 t/a、烟尘 0.21 t/a。对大气环境影响较小。

情景 2，园区进行集中供热，替代园区分散锅炉，减少园区 SO_2 85.58 t/a、烟尘 61.72 t/a，增加 NO_x 排放量 70.32 t/a。会从一定程度上减轻 DQ 产业转移工业园对当地的 SO_2、烟尘的贡献影响，NO_x 贡献影响有所增加。园区烟尘排放量减少会对大气环境起到一定的改善作用。但 NO_x 作为 $PM_{2.5}$ 的前体物之一，排放量的增加则会导致 $PM_{2.5}$ 的增加。集中供热项目对大气环境的具体影响程度有待具体项目环评工作开展时进行深入论证。

②工艺废气环境影响分析。

根据预测，如未开发用地全部开发，GX 片区预测粉尘排放量 32.15 t/a，叠加现状排放量后，比规划排放量增加 12.07 t/a；TVOC 预测排放量 4.03 t/a，叠加现状排放量后，比规划排放量减少 26.59 t/a。XC 片区预测粉尘排放量 11.52 t/a，叠加现状排放量后，比规划排放量增加 459.94 t/a；TVOC 预测排放量 47.36 t/a，叠加现状排放量后，比规划排放量增加 53.85 t/a，见表 7-23。

表 7-23　DQ 产业转移工业园工艺废气排放量　　　　　　单位：t/a

污染物	GX 片区				XC 片区			
	规划	现状	预测	变化量	规划	现状	预测	变化量
烟（粉）尘	20.23	0.15	32.15	+12.07	40.10	488.53	11.52	+459.94
VOCs	31.64	1.02	4.03	−26.59	184.05	190.53	47.36	+53.85

注：变化量=现状+预测−规划。

目前 GX 片区开发强度不高，工业用地已开发利用面积比 2013 年减少了 13.8%，未来预测增量较少，主要为家居建材行业的无组织排放。因无组织面源较低矮，可加强无组织排放控制，将污染物的影响范围控制在环境防护距离内。因目前加强了对 VOCs 排放控制，VOCs 排放量将少于规划排放量。对大气环境有正效应。

XC 片区大气污染物排放预测量，烟（粉）尘占规划排放量的 28.71%，VOCs 占规划排放量的 25.73%。其中，大亚木业烟（粉）尘现状排放量较大，占园区总排放量的 92%。VOCs 的现状排放量已经超过规划排放量，预计未利用地的开发将增加 30.6%。根据 2013 年现状监测数据，园区周边敏感点 PM_{10} 和 $PM_{2.5}$ 日均最大浓度值超标率、TVOC 8 h 浓度超标率分别为 61.3%、90.7%、12.2%，2018 年现状监测数据显示园区周边敏感点 PM_{10} 和 $PM_{2.5}$ 日均最大浓度值超标率分别为 45%、42%、9.2%，符合《环境空气质量标准》（GB 3095—2012）二级标准和《室内空气质量标准》（GB/T 18883—2002）要求，并且均有好转的趋势。PM_{10}、$PM_{2.5}$ 的日均浓度和 TVOC 8 h 平均浓度值占标率的降低，一方面说明近年来 DQ 县的大气污染环境治理工作颇有成效，另一方面说明园区烟尘排放量的增加对周边敏感点影响可接受。由此可预测，XC 片区未来随着金属加工业和林产化工业的开发，在做好环保措施的前提下，对大气环境的影响可接受。由于目前入驻项目尚存在很大的不确定性，故具体的影响程度待拟入驻项目开展环境影响评价工作时深入论证。

（4）水环境影响分析

①现有污水处理设施依托的可行性。

1）处理水量的影响分析。

XC 片区规划后续实施产生的工业废水将继续依托 DQ 县精细化工基地污水处理厂进行处理，生活污水将通过市政污水管网纳入 DQ 县污水处理厂进行处理。DQ 县精细化工基地污水处理厂现状处理规模为 750 m³/d，污水处理厂在线监测数据表明污水厂日均处理水量 60～70 m³/d，剩余污水接纳能力 680～690 m³/d。规划后续实施预计 XC 片区新增工业废水排放量约 84.6 m³/d，在建项目工业废水排放量约 209.1 m³/d，共计增加工业废水排放量 293.7 m³/d，占 DQ 县精细化工基地污水处理厂处理余量的 42.6%～43.2%。可见，DQ 县精细化工基地污水处理厂的处理余量可满足 DQ 产业转移工业园 XC 片区工业废水已建、在建及后续规划新增工业废水的处理需求。

DQ 县污水处理厂现状设计规模为 30 000 m³/d，实际处理能力约 2.48 万 m³/d，剩余污水接纳能力约 5 200 m³/d。规划后续实施考虑现有生活污水与新增生活污水均进入 DQ 县污水处理厂，生活污水排放量合计约 203.9 m³/d，约占 DQ 县污水处理厂处理余量的 3.9%。可见，DQ 县污水处理厂的处理余量可满足 DQ 产业转移工业园 XC 片区生活污水现状及后续规划处理需求，见表 7-24。

表 7-24　XC 片区废水量占污水处理厂负荷比例

污水类型	新增废水排放量/（m³/d）	规划后续实施片区废水排放量/（m³/d）	污水厂名称	处理能力/（万 m³/d）	废水量占比/%
工业废水	84.6	321.7	DQ 县精细化工基地污水处理厂	750	42.9
生活污水	85.6	203.9	DQ 县污水处理厂	30 000	0.7

GX 片区现状尚未建设生活污水集中处理设施，按照上一轮规划环评审查意见要求及片区现状生活污水处理需求，建议 GX 片区应建设片区生活污水处理设施，污水处理能力控制在 100 m³/d 左右，非雨期时回用于绿化、道路冲洗等环节，雨期时需处理达到《城镇污水处理厂污染物排放标准》（GB 18918—2002）一级 A 标准及广东省《水污染物排放限值》（DB44/26—2001）第二时段一级标准的严者后方可排入 GX 河。

2）处理工艺的影响分析。

DQ 县精细化工基地污水处理厂采用"初沉—气浮絮凝—厌氧—接触氧化—曝气生物滤池—MBR 膜处理"，XC 片区规划后续实施仍以林产化工和金属加工机械制造业为主，污水性质与现状相当，工业废水排放不会对 DQ 县精细化工基地污水处理厂造成冲击。考虑 XC 片区金属加工机械制造区后续开发可能产生水帘柜废水，该部分废水因含大量的漆料须经沉淀等预处理后循环使用，并定期交有资质的危险废物单位处置，不得外排。

②水环境影响分析。

规划后续实施 XC 片区生活污水纳入市政污水管网，经 DQ 县污水处理厂处理后达标排放，工业废水经 DQ 县精细化工基地污水处理厂处理后排入大冲河。

虽然 XC 片区已建工业企业的工业废水排放量（28.10 m³/d）满足上一轮规划环评批复要求（不超过 200.00 m³/d），但由于在建的华格香料废水排放量很大（135.60 m³/d），叠加已建、在建和预测规划后续新增工业废水量后，XC 片区工业废水排放总量将达到 321.70 m³/d，将超过上一轮规划环评批复允许排放废水量 60.9%（表 7-25）。考虑大冲河现状 NH₃-N 超标严重，为劣 V 类（主要因为占 XC 片区工业废水排放总量的 57.2%）。本评价建议工业园提高 XC 片区工业废水节水效率，尤其应严格控制并削减在建的华格香料废水排放量，开展园区中水回用，为园区发展腾出空间。此外，结合《DQ 县大冲河小流域综合整治方案（2017—2020年）》，推进城镇生活污水截污纳管、畜禽养殖和农业面源污染治理等措施，减少水资源消耗和入河污染负荷，缓解大冲河 NH₃-N 超标问题。

表 7-25　XC 片区工业废水排放量与批复总量对比

项目	排放量			批复总量			待削减量		
	工业废水量/（m³/d）	COD_{Cr}/（t/a）	NH_3-N/（t/a）	工业废水量/（m³/d）	COD_{Cr}/（t/a）	NH_3-N/（t/a）	工业废水量/（m³/d）	COD_{Cr}/（t/a）	NH_3-N/（t/a）
已建	28.10	0.25	0.01	200.00	1.80	0.10	121.70	1.06	0.04
在建	209.10	1.85	0.09						
后续实施新增	84.50	0.76	0.04						
合计	321.70	2.86	0.14						

③工业园中水回用可行性分析。

1）中水回用量估算。

由上节分析可知，规划后续实施 XC 片区已建、在建和预测新增工业废水排放量总量（321.7 m³/d）将超过上一轮规划环评批复的允许排放量（200 m³/d），为减少废水排放，工业园污水经处理后须开展中水回用，以减少废水和水污染物排放。由表 7-25 可知，为满足上一轮规划环评批复的废水和水污染物总量控制要求，XC 片区需减少工业废水排放量 121.7 m³/d，COD_{Cr} 和 NH_3-N 排放量 1.06 t/a 和 0.04 t/a。据此估算，XC 片区中水回用率不得低于 38%。

2）中水回用的可行性分析。

根据《城市污水回用设计规范》（CECS 61—94）和《污水回用设计规范（征求意见稿）》，并结合 DQ 产业转移工业园及其所在区域情况，工业园中水可用于以下几个方面，具体见表 7-26。

表 7-26　规划后续实施工业园中水回用去向

分类名称	项目名称	范围
城市杂用水	园林绿化	园区绿化带、周边山地浇洒
	冲厕、街道清扫	园区道路清扫
	建筑施工	
	消防	

其中，用于不同类别的回用水水质需分别满足《城市污水再生利用 城市杂用水水质（GB/T 18920—2002）》的要求，标准限值见表 7-27。

表 7-27　中水回用水质标准与 DQ 县精细化工基地污水处理厂出水标准对比

项目	冲厕、道路清扫、消防	园林绿化	建筑施工	DQ 县精细化工基地污水处理厂设计出水水质
pH	6.5～9.0	6.5～9.0	6.5～9.0	6～9
色度/度	≤30			—
臭味	无不快感觉			—
浊度/NTU	≤10	≤20		—
悬浮性固体/（mg/L）	≤15	≤30	≤15	—
溶解性固体/（mg/L）	≤1 000	≤1 000	—	—
BOD_5/（mg/L）	≤15	—	—	≤6
COD_{Cr}/（mg/L）	≤50	≤60	≤60	≤30

从回用水水质来看，DQ 县精细化工基地污水处理厂出水水质基本满足《城市污水再生利用 城市杂用水水质》（GB/T 18920—2002）的要求，但需进一步调节出水的 pH 至 6.5～7.0。

从回用水水量来看，工业园考虑绿地、道路浇洒用水，则预测中水回用量最大为 1 874 m³/d，见表 7-28。DQ 县精细化工基地污水处理厂尾水中水回用于工业园内绿化、道路冲洗，中水回用量最大达 1 874 m³/d，远大于需削减的工业废水排放量（121.7 m³/d），DQ 产业转移工业园 XC 片区实现中水回用较为可行。

表 7-28　XC 片区中水回用可行性分析

用地类型	用地面积/hm²	用水量指标/[m³/（hm²·d）]	用水量/（m³/d）
道路广场用地	55.94	30	1 678.2
绿地	19.58	10	195.8
合计			1 874

综上分析，规划后续实施 DQ 产业转移工业园 XC 片区开展中水回用是可行性。中水可用于片区内的绿化和道路浇洒。

（5）声环境影响分析

①预测噪声源。

转移园后续开发建设过程中，主要噪声源有：设备声源、社会生活噪声和交通噪声。主要噪声源强见表7-29。

表7-29　园区后续开发主要噪声源情况

声源	源强	位置	备注
设备噪声源	75～130 dB	工业企业	备用柴油发电机、水泵等
社会生活噪声	75～90 dB	居住区	—
主干道	69～89 dB	园区	25 m 宽，设计车速 60 km/h。饱和车流量 400 辆/h
次干道	69～89 dB	园区	18 m 宽，设计车速 40 km/h。饱和车流量 150 辆/h

转移园所在区域多为工业用地，目前尚未完全开发，声环境质量较好，按照相关规定划分为 3 类声环境功能区，执行《声环境质量标准》（GB 3096—2008）中的 3 类标准，即昼间≤65 dB，夜间≤55 dB。

②预测内容。

园区开发建设后，设备噪声随距离衰减变化；

园区开发建设后，社会生活噪声随距离衰减变化规律；

园区开发建设后，主要类型道路交通噪声随距离衰减变化规律。

③预测结果。

转移园规划实施后，主要设备噪声源若采取隔声、消声、吸声等措施，则在距声源 10～50 m 处就可以衰减达到声环境质量评价标准（3 类标准）的限值要求；社会生活噪声对周边环境的影响很小。GX 片区边界距离最近的敏感点 180 m，XC 片区距离最近的敏感点中垌村 420 m，声环境影响较小。园区主要交通道路两侧不宜布局对声环境要求较高的居住区、办公区等，同时应加大道路退缩距离，设置绿化防护带。

通过合理布局并对各类声源采取科学的治理措施，则项目建成后，其主要噪声源产生的声环境质量影响将局限在较小范围内，将不会对整个区域及周边的声环境质量带来明显的不良影响。

（6）生态环境影响分析

DQ 产业转移工业园后续规划实施会使区内部分未开发的林地、园区和未利用地等变为建设用地，土地利用性质发生不可逆改变，原有农业生态系统转变成城市生态系统。工业用地（用地比例最大的类型）明显增加，对生态环境产生不利影响。因为原农业生态系统对生态环境多样性具有一定的保护作用，其能缓冲和稀释污染物对环境的影响；而用地类型的改变（农林用地改为工业用地）使原本的植物和土壤生物失去原有生境，对生态环境产生胁迫和压力，造成不可恢复的影响。

工业园现状用地类型主要为工业用地。规划后续实施将进一步增加工业用地和道路广场用地，分别为 179.65 hm² 和 44.22 hm²。规划增加绿地面积 15.94 hm²，对改善工业区环境产生有利影响。评价认为在加强已破坏区域的生态修复和水土流失治理的同时，应严格控制建设用地向山地方向发展，降低开发强度，保护山体植被生态，尽可能保持区域原有自然地貌。

工业园后续开发建设，辖区内土地利用方式将发生明显的变化，农业耕地资源将被占用，建设用地有所增加，新市区内原有生态系统将进一步向城市生态系统方向转变。由于区域开发对地表植被的破坏，所以原有的植被种类将减少，被破坏的植被主要为广泛分布的资源种类及植被生态类型，调查期间在工业园范围内未发现涉及其他珍稀濒或危野生植物资源或原生地带性森林植被类型，未发现涉及有重要野生动物或鸟类集中栖息繁殖等敏感植被生境。规划的实施建设，对区域地带植物资源物种多样性以及植被群落生态多样性，不会造成明显的影响。对于区内的居住区等敏感点，应通过合理的用地布局，结合规划区周边的水体、绿化带、环保隔离带等措施，以减缓对其产生的不利影响。总体来说，只要做好相关的环境保护工作，对污染物排放采取有效的治理措施，工业园后续开发建设不会给所在区域生态环境带来明显不良影响。

（7）土壤环境影响分析

规划后续实施将使规划范围内原有的农林业生产用地转化为工业用地、交通用地等各种建设用地，随着园区工业化的不断发展，将会导致土壤理化性质和生物学性状继续发生改变。

随着区域内的场地平整和建筑物压盖，将使原有土壤被翻动、剥离或埋藏，从而造成土壤结构破坏和剖面层次混乱。人为压实和地面硬化，将使建设区域土壤土层厚度明显变薄，土壤空隙度明显下降，土壤容重明显增加，土壤通气透水性相应变差，地面不透水面积比例显著增大，地表径流系数相应变大。

规划后续实施对土壤环境的影响主要体现在入园项目废气排放、废水发生泄漏和危险化学品在运输过程中发生泄漏，废气、废水中的酸碱、有机物等，污染因子受土壤的截留作用，会改变土壤理化性质，影响植物的生长和发育。污染物在土壤中不像在大气和水体中那样容易扩散和稀释，因此，容易不断累积而超标。土壤污染包括重金属污染、化学污染等，其中重金属污染对土壤的污染最为严重，基本上属于不可逆的过程，可能需要 100～200 年才能够恢复，有机化学物质对土壤的污染也较为严重，需要较长的时间才能恢复。

根据规划产业污染源分析，废气中无重金属排放，不会因沉降导致在土壤中的累积；规划产业产生的废气主要为 SO_2、NO_2、颗粒物、有机物等，根据工业园开发现状及同类园区的类比分析，各类污染物最大落地浓度值超标率较低，在土壤中的累积作用较小。

（8）固体废物影响分析

规划后续实施产生的一般工业废物主要是一些边角料、废零件、废材料等，尽量进行综合处理与利用，加强有用成分的回收利用。生活垃圾由当地环卫部门负责收集、清运和运往垃圾填埋场进行填埋处理。危险废物应由有危险废物处理资质的单位进行处理。严格执行《广东省实施〈危险废物转移联单管理办法〉规定》，办理有关手续，固体废物由产生至无害化的整个过程都得到控制，保证每个环节均对环境不产生污染危害。

通过对园区内固体废物采取有效的防治措施和管理措施，做好安全防护工作。可使产生的固体废物对土壤、水体、大气、环境卫生以及人体健康的影响减至较低的程度。

（9）环境风险影响分析

①环境风险识别。

1）危险物质风险识别。

园区不设置集中的化学品仓库或储罐区，各企业原料的储存为各单个自备仓库。园区主要以林产化工、金属加工、家具建材、制衣为主导产业。这其中林产化工涉及的危险物质较多。类比园区内已有的且化学品储存量最大的典型企业，对园区主要涉及的危险化学品的危险特性进行识别，具体见表 7-30。根据《危险化学品重大危险源辨识》（GB 18218—2009）与《建设项目环境风险评价技术导则》（HJ/T 169—2004）识别临界量。

表 7-30　主要物料的危险性

序号	所在分区	名称	存在形态	危险性类别	临界量
1		天然气	液态	易燃性	10.0
2		异丙醇	液态	易燃性	10.0
3		无水乙醇	液态	易燃性	500.0
4		煤气	气态	易燃性	7.5
5		苯乙烯	液态	易燃性	10.0
6		甲苯	液态	易燃性	10.0
7		混合苯	液态	易燃性	10.0
8	林产化工区	甲醇	液态	易燃性	10.0
9		丙酮	液态	易燃性	10.0
10		氢气	气态	易燃性	10.0
11		硫酸	液态	腐蚀性	10.0
12		磷酸	液态	腐蚀性	10.0
13		二甲苯	液态	易燃性	10.0
14		正丁醇	液态	易燃性	10.0
15		环己酮	液态	易燃性	10.0
16		柴油	液态	易燃性	2 500.0
17	金属加工区	硫酸	液态	腐蚀性	10.0

2）生产和贮存系统风险识别。

生产运行过程中潜在的危险性及基本预防措施见表 7-31。

表 7-31　生产系统潜在危险性分析

序号	危险类型	事故形式	产生事故原因	基本预防措施
1	化工容器物理爆炸	高应力爆炸，并引发火灾	设备破裂	合理设计，加强设备的维修、维护
		低应力爆炸，并引发火灾	低温、材料缺陷	
		超压爆炸，并引发火灾	安全装置失灵、超负荷运行、误操作、气体过量	加强维修、维护，按安全规程操作
2	化工容器化学爆炸	简单分解爆炸，并引发火灾	设备发生韧性破裂、脆性破裂、疲劳破裂、腐蚀破裂、蠕变破裂	合理设计，加强设备的维修、维护，按安全规程操作
		复杂分解爆炸，并引发火灾		
		混合物爆炸，并引发火灾		
3	化工容器腐蚀	化学腐蚀，物料泄漏，引发环境事故	金属设备与电解质溶液发生化学反应而引起的腐蚀破坏，腐蚀过程不产生电流	合理设计，加强设备的维修、维护
		电化学腐蚀，物料泄漏，引发环境事故	金属设备与周围介质发生化学反应而引起的腐蚀破坏，腐蚀过程产生电流	
4	化工容器泄漏中毒	经呼吸道侵入人体	毒物由呼吸进入人体，经血液循环，遍布全身	按安全规程操作
		经皮肤吸收侵入人体	高度脂溶性和水溶性的毒物由皮肤吸收进入人体	
		经消化道侵入人体	毒物由消化道进入人体，经血液循环，遍布全身	

3）储运过程潜在风险识别。

储运过程中常规潜在的危险性及其预防措施见表 7-32。

表 7-32　储运系统常规危险性分析

序号	装置/设备名称	潜在风险事故	产生事故模式	基本预防措施
1	物料输送管道	阀门、法兰以及管道破裂、泄漏	物料泄漏，并引发火灾	加强监控，关闭上游阀门，准备消防器材扑灭火灾
2	槽车、接收站及罐区的管线	阀门、管道破裂、泄漏	物料泄漏，并引发火灾	

序号	装置/设备名称	潜在风险事故	产生事故模式	基本预防措施
3	储槽和罐区	阀门、管道泄漏	物料泄漏，并引发火灾	加强监控，消防水冲洗，采取堵漏措施
		储罐破裂、突爆	物料泄漏，并引发火灾、爆炸	加强监控，准备消防器材扑灭火灾
4	运输车辆	阀门、管道泄漏	物料泄漏，并引发火灾	—
		车辆交通事故	物料泄漏，并引发火灾	按照交通规则，在规定路线行驶

②风险事故影响预测与分析。

根据分析，项目风险危险源主要发生在 XC 片区，该片区主要定位为林产化工、金属加工机械制造。其中林产化工所生产和储存的化学品属于可燃、易燃危险性物质以及一般毒性危险物质的重大危险源。

园区剩余土地的开发基本按照规划进行，即 XC 片区主导产业为林产化工和金属加工制造，GX 片区主导产业为家具制造、打火机制造和制衣企业。危险源与原规划环评基本一致。因此，该章节直接引用《顺德龙江（DQ）产业转移工业园规划调整环境影响报告书（报批稿）》中的内容进行分析：

1）工业园确定的最大可信事故预测结果。

工业园企业发生爆炸事故的概率为 $1.3×10^{-5}$，发生大气污染事故的概率为 $5×10^{-5}$，发生水域污染的概率为 $1.0×10^{-5}$，转移园化学品运输车辆翻车、撞车事故的概率为 $3.4×10^{-2}$，均属于可接受的风险概率。

2）水环境风险减缓、应急措施。

整体上，水环境风险应急措施方面应做到：

各企业需设置对应事故/消防废水收集池，规模大小根据各企业废水产生量、一次性最大消防用水设置，以保证消防废水、事故废水 100%得到有效收集。

收集到的消防废水、事故废水应分批排往园区集中污水处理厂，并应分批分治，处理率须达 100%，经治理达标后方可排放。

所有事故池、缓冲池均应进行防渗设计，防渗系数应达 10^{-7}以上。

园区应增加综合雨水闸门，防止企业受污染雨水流入外环境；XC 片区须建立四级风险防范措施,分别各企业内防控、园区内分块防控、园区整体应急池(即精细化工基地污水处理厂应急池)系统工程、西江大堤及大桥电排站控制。GX片区须建立二级风险防范措施,分别在企业排污口、园区排污口控制。

7.7 环境管理优化建议

7.7.1 现存环境问题减缓措施

本评价提出园区现有环境问题的计划建议如下:

(1)优化调整产业空间

禁止 XC 片区在建的华格香料、德通风机、皓景环保等企业在林产化工待开发区内扩大厂区范围。GX 片区现有塑料袋生产企业禁止扩建,加强企业日常管理,并结合园区规划方案的实施逐步开展企业的提档升级工作。DQ 产业转移工业园 XC片区属于省认定的林产化工园区,XC 片区已建的扬光油墨和在建的海源化工、德胜化工、华格香料与新颁发的《广东省生态发展产业准入负面清单(2018 年本)》中第三类 石化化工第十一条"其他未入省认定工业园区的化工项目"有冲突,按照《广东省生态发展产业准入负面清单(2018 年本)》的要求,上述企业允许进行改造升级,改建、迁建项目需报地级以上市投资主管部门备案,跨地市的迁建项目需报省级投资主管部门备案,严禁以改造之名扩大生产能力。

(2)推进园区配套基础设施建设

针对区域水环境容量超载问题,园区应完善排水系统建设,加强水环境综合整治力度。其中,XC 片区重点加强污水管网建设并加强对工业企业、DQ 县精细化工基地污水处理厂的监督管理,确保 DQ 县精细化工基地污水处理厂尾水长期稳定达标排放;待建成区市政污水管网建成后,XC 片区生活污水经预处理后排放入 DQ 县污水处理厂处理。GX 片区重点推进污水集中处理设施建设,近期可依托拟建的 GX 镇污水处理厂处理。结合大冲河水体整治实施方案,加大区域水环境整治力度。

园区 6 家企业的 10 台在用锅炉需尽快进行提标改造,以满足《锅炉大气污染物排放标准》(DB 44/765—2019)要求;大亚木业和天龙精细化工公司需尽快安装自动监控设备并验收,与生态环境主管部门的监控中心联网。根据《关于进一步加强工业园区环境保护工作的意见》（粤环发〔2019〕1 号）和《ZQ 市打好污染防治攻坚战三年行动计划实施方案（2018—2020 年)》的要求，园区要按需适时推进集中供热管网建设，供热设施建成后逐步淘汰集中供热管网覆盖区域内的分散供热锅炉。

（3）适时开展 XC 片区中水回用

规划后续实施，工业园管理局应结合 XC 片区开发情况适时启动中水回用工程建设，将 DQ 县精细化工基地污水处理厂尾水回用于园区内的绿化、道路浇洒，确保 XC 片区工业废水排放量不得大于 200 m^3/d，COD_{Cr} 和 NH_3-N 排放量不得大于 1.8 t/a 和 0.1 t/a。为满足中水满足《城市污水再生利用 城市杂用水水质》（GB/T 18920—2002）的要求，DQ 县精细化工基地污水处理厂尾水进一步调节出水的 pH 至 6.5～9.0。

（4）全面提升环境管理水平

完善园区环境监测体系。在现有环境监测体系的基础上进一步完善环境空气、声环境和地下水环境例行监测。XC 片区应建设地下水水质监测井进行长期动态监测。

全面加强环境风险防范。XC 片区增加综合雨水阀门，加强园区环境风险控制。完善银龙实业有限公司等入园企业环境应急预案备案工作。按照《DQ 产业转移工业园环境突发事件应急预案》的要求定期组织开展环境应急综合演练。

加强入驻企业环保"三同时"制度落实情况监管。加强入园企业环境影响评价和环保"三同时"制度的监督管理，督促康森工艺制品有限公司、大亚木业、GX 镇康泓塑料厂等企业完善环境管理手续。

7.7.2　"三线一单"环境管控要求

（1）生态空间清单

工业园不涉及生态保护红线。结合工业区生态安全防护要求，在工业园区划定一般生态空间 25.51 hm^2，其中 GX 片区 5.93 hm^2，XC 片区 19.58 hm^2。

（2）资源利用上线清单

以生态环境质量目标为约束，基于工业园资源需求预测，综合考虑资源供需平衡，坚持高标准建设原则，要求工业园新建项目水资源利用效率达到国内先进水平，优化土地利用、控制规模，核算水、土地资源利用总量。工业园用水上线为 238.3 万 m³，其中工业用水总量为 228.6 万 m³。严格林产化工、金属制品加工等重点行业效率准入，单位产业用水达到国内先进水平。加快推动工业园建设项目开展，土地资源总量上线控制在 423.89 hm²，其中工业用地总量上线控制在 312.2 hm²。

（3）环境质量底线清单

根据 DQ 产业转移工业园环境现状及影响预测评估结果，制定 DQ 产业转移工业园环境质量底线清单，设定水、大气及土壤环境质量目标底线。以环境质量改善目标为前提，核算水、大气的控制总量。其中，GX 片区 COD_{Cr}、NH_3-N 总量控制目标建议调整为 0.5 t/a 和 0.05 t/a，比上一轮规划环评减少 1.3 t/a 和 0.15 t/a；SO_2 和 NO_x 不设定总量控制指标，增加烟（粉）尘和 VOCs 控制总量分别为 32.3 t/a 和 44.3 t/a。XC 片区 COD_{Cr}、NH_3-N 总量控制目标与上一轮规划环评保持一致，分别为 1.8 t/a 和 0.1 t/a；SO_2 和 NO_x 总量控制目标建议分别调整为 104.25 t/a 和 97.19 t/a，比上一轮规划环评减少 34.85 t/a 和 55.81 t/a（若园区开展集中供热，总量控制目标根据实际情况另行调整），增加烟（粉）尘和 VOCs 控制总量分别为 500.05 t/a 和 47.38 t/a。

（4）生态环境准入清单

结合国家和广东省产业指导名录、区域产业准入要求、上一轮规划环评管控要求、循环经济体系构建需求及工业园现有环境问题等，针对林产化工区、木业建材区、金属加工机械制造区、制衣区、家具区，分别提出限制类、禁止类两个类别的行业门类、工艺清单的管控要求，划定 DQ 产业转移工业园生态环境准入清单，见表 7-33。

表 7-33　DQ 产业转移工业园生态环境准入清单

园区	生态环境准入清单	依据
所有片区	1. 禁止引入电镀、鞣革、漂染、制浆造纸等水污染物排放量大或排放一类水污染物、持久性有机污染物项目； 2. 不得引入其他未入省认定工业园区的化工项目； 3. 限制引入与园区主导行业非关联、低污染、低能耗项目； 4. 限制发展排水量大、能耗高的项目；鼓励废水零排放企业进入园； 5. 限制发展产生大量有毒有害废物的项目；限制排放 VOCS 量大的项目入园	1.《广东省环境保护厅关于顺德龙江（DQ）产业转移工业园规划调整环境影响报告书的审查意见》（粤环审〔2013〕367 号）； 2.《广东省主体功能区产业准入负面清单（2018 年本）》（粤发改规〔2018〕12 号）

园区	生态环境准入清单		依据
片区	重点行业	生态环境准入清单	依据
XC 片区	木业建材	1. 禁止引入有电镀工艺的木材加工项目； 2. 禁止引入有化学处理工艺的竹、藤、棕、草制品制造	1. 区域水环境质量超载； 2.《广东省环境保护厅关于顺德龙江（DQ）产业转移工业园规划调整环境影响报告书的审查意见》（粤环审〔2013〕367 号）
	化工	1. 禁止引入除林产化工外的其他化工类项目； 2. 禁止引入有废水排放的松节油加工项目； 3. 禁止引入含油直接火加热涂料用树脂生产工艺项目	
	金属制品加工制造	1. 禁止引入有电镀工艺或有钝化工艺的热镀锌项目； 2. 禁止引入排放第一类水污染物的项目； 3. 限制使用有机涂层的（喷粉、喷塑和电泳除外）工艺项目	
GX 片区	制衣	1. 禁止引进有洗毛、染整、脱胶工段的；产生缫丝废水、精炼废水的纺织品制造项目； 2. 禁止引入有湿法印花、染色、水洗工艺的项目	
	家具制造	1. 禁止引入有电镀工艺的项目； 2. 禁止引入有磷化、水洗、酸化等预处理工艺的项目	

7.7.3　规划优化调整建议

（1）修编园区规划方案

鉴于目前工业园发展现状及国家、地方对其发展要求，建议管委会整体统筹 GX 片区、XC 片区发展，结合区域国土空间规划相关要求，组织编制《某产业转移工业园总体规划（2020—2030 年）》，优化调整发展定位，全面把控其发展方向，在平衡相关要求的前提下，结合 GX 片区、XC 片区特点设定其发展定位，并充分考虑部分园区企业与规划相冲突情况现状（如部分食品、金属加工、塑料加工类企业位于林产化工区内），系统调整、完善 DQ 产业转移工业园总体规划方案，实现全方位、精准指导 DQ 产业转移工业园的后续发展。

（2）以需定量，完善基础设施体系

工业园根据需求适时建设集中供热设施，逐步取缔分散锅炉，落实集中供热的模式。合理优化排水分区，统筹污水处理设施能力建设。增加 XC 片区中水回用工程建设，将 DQ 县精细化工基地污水处理厂尾水回用于园区内的绿化、道路浇洒，确保 XC 片区废水和水污染物排放量满足总量管控要求。

（3）推动落实区域环境管控管理要求

规划后续实施应推动落实区域环境管控管理要求，严格落实空间管制、总量管控和环境准入要求。

7.8   综合结论

本次跟踪评价采用资料调研、实地勘查、政府走访、现状监测、数据分析等方式，对 DQ 产业转移工业园开展涉及的相关规划、环境管理要求、环境目标与管控指标、开发回顾、生态环境现状及变化趋势、主要环境问题及制约因素、资源环境承载力与总量控制、环境风险、公众意见收集与调查、规划方案综合论证、规划调整建议和环境影响减缓措施、"三线一单"约束及环境管控要求等方面内容进行了全面的回顾分析与评价，形成了以下结论：

DQ 产业转移工业园发展基本符合上一轮规划调整方案，但整体发展滞后，低于发展预期。园区初步已形成了以林产化工、金属加工、机械制造、家具制造和制衣行业为主的产业体系，但目前制衣行业仍处于空白阶段。受限于产业发展，且区域环境目标、环境管理新要求不断提出，DQ 产业转移工业园发展现状存在与用地布局规划及主导产业不符、环境管理水平有待提升、区域环境容量有限等制约问题。

本次评价针对 DQ 产业转移工业园现存环境问题及制约因素，提出了环境管理优化调整建议和环境影响减缓措施，并明确"三线一单"约束和环境管控要求。DQ 产业转移工业园应结合区位发展的要求，积极推进产业转型升级，着力发展绿色、循环和低碳经济，进一步加强日常环境管理工作。

第8章 完善产业园区生态环境管理的建议

8.1 健全完善法律法规和制度体系

8.1.1 健全规划环评法律体系

加快推进《中华人民共和国环境影响评价法》（2018 年修正）、《规划环境影响评价条例》等法律法规的修订，强化规划环评的法律效力，进一步明确规划环评未依法依规开展、规划环评要求落实不到位、环评报告编制质量存在问题的相关主体法律责任规定。

此外，在国土空间规划体系改革的背景下，进一步加快建立生态环境部和自然资源部的沟通协作机制，在国土空间规划法等法律修订中强化产业园区规划环评的法律地位，明确编制产业园区规划环评的规划类型和范围。

8.1.2 建立规划环评动态管理制度

衔接国土空间规划体系，制定规划环评分类管理办法，明确产业园区规划环评的评价对象、规划审批和实施主体。鼓励和推动各地逐步将村镇产业集聚区纳入规划环评管理。建立园区环境状况年度评估和信息公开机制，制定园区环境状况评估技术规范，定期调度园区环境状况评估开展情况，采取不定期抽查的方式加大园区环境状况评估报告质量监管。细化明确环环评〔2020〕65 号文中关于开展产业园区跟踪评价的要求，建议对已基本开发完毕、运行稳定的成熟园区逐步采用年度环境状况评估代替跟踪评价。

8.1.3　推动法定园区及其外延区开展区域环境评价试点

探索以区域环境评价方式开展法定园区及其外延产业集聚区的整体环境影响评价工作。结合区域发展规划、国土空间规划和"三线一单"等编制进展，选取工作基础较好的区域开展试点，探索评价方法、技术路径和工作机制，完善案例储备，形成可复制、可推广的经验。

8.1.4　加强规划环评与"三线一单"、项目环评的联动

加强规划环评与"三线一单"联动，尽快将各级各类产业园区作为独立的环境管控单元纳入生态环境分区管控体系，严格园区环境准入。强化规划环评与项目环评的联动管理，积极推动符合要求的产业园区开展项目环评审批改革，分类制定入园项目环评豁免、简化审批、严格审批、不予审批等管理要求和清单目录。

8.2　建立生态环境管理新机制

8.2.1　建立严格的监督问责机制

建立跨部门沟通协调机制，明确职责分工，切实加强对园区的监督管理。建立和完善产业园区生态环境保护责任制度，将园区履行生态环境保护责任的情况作为生态环境保护督察的重点内容，纳入环境保护目标责任考核。

8.2.2　健全园区考核评价体系和奖励机制

将生态环境保护水平纳入产业园区绩效评价和约束性考核指标。建立园区环境诚信档案，研究制定园区"反哺"机制，对环保责任履行到位、信用评价优良的园区，在专项资金安排、入园企业手续简化等方面予以支持。

8.3　加强环境监测、监管能力建设

8.3.1　强化园区环境监测监控

产业园区应定期按规范开展环境质量监测，及时全面掌握园区环境质量状况，依法公开相关监测信息。推动园区建立集污染源在线监控、企业生产工况、环保设施运行、环境质量监控于一体的园区数字化在线监控平台。排放有毒有害气体的园区应建立完善大气环境风险监测预警体系。

8.3.2　强化园区监督执法

生态环境部门应创新监管方式，充分运用互联网、大数据对园区和入园企业进行监督执法。强化园区日常环境监管"双随机"抽查，建立环境管理台账，将环境违法信息记入社会诚信档案。

8.3.3　推行园区环境第三方治理

按照《国家发展改革委办公厅　生态环境部办公厅关于深入推进园区环境污染第三方治理的通知》（发改办环资〔2019〕785 号）要求，引导社会资本积极参与园区环境治理，推进"市场化、专业化、规范化"的一体化园区环境第三方治理服务模式，构建政府监管、企业守法、社会监督、市场推动的环保共治大格局。

8.3.4　健全园区信息公开制度

依法依规加大产业园区主要经济技术、环境保护和资源能源利用数据的公开力度，并确保园区上报的考核评价数据与对外公开数据相一致。

8.3.5　提升环境管理信息化水平

贯彻落实《法治政府建设实施纲要（2021—2025 年）》，加快环境管理信息系统共建联通，推动规划环评审查、项目环评审批、排污许可、环境执法等系统横

向贯通，做到数据互通共享，提升环境管理精度，解决不同管理环节数据不一致的问题。

8.4 提升绿色低碳发展水平

8.4.1 统筹有序推进减污降碳

开展产业园区减污降碳协同治理，建立不同类型产业园区温室气体排放核算方法体系，研究产业园区在减污降碳方面的协同效应和实现路径。推动产业园区开展碳排放环境影响评价试点，研究出台相关产业园区碳评价技术指南。制定园区绿色、低碳发展分类指导路线图，开展碳达峰示范试点园区建设。

8.4.2 加快推进园区绿色发展

加强园区分类指导，严格环境准入管理，加快区域产业补链强链步伐，构建园区间产业链、供应链。强化产品绿色设计实施绿色制造，推动园区污染物集中处理提质增效，合理安排园区能流物流传递体系，强调资源循环化利用，提高能源、水资源、土地资源的利用率和产出率，基于现代信息技术打造绿色智慧型园区。

参考文献

[1] 刘磊，张永，王永红，等. 长三角地区产业园区环境管理存在的主要问题及对策建议[J]. 安徽师范大学学报（自然科学版），2019，42（2）：135-140.

[2] 姚懿函，赵玉婷，董林艳，等. 关于加强产业园区规划环评全链条管理的建议[J]. 环境保护，2020，48（19）：67-70.

[3] 徐鹤，朱坦，贾纯荣. 战略环境影响评价（SEA）在中国的开展——区域环境影响评价（REA）[J]. 城市环境与城市生态，2000，13（3）：4-10.

[4] 李天威，周卫峰，谢慧，等. 规划环境影响管理若干问题探讨[J]. 环境保护，2007，35（22）：22-25.

[5] 荀彦平. 对当前工业园区规划环评涉及部门职责落实情况的分析与思考[J]. 环境与发展，2014（6）：42-44.

[6] 黄丽华，余剑峰，仇昕昕，等. 《开发区区域环境影响评价技术导则》问题分析及修订建议[J]. 环境保护，2019，47（10）：53-56.

[7] 张开泽. 村级工业园的演进历程与未来发展——以广东省佛山市为分析样本[J]. 经济研究导刊，2019（14）：40-43.

[8] 王贤铮. 广州市村级工业园改造提升现状问题及相关建议[J]. 住宅与房地产，2019（9）：224.

[9] 刘磊，张敏，周鹏，等. 产业园区规划环境影响跟踪评价重点问题研究[J]. 环境污染与防治，2019，41（10）：1256-1260.

[10] 罗育池，李朝晖，等. 规划环境影响评价：理论、方法、机制与广东实践[M]. 北京：科学出版社，2017.

[11] 叶正波. 基于三维一体的区域可持续发展指标体系构建理论[J]. 环境保护科学，2002，26（1）：23-26.

[12] 徐鹤. 规划环境影响评价技术方法研究[M]. 北京：科学出版社，2012.